大数据计算架构导论

雷小锋　陈朋朋
中国矿业大学大数据架构教研室　编著

北京大学出版社
PEKING UNIVERSITY PRESS

内 容 简 介

大数据架构系统涉及的技术和工具浩如繁星,但技术和工具背后的大数据处理需求和解决问题的思维逻辑却恒久不变。本书采用软件工程化方法和分治思维,从大数据架构的需求之道出发,藉由理性和常识的指引,推导和梳理大数据架构之术(大数据处理的基本原理和技术方法),进而在道和术的统辖之下讨论大数据架构之器(具体软件工具的功能、设计、实现以及使用方法和案例),以道御术、以术入器,建立大数据架构课程的知识体系。

本书可用作普通高等学校数据科学与大数据相关专业的基础教材,亦可用作高职高专职业教育培训教材以及相关工程技术人员的参考用书。

图书在版编目(CIP)数据

大数据计算架构导论/雷小锋,陈朋朋,中国矿业大学大数据架构教研室编著.—北京:北京大学出版社,2023.9

ISBN 978-7-301-34346-3

Ⅰ.①大… Ⅱ.①雷… ②陈…③中… Ⅲ.①数据处理 Ⅳ.①TP274

中国国家版本馆 CIP 数据核字(2023)第 163729 号

书　　　名	大数据计算架构导论
	DASHUJU JISUAN JIAGOU DAOLUN
著作责任者	雷小锋　陈朋朋　中国矿业大学大数据架构教研室　编著
责 任 编 辑	王　华
标 准 书 号	ISBN 978-7-301-34346-3
出 版 发 行	北京大学出版社
地　　　址	北京市海淀区成府路 205 号　100871
网　　　址	http://www.pup.cn　新浪官方微博:@北京大学出版社
电 子 邮 箱	编辑部 lk1@pup.cn　总编室 zpup@pup.cn
电　　　话	邮购部 010-62752015　发行部 010-62750672　编辑部 010-62765014
印 刷 者	北京市科星印刷有限责任公司
经 销 者	新华书店
	787 毫米 × 1092 毫米　16 开本　17.5 印张　415 千字
	2023 年 9 月第 1 版　2023 年 9 月第 1 次印刷
定　　　价	50.00 元

未经许可,不得以任何方式复制或抄袭本书之部分或全部内容。

版权所有,侵权必究

举报电话:010-62752024　电子邮箱:fd@pup.cn

图书如有印装质量问题,请与出版部联系,电话:010-62756370

前　言

变化是永恒的,计算机尤其是大数据相关专业的学生和从业者应该发自内心地拥抱变化,勇敢直面新知识、新技术和新工具,持续地自我学习和自我更新。大数据专业领域具有天然的反传统和创新基因,新技术和新工具层出不穷,更新迭代极快。但是,在大数据专业课程教学中不能简单堆叠这些器物层面的技术和工具,否则就会陷入生命有限而技术无限的迷惘当中。大数据架构课程,作为大数据相关专业的主干课,更是如此。

大数据架构,即架构大数据系统的骨架结构,需要分析和理解用户核心的数据处理需求和业务需求,确立构成大数据系统的核心功能组件及其关系,然后系统性地选择合适的大数据处理技术和工具,设计搭建大数据系统的基础骨架。这是一个软件工程问题,不论大数据架构的技术和工具如何繁复多变,其背后驱动的大数据处理需求都是持久稳定的,用于解决问题的计算思维和软件工程思维也是永恒闪烁的。因此,大数据架构课程教学,应该回归到需求之道和软件工程之道的不变本源,以不变应万变,以有限应无限。

本书采用软件工程和分治计算方法,分析和梳理大数据架构之道;在需求之道和问题求解之道的指引下,推理和演绎大数据架构之术——大数据架构的基本原理和技术方法;然后,在道与术的统辖之下分而治之,讨论大数据架构之器——软件工具的功能、设计、实现以及使用方法和案例。需求驱动技术,技术映射工具,工具体现需求,道、术、器三者环环相扣,互相印证,构成大数据架构课程教与学的闭环路径和理想图式。

教材的章节组织结构遵循以道御术、以术入器、器以具道的原则逐步展开。第 1 章分析梳理大数据架构的问题和需求;第 2 章推导解决大数据架构需求的技术原理和方法。此后的第 3~9 章针对不同的需求和场景讨论大数据架构的技术工具和案例。

第 3 章大数据云计算,阐述为大数据处理提供计算资源的基础设施:云计算平台。

第 4 章协同、调度和消息系统,介绍大数据分布式计算的基础性工具,包括协同工具 Zookeeper、资源调度工具 YARN 和消息系统 Kafka。

第 5 章批处理框架 Hadoop,介绍经典的离线数据批处理计算框架 Hadoop。

第 6 章批处理框架 Spark,介绍目前比较主流的批处理计算框架 Spark。

第 7 章流计算框架 Flink,介绍目前常用的实时数据流计算框架 Flink。

第 8 章交互式查询框架,介绍目前常用的交互式查询处理框架。

第 9 章大数据系统架构典型案例,介绍业界典型大数据系统的架构实践。

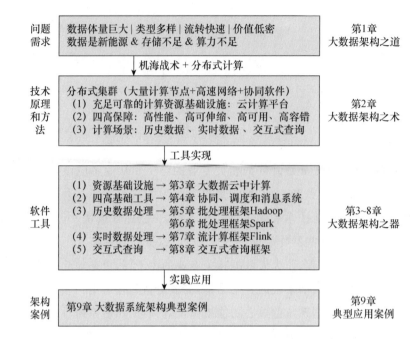

附录列出了大数据架构常用工具及其安装、部署和使用方法。

大数据不是解决问题的银弹，并非有了大数据系统，知识和规律就会汩汩涌现。大数据能否产生价值，关键还是要深入理解行业背景和用户需求。本书除了讨论互联网、电子商务、医疗、金融、电信、交通等领域的大数据应用场景之外，还以传统的煤炭工业为背景，针对煤矿安全生产实际业务，讨论大数据技术和工具的应用场景。

本书的编写参考了国内外大量书籍、刊物和网络资料，在此谨向这些知识传播者致谢。由于来源繁多，参考文献或有疏漏敬请作者谅解。

编者资质驽钝，虽呕心沥血却言不及义，不足之处恳请读者批评指正。

编者

2021 年 12 月 29 日

目　　录

第1章　大数据架构之道

大数据相关的技术和工具层出不穷、更迭极快,但技术和工具背后的大数据处理需求以及人们解决这些问题的思维逻辑却恒久稳定。以这些恒久稳定的"道"作为学习的起点和源头,借由理性和常识的指引,就可以从需求到技术,从技术到工具,从工具再回归需求,环环相扣,建立系统性的课程知识体系。本章就讨论架构大数据系统的需求之道。

1.1　大数据概念与特征

1.1.1　大数据的概念

阿尔文·托夫勒(Alvin Toffler)1980 年在《第三次浪潮》一书中提出并预言大数据(Big Data)是信息化浪潮的巅峰乐章。历经多年,预言演变成现实。依托于计算机、互联网、物联网以及数字化终端设备,万物互联的信息世界已经形成,它忠实地记录着人类社会每时每刻的运转过程,源源不断地生产出规模巨大的数据。根据国际数据公司(International Data Corporation,IDC)《数据时代 2025》报告,全球每年产生的数据将从 2018 年的 33 ZB(约 330 亿 TB)增长到 2025 年的 175 ZB(约 1 750 亿 TB)。

大数据记录了人类社会的运转过程,蕴含了人类社会的信息和知识。发掘大数据中蕴含的信息和知识,从中获得有价值的"洞见",可以指导人们做出更科学的决策和更有效的行动。例如,制造企业可以将数据作为新的生产要素,融入到产品的设计和生产循环之中,通过持续不断的用户反馈数据获得更全面精准的用户需求,快速迭代优化产品设计和生产,使产品特性更加贴近用户需求。电子商务企业可以根据用户购物历史,建立不同用户群体的偏好画像并持续更新,从而有针对性地设计营销策略,提高商品推广效率。医疗机构可以通过分析病人的病历和当下的检测数据,快速找到疾病的成因和发展规律,精准施治。实际上,大数据及其蕴含的信息和知识已经成为现代社会运转的新能源和驱动力。

如今,大数据已经从最初的概念落地生根,茁壮成长,发展成集数据、技术、应用和思维范式于一体的学科体系。不过业界关于大数据还没有统一的定义。根据维基百科,大数据是指无法使用常用的软件工具在一定时间内完成获取、管理和处理的数据集。麦肯锡报告认为,大数据是指体量超过典型数据库软件的采集、存储、管理和分析等能力的数据集。此外,也没有一个确切的标准,用于界定多大规模的数据体量可以称为大数据。

在大部分语境下,人们谈论大数据,往往指的不仅仅是大规模的数据集,而是融合了数据、技术、应用乃至思维方式的多视角的综合性概念。

(1) 从数据角度,大数据是指体量巨大、来源丰富、类型多样、关系复杂或者流转更新速度很快的数据集,超出了传统的数据库系统和软件工具的处理能力。

（2）从技术角度，大数据更多指代大数据处理任务及相关技术和工具，包括数据采集和预处理、存储和管理、处理和分析及可视化等任务的技术和工具集合。

（3）从应用角度，大数据是指应用大数据技术建立大数据系统，进行大数据分析处理，发现获取大数据中蕴含的价值，进而驱动生产和业务决策的行为。

（4）从思维角度，大数据是指以数据为中心的观察世界和解决问题的思维方式。维克托·迈尔-舍恩伯格（Viktor Mayer-Schönberger）在《大数据时代》一书中阐述了"一切皆可量化，全样本胜于采样，放弃因果追求相关，放弃精确追求效率"等大数据思维观念。

今天人们言必称大数据和人工智能（Artificial Intelligence，AI），仿佛有了大数据和 AI 就有了一切，有价值的知识和规律就会芝麻开门、汩汩涌现。然而事实并非如此，大数据只是工具和手段，没有合适的问题和场景，工具不过是虚无缥缈的屠龙技。大数据能否产生价值，关键还是要深入理解行业背景和用户需求，运用大数据技术讲出需求背后过去、现在和未来的故事。

1.1.2　大数据的特征

大数据之大，不单是体量（Volume）巨大，还可以从数据多样性（Variety）、流转速率（Velocity）、价值（Value）多个维度考量，从而得到大数据的 4V 特性。

1. 数据体量巨大

大数据首要特征是体量大，无论大数据采集，还是存储和计算都需要处理规模巨大的数据。据估测，人类社会产生的数据在以每年 50% 的速度增长，每两年增加一倍，也称为"大数据摩尔定律"。所以，大数据往往需要更大的计量单位，如 TB（1 024 个 GB）、PB（1 024 个 TB）、EB（1 024 个 PB）或 ZB（1 024 个 EB，约 10 亿 TB）。

2. 数据类型多样

大数据主要源自互联网、物联网和传统信息系统等多个渠道，涵盖了丰富的数据类型和数据格式，例如关系数据库的事务数据、办公文档、网络日志、音频、视频、图片、地理位置、传感器数据、元数据等。这些数据总体上可以划分成三类：

（1）结构化数据（Structured Data）：具有固定的内部结构，是能够通过关系数据模型表达的事务数据。传统的管理信息系统，如超市销售系统、银行/股市交易系统、医疗信息系统、企业客户管理系统等，均以结构化数据管理为主要任务，技术和工具体系非常成熟。

（2）非结构化数据（Unstructured Data）：数据内部无结构或结构非常复杂，不适合用关系模型表示。例如办公文档、图片、音频、视频等超媒体信息。非结构化数据中没有限定结构形式，表示灵活，蕴含了丰富的信息，在互联网信息中占据很大比例。

（3）半结构化数据（Semi-structured Data）：数据内部有结构，但是结构不固定且非常灵活，无法通过关系模式来表示，通常是将结构附加在数据之中，形成结构自描述的数据。例如，日志文件、HTML 网页、XML 文档、JSON 文档、E-mail 等数据。半结构化数据，可以自由定义和扩展数据结构，能够适应非常广泛的应用需求，需要发展相应的数据管理技术和工具。

大数据来源和类型多样，决定了大数据具有丰富的维度特征（Big Dimension），使得人们能够从多个侧面和视角观察分析同一个事物或现象。同时，在这些维度之间还存在丰富的相关性,而信息、知识和规律就隐藏其间,大数据的力量和价值正在于此。

例如,电子商务的用户数据,包括职业、性别、年龄、地域、注册日期、会员类型等静态特征;还包括订单行为、用户近 30 天行为、高频活跃时段、用户购买品类、点击偏好等动态行为特征;此外还有家庭成员、社交关系、社交偏好、社交活跃度等社交维度特征。借助这些多维特征,可以多角度观察用户,也可以综合多维特征进行更立体的用户画像。使得电子商务活动,能够针对具体用户进行个性化推荐,如图 1-1 所示。

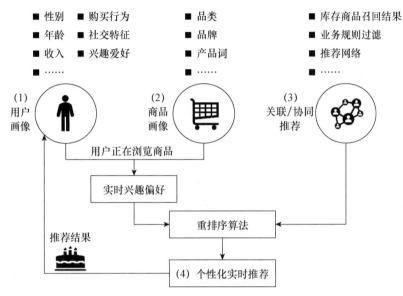

图 1-1　用户画像和商品个性化推荐

3. 数据高速流转

大数据时代的数据生产和消费方式越来越实时化,数据产生和流转速度极快。例如,在 1 分钟内新浪可以产生 2 万条微博,推特(Twitter)产生 10 万条推文,苹果手机会下载 4.7 万次应用,淘宝网会卖出 6 万件商品,百度产生 90 万次搜索查询,脸书(Facebook)产生 600 万次浏览量。大型强子对撞机每秒大约产生 6 亿次碰撞,生成约 700MB 的数据。

数据产生和流转速度快,意味着在很短的时间内会积累大量的数据,对存储和计算都造成很大的挑战。更重要的是,这些数据必须在有效的时间窗口内及时得到处理,以保证其时效性。例如,商业综合体采集到用户的消费行为轨迹,必须将数据快速流转到分析系统及时处理,快速做出决策和响应,否则这些数据便失去了价值。

4. 价值密度较低

大数据体量巨大,但真正有价值的内容却占比很小,价值密度低。例如,居民区里面安装的视频监控系统,源源不断地产生大量数据。但是,这些数据在大部分时间和空间范围内都没什么用处,只有在特定事件发生时,记录事件的那一段视频才能体现出价值。当然,价值密度低不代表可以忽视,在巨大体量的加持下大数据的价值总量依然可观。关键问题是如何从大数据中找到有用的信息片段,萃取出知识和价值。

1.1.3　大数据处理

大数据处理,是对大数据进行数据采集与预处理、存储与管理、计算与分析以及可视化呈现等任务的总和,是从大数据中抽取出有价值的信息的过程。大数据处理不能盲目行动,在大数据处理之前,组织或机构必须建立明确的数据处理动机和目标。为此,就需要研究业务问题和需求,构建业务问题的语境和场景,梳理所需的和可获得的数据源;进而根据用户需求和使用场景,有针对性地设计和实施大数据处理任务。

1. 数据采集与预处理

数据采集(Data Collection),又称数据获取(Data Acquisition),是大数据分析的前提,主要任务是从各种各样的数据源高效自动地收集获取数据。主要数据源有:

(1) 管理信息系统,是企业或组织机构内部业务资源管理系统,如事务处理、办公自动化、人力资源、客户关系管理、企业资源规划等系统。

(2) 互联网信息系统,如 Web 网站、社交网站、搜索引擎、微博、QQ、微信、抖音等。

(3) 物联网设备,包括各类传感器、激光扫描设备、全球定位系统、音频和视频采集设备、办公设备、生产设备等。

(4) 政府、企业、科研机构等对社会公开的数据集,如世界各国经济发展数据、沪深股市数据、Udacity 自动驾驶数据集、Uber 纽约市乘车数据、Netflix 电影评价数据、蛋白质数据库(Protein Data Base,PDB)、ImageNet 图像数据集等。针对不同数据源,可以采用系统日志、网络爬虫、开放应用程序接口(Application Programming Interface,API)、政府/企业/机构合作共享等技术手段获取数据。

采集到的数据往往存在异常、噪声、冗余、不完整等问题,需要进行数据预处理(Data Preprocessing),包括数据清洗、数据集成、数据变换、数据规约。其中:

(1) 数据清洗:通过填补缺失值、光滑噪声、平滑或删除离群点,解决数据不一致问题。

(2) 数据集成:通过数据仓库、数据联邦或数据传播等方式,将互相关联的分布式异构数据源逻辑或物理地集成一体,对外提供统一、透明的访问服务。

(3) 数据变换:通过平滑、聚集、概念泛化、规范化、属性构造等方法,将数据从一种表现形式转换为另一种表现形式。

(4) 数据规约:通过维度约简(主成分分析、小波变换、特征选择)和样本约简(抽样、聚类)等方法,在保证数据分析质量的前提下缩小数据规模。

2. 数据存储与管理

通过数据采集可以迅速获得并积累大规模、类型多样的数据,在对这些大数据进行更进一步的查询、分析和推断预测之前,首先需要将其妥善地保存在一个高性能、可靠、可信、可管理的平台中,并且能够随时随地方便地进行存取访问和数据管理。

在数据规模不大的情况下,传统的文件系统或者关系数据库完全可以应对。尤其是中小规模的结构化数据,关系数据库是完美的选择。关系数据库采用关系数据结构组织和存储结构化数据,并且提供数据安全性、完整性、并发一致性的保护,确保了即使系统发生软件故障、硬件故障、操作失误以及故意破坏,也不会造成数据错误和数据丢失。

但是,针对规模巨大、类型多样、流转速度极快的大数据,数据的存储与管理需要针对数据类型和操作特点,因地制宜地引入新的技术。例如,针对单机服务器的物理性能限制(内存容量、磁盘容量、处理器速度等),考虑将数据分片存储到多个服务器节点上,形成分布式文件系统或者分布式数据库。分布式数据存储,突破了单机性能的限制,当系统性能不足时,只需要简单地增加服务器节点,即可实现系统性能的水平线性扩展。

分布式存储带来性能突破,同时也带来了管理的复杂性。大数据的存储和管理,需要在保证数据安全、完整、一致、不丢失的同时,屏蔽掉数据分布在不同节点上的细节。人们在访问分布式存储系统时,无须关心数据存储在哪个服务器节点上,或者从哪个节点获取,只需要像使用文件系统或者关系数据库一样存储和管理数据。此外,分布式存储还带来了非关系型数据结构的发展,如列式存储、键值存储、文档存储、图存储等。

3. 数据计算与分析

数据计算与分析,是大数据处理的核心工作。通过对大数据集合进行归并、排序、转换、检索、统计乃至数据挖掘和机器学习等计算任务,对数据背后的业务发展历史、现状和未来加以研究、概括和预测,提取有价值的信息或者形成有效的理解和结论,辅助企业或者组织机构形成决策,包括主动预测用户需求,控制运营风险和减少欺诈,改进生产过程和优化产品性能,为用户提供更加个性化的定制服务,改善运营,提高用户体验。

例如,分析研究过去十年全国各大煤矿企业的煤炭产销情况。通过对此类问题的计算和分析,可以为国家和煤炭行业下一步的煤炭生产决策,为国家实施绿色低碳循环发展和调整能源产业结构提供基础依据。再比如,过去 3 分钟温度和压力传感器监测值超限的机械设备有哪些?接下来哪些机械设备应该进入重点维护周期?通过对这些问题的计算和分析,可以对煤矿设备安全现状建立更加准确的认识,提升安全意识,保障安全生产。

(1) 大数据计算:大数据计算是支撑大数据分析的基础。对于大数据而言,即使是最简单的计算任务,如选择或者汇总,单机处理的时间代价也往往不可接受。此时,就需要把计算任务分布到多个服务器节点上,由多个计算节点共同协作、并行计算,称为分布式并行计算或者分布式计算。通过分布式计算技术,大数据计算可以突破单机性能限制,当系统计算性能不足时,只需要简单地增加计算节点,就可以实现系统性能的水平线性扩展。

(2) 大数据分析:有了大数据计算的基石,用户就可以针对业务现实和决策需求,提出分析问题,然后利用大数据计算能力进行高效计算,获得分析结果。大数据分析,根据分析目标,大致上可以概括为描述性分析、诊断分析、预测性分析、规范性分析、探索性分析。

① 描述性分析:描述发生了什么,是对已经发生的事实和现状做出总结概括。例如,煤矿企业的生产日报、周报和月报等,可以观察到煤炭产量和销量的变化情况。

② 诊断性分析:诊断为什么会发生,是通过数据探究导致事件发生的原因。例如,经过分析发现本月煤炭销售量降低 5%,诊断发现原因是国外进口大量煤炭的冲击。诊断性分析,可以采用因果逻辑分析、多维对比分析、相关性分析等方法。

③ 预测性分析:预测将来会发生什么,是通过分析历史数据中隐含的模式和趋势,预测事件未来发生的可能性和时间,或者预测某个量化指标未来的状态值。例如,通过历史数据分析,发现过去十年每年五月份煤炭销量均会有较大幅度的下降,合理预测本年度五月份煤

炭销量也会下降。预测通常需要结合统计建模、数据挖掘、机器学习等领域的算法。

④ 规范性分析：规范应该做什么，是在预测性分析的基础上对多种行动方案进行评估分析，做出合理的行动建议。例如，已知本年度五月份煤炭销量会下降，通过规范性分析对可能的行动组合进行评估，如降低产量 & 提高价格、降低产量 & 降低价格、提高产量 & 提高价格、提高产量 & 降低价格、维持现状等，得出合理的行动决策。

⑤ 探索性数据分析：侧重于自由探索，不受研究假设和分析模型的限制，尽可能地寻找变量之间的关联关系，发现数据中未知且有价值的信息或者特征。

4. 可视化呈现

大数据计算与分析的结果，需要以可视化的形式呈现，如图形、图表、列表和地图及其组合形式。通过可视化，增强数据呈现的效果，使用户能够以更直观的方式观察数据，从纷繁的数据中洞察有用的数据见解。本质上数据可视化也是一种分析手段。

例如，煤矿企业可以利用大数据可视化技术，对煤矿安全生产各环节的信息进行综合展示。如图 1-2 所示，某煤矿通过数字大屏系统，展示了当前井下各测点的瓦斯监测值和预测值、井下人员数量及组成情况、副井提升系统运行状况、西风井通风系统运行情况、压风系统运行情况，企业管理人员可以直观地感知到整个矿井的安全生产态势。此外，还可以通过一些交互手段在可视化环境中进行自由灵活的探索分析，即可视化分析。

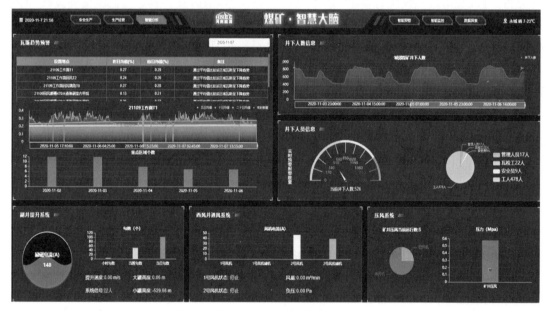

图 1-2　煤矿安全生产大数据综合可视化

可视化分析，是将信息可视化与数据分析技术相结合，通过人机交互可视化表现大数据的计算与分析过程，帮助用户感知和执行一些高级的分析推理活动。目前，可视化分析已经发展成一门多学科交叉领域，研究内容包括数据表示与转换理论、分析推理技术、分析结果的生成/呈现/传播技术、信息可视化表现与交互技术等。

1.2　分布式解决方案

大数据巨大的体量、多样的类型、高速的流转、多变的计算场景等特性,已经超出了常规数据处理软件和系统的能力范畴,最大的困难是无法解决单机存储和计算资源不足的问题。解决思路有两种:一种是集中式计算的思路,即构造性能更加强劲的计算机(如超级计算机或者大型机);另一种是分布式计算的思路,即把大规模的存储和计算任务分割成一系列较小的子任务,交给一群计算机相互协作、并行处理,达成最终目标。

1.2.1　集中式计算

集中式计算,是指由一台或多台高性能计算机(大型机或小型机)作为中心节点,称为主机(Host 或 Mainframe),数据和业务系统全部集中存储和部署在主机上,系统所有的存储和计算任务也均由主机承担,客户机仅仅作为输入输出设备存在。基于大型机和小型机卓越的性能、良好的安全性和稳定性,集中式系统可以有效地保证性能,同时具有简单的部署结构,管理和维护方便。目前,很多银行、保险和证券公司,包括少量大型企业、科研单位、军队和政府部门,基于业务安全和系统稳定的考虑,使用集中式系统。

集中式计算类似于独狼战术,只能利用中心节点的主机资源,因此,其计算规模很容易就到达极限。此外,随着计算机微型化和网络化的发展,普通个人计算机(Personal Computer,PC)服务器性能不断提升,集中式系统的优势逐渐不复存在,反而表现出一些很难克服的缺陷:

(1) 代价昂贵,使用维护成本很高。大型机本身非常昂贵,一台 IBM(国际商业机器公司)大型机售价可达上百万美元甚至更高,只有政府、金融和电信这样的大型机构才能消费得起。此外,大型机的使用和维护需要专门的场地、环境和专业技术人员,成本很高。

(2) 单点故障问题。大型机安全稳定不代表永远不会出故障。大型机一旦出现故障,则整个集中式系统就会失效,不可用。当系统中一个组件发生故障,就会导致整个系统无法运行的现象,称为单点故障(Single Point Of Failure,SPOF)或单点失效。

(3) 集中式系统扩容困难。随着用户和业务量的迅速增加,往往需要扩展系统性能。集中式系统,只能通过提升主机性能的方式扩容,如升级硬件或者采购性能更好的机器,称为垂直扩展或者纵向扩展(Scale Up)。但是,垂直扩展是有上限的,当系统性能扩展到达一定程度后,再进一步垂直扩展需要付出巨大代价,甚至得不偿失。

大数据需要大规模的计算和性能扩展,集中式系统无法满足需求。为了规避单点风险,降低成本以及高可扩展,IT(信息技术)领域把目光转向了分布式计算。

1.2.2　分布式计算

如果说集中式计算是独狼战术,那么,分布式计算(Distributed Computing)就类似于群狼战术。既然单体服务器性能不足,那么就堆叠大量的计算机来获得大规模的计算和存储能力。因此,分布式计算,就是利用分而治之的思想,把大规模的存储和计算任务分割成一系列较小的子任务,交由一组计算机相互协作、并行处理并融合结果。

1. 分布式存储

对于一个大规模数据集的存储任务,可以按照某种规则把数据集分割成一系列较小的数据子集(称为数据分片或分区,partition,shard),如图 1-3 所示,然后将其交给多个计算机相互协作,完成整体数据的存储和管理,这样的系统叫作分布式存储系统。

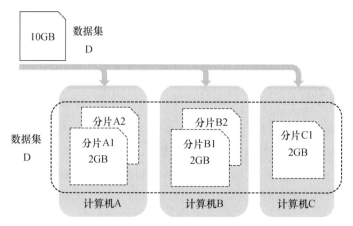

图 1-3　数据分片与分布式存储

2. 分布式计算

对于大规模的计算任务,也可以将任务分割成一系列的子任务,交给不同的计算机并行处理。具体的任务分割方式有垂直拆分和水平拆分两种。

(1) 垂直拆分:是根据任务功能进行的拆分,把一个大任务拆分成多个功能不同的子任务,分别部署在多个计算机上进行任务计算。例如,随着业务的发展,可以考虑把企业网站的业务拆分成 Web 服务、业务逻辑和数据访问,分别部署在三个计算机上,称为 Web 服务器、应用服务器和数据库服务器,如图 1-4 所示,以提高网站性能。

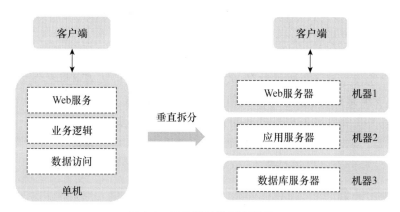

图 1-4　网站任务的垂直拆分

(2) 水平拆分:是根据用户请求或者计算负载量进行的拆分,是把同一个任务复制部署到多个计算机上,每台机器只承担一部分的用户访问或者计算负载。这种通过水平拆分而形成的分布式系统,通常叫作分布式集群(简称集群,Cluster)。

例如,当网站的应用服务器性能出现瓶颈时,可以简单地添加更多的应用服务器,并且将不同的用户请求分配到不同的应用服务器,构成应用服务器集群,如图 1-5 所示。集群中的每个应用服务器都运行相同的任务,只承担一部分规模的访问负载。

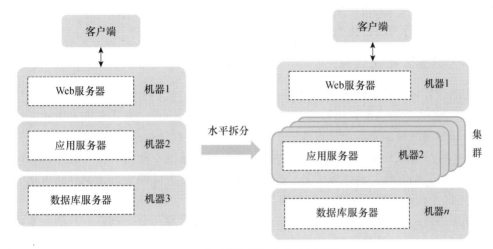

图 1-5　应用服务器任务的水平拆分

3. 分布式系统

用于实现分布式存储和计算的软硬件系统,统称为分布式系统(Distributed System),由一组通过网络连接的计算机(称为节点,Node)组成,在软件的协同下相互配合,完成共同的存储或者计算目标。分布式系统,最终呈现给使用者的是一个逻辑完整的计算机系统,系统内部节点的位置分布、网络拓扑结构等对用户来讲是透明的。

典型的分布式系统包含多个自治的计算节点,每个节点都有自己的中央处理器(Central Processing Unit,CPU)和内存,具有独立的数据处理功能;计算节点之间通过消息进行通信和协作,并行处理任务,达成共同的存储和计算目标。通过多计算节点的分治和并行处理,分布式系统摆脱了对大型主机的依赖,只需要简单地堆叠普通服务器节点即可获得高性能计算。

(1) 并行处理:分布式系统中各计算节点是并行运作的。通过分治把大任务分割成很多小的子任务,分配给多个计算节点同时工作、并行处理,从而加快了任务处理速度,保证分布式系统的高性能。在这一点上,分布式计算非常类似于并行计算(Parallel Computing),甚至可以把分布式计算视为并行计算的一种特殊形式。一般认为,并行计算不等同于分布式计算,它是在处理器层面上的并行,例如超级计算机,具有成千上万个 CPU 计算节点,但是计算节点本身不是自治的,没有自己独立的内存,所有计算节点共享内存。

(2) 高可用、高容错:分布式系统中如果某些计算节点出现故障而失效,其余节点不会受到影响,可以继续操作和提供访问服务,整个系统不会因为一个或少数节点的故障而集体崩溃,具有更好的可用性。此外,对于失效节点的处理任务,可以由其他节点自动接管,保证失效任务的正常转移,避免单点失效问题,具有很好的容错能力。

（3）水平扩展：如果业务需求持续增加，需要对分布式系统进行扩容，则只需要简单地向系统中增加更多的计算节点（如廉价的 PC 服务器），即可实现性能扩展，这种简单灵活且代价较小的扩容方式称为水平扩展或者横向扩展（Scale Out）。与集中式系统的垂直扩展相比，分布式系统的水平扩展几乎可以无限地进行下去。

高性能的并行处理、高可用、高容错和高可扩展能力，使得分布式计算和分布式系统成为解决大数据计算问题、搭建大数据处理系统的主流解决方案。

1.2.3　大数据分布式计算

大数据计算，可以通过垂直或者水平拆分进行分治和并行处理。但是，无论怎么样分割任务，都需要把数据传递给程序进行计算处理，对于大数据而言，这就意味着需要把体量巨大的数据通过网络传递到各个计算节点上，这个网络传输代价往往很高。

大数据的分布式计算引入的解决思路是：数据尽量保持不动，让计算任务去找数据，或者说让计算向数据靠拢。具体方法是：通过分布式存储把大规模的数据保存到大量节点当中，然后把任务计算程序的调度分发到数据所在的节点上，进而运行任务计算程序，对所在节点上存储的数据进行本地计算（Local Computing），尽量避免数据搬移。当所有本地计算完成后，再汇总融合计算结果，形成最终的任务计算结果，如图 1-6 所示。

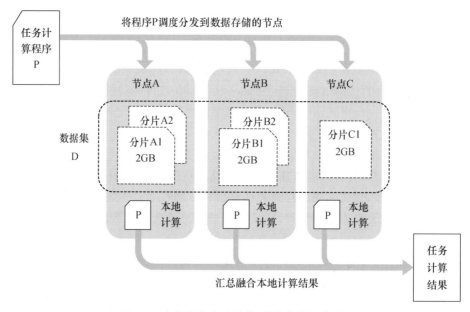

图 1-6　大数据分布式计算（计算向数据靠拢）

大数据计算的任务拆分方式依赖于数据分布，根据数据分布情况把任务拆分成一系列子任务，子任务与原任务的计算逻辑相同，只是计算规模更小一些（只承担所在节点数据的本地计算），子任务之间并行处理，从而保证计算性能。这种任务分割方式类似于水平拆分，把相同的计算任务分发部署到多个数据节点，负责本地数据的计算负载。因此，把这种面向大数据计算的分布式系统，也称为大数据计算集群或者大数据集群。因为在构建这种计算集群时,数据存储和计算是捆绑在一起考虑的,称为存算一体架构。

存算一体架构可以降低网络输入输出(Input/Outut,I/O)代价,但是随着网络技术和设施的持续发展,网络 I/O 逐渐不再是性能瓶颈。因此,在很多时候可以把数据存储和计算分开考虑,分别构建存储集群和计算集群,称为存算分离架构,在扩展性上更具弹性优势。

1.3　大数据架构需求

利用分布式计算进行大数据处理,构建大数据系统,已经成为一种主流的解决方案。当然,分布式计算不是万能灵药,分布式系统由很多计算节点通过网络连接组成,经常会有一些机器出现故障宕机,网络可能延迟或者出现分区,机器之间的时间不同步,这些问题都导致分布式系统的复杂性与生俱来。因此,架构大数据系统需要根据用户核心需求和系统规模,全面系统地综合权衡系统功能、性能、资源和成本等多方面的因素,选择合理的分布式计算技术和工具,构建大数据系统的基础骨架,达成如下需求:

(1) 功能需求。满足大数据系统的数据采集、数据预处理、存储管理、计算与分析、推断与预测、可视化呈现等功能需求。核心功能是大数据的存储和计算。

(2) 计算资源需求。利用分布式技术构建大数据系统,需要配备大量的计算节点,并且保证资源的有效管理和利用,最好能够按需分配资源和自动伸缩。

(3) 性能需求。大数据系统在性能(Performance)、可伸缩性(Scalability)、可用性(Availability)和容错性(Fault Tolerance)等方面都有很高的要求。

(4) 计算场景需求。需要满足批处理、流计算、交互式查询多种计算场景。

1.3.1　计算资源需求

大数据系统采用分布式计算的解决方案,需要有大量的计算节点构成分布式集群,承担计算和存储任务。因此,首要问题是解决大数据处理的计算资源需求。

1. 互联网数据中心

实力雄厚的大型企业和组织机构,可以选择建设自家的数据中心(Data Center,DC),集中管理企业数据及数据处理所需的计算和存储资源。一般来讲,一个比较完善的数据中心包括:机房、供配电系统、制冷系统、网络设备、服务器设备、存储设备等。数据中心必须具有可靠的电力供应和高速网络连接,远离易受环境灾害影响的区域。建设数据中心,需要企业自己建机房、聘请专业的开发人员和维护人员,这里面的场地、建设、软硬件采购、人力、电力等运营成本都是不菲的开支,非常考验企业的经济实力。

自建数据中心代价昂贵,倘若运维不好会造成数据中心性能和服务质量低下,甚至损失数据资产。于是,很多企业尝试把数据中心"托管"给中国电信这样的运营商,租用运营商的场地、电力、网络带宽,让运营商代为管理和维护设备,如图 1-8 所示,称为互联网数据中心(Internet Data Center,IDC)。随着技术发展和市场发育,逐渐出现了专门的 IDC 服务提供商,为客户提供互联网基础平台服务(服务器托管、虚拟主机、邮件缓存、虚拟邮件等)以及各种增值服务(场地租用服务、域名系统服务、负载均衡系统、数据库系统、数据备份服务等)。

企业和组织机构可以选择设备托管、机房租用等方式建设自己的互联网数据中心,建设质量高、周期短,无须专门的场地,也无须建设自己的运维团队。

图 1-7 大型数据中心的机房一瞥

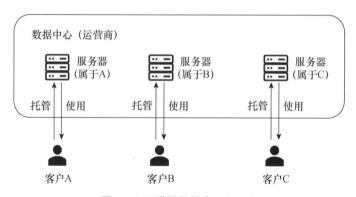

图 1-8 互联网数据中心(IDC)

2. 云计算中心

21 世纪初,随着云计算概念和技术的引入,数据中心发展到了云计算阶段。主要进步是通过资源虚拟化技术和容器技术,对服务器的计算和存储资源进行虚拟映射和池化管理。物理的 CPU、内存、磁盘等资源被映射为虚拟资源池,按需分配给用户,如图 1-9 所示。早期的物理硬件托管和租赁,也进一步发展为以虚拟机为单位的虚拟硬件租赁业务,也就是云计算的基础设施即服务(Infrastructure as a Service,IaaS),还有更高层次的软件开发平台租赁,即云计算的平台即服务(Platform as a Service,PaaS),以及最高层次的软件服务租赁,即云计算的软件即服务(Software as a Service,SaaS)。

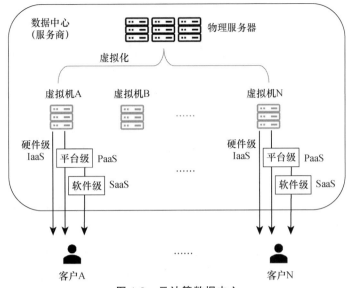

图 1-9　云计算数据中心

所谓云计算(Cloud Computing),实际上是分布式计算、效用计算、负载均衡、并行计算、网络存储和虚拟化等多种技术的综合运用,目标是对大量计算资源进行集中自动化管理,使计算资源可以在互联网上任意流通,像云一样无处不在,像水、电、煤气一样成为人类的基础设施,随时随地按需取用且价格低廉。云计算提供了信息技术的基础设施。

大数据计算需要大规模的计算和存储资源,而云计算以提供超大规模、高可用、可伸缩、按需供给的分布式计算资源为己任,是大数据计算天然的 IT 基础设施。

1.3.2　性能保障需求

大数据计算利用分布式集群对体量巨大、类型多样、流转快速的数据进行处理,必须保证高性能、高可扩展、高可用和高容错等要求(简称四高保障)。

1. 高性能(Performance)

高性能是大数据计算必须保证的第一要义,面对 4V 特性的大数据,要能够存得下、算得快。大数据系统,常见的性能要求是单位时间内处理的任务越多越好,每个任务的平均时间越少越好。具体衡量引入了响应时间、吞吐量和资源使用率等性能指标。

(1) 响应时间(Response Time):是指系统完成某个任务花费的全部时间。以访问 Web 网站为例,首先用户通过浏览器客户端发出请求,通过互联网连接到 Web 应用服务器,经 Web 应用服务器处理后再访问数据库服务器获得所需数据,最后返回的数据经页面渲染在用户浏览器中呈现。

整个过程的响应时间,包括网络延时(T1)、Web 应用服务器延时(T2)、数据库服务器延时(T3)、返回结果延时(T4)、Web 页面渲染时间(T5)等,总体上可以分成请求发送时间、网络传输时间和服务器处理时间三部分。考虑到系统功能差别、网络环境等因素,人们讨论响应时间往往是指系统的平均响应时间或者最大响应时间。对于单机应用,响应时间是合理可靠的性能指标,但是对于多用户并发使用的系统,还需要使用吞吐量指标。

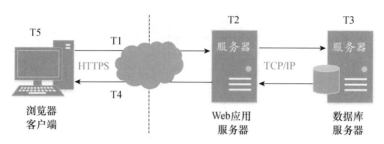

图 1-10　访问 Web 网站的过程及响应时间

（2）吞吐量（Throughout）：是指系统在单位时间内能够处理的请求数量。这里"请求"的含义很宽泛，可以是数据库事务、查询、Web 页面访问或者某种业务等，常用吞吐量指标有每秒事务数和每秒查询数。

① 每秒事务数（Transactions Per Second，TPS）是常用的吞吐量指标，表示系统每秒处理的事务数量，一般用于评估数据库、事务型系统的基准性能。

② 每秒查询数（Queries Per Second，QPS）与 TPS 非常类似，表示系统每秒处理的查询数量，一次事务可能产生多次查询，一般用于衡量数据库的查询性能。

系统的吞吐量反映了一个系统的整体负载能力。对于分布式系统而言，系统能够同时并发处理多个访问请求，此时吞吐量一般由并发数和平均响应时间共同决定。

$$TPS(QPS)=并发数/平均响应时间$$

这里的并发数是系统同时处理的事务数量或者查询数量。在系统负载能力范围内，并发数越大，平均响应时间越短，系统吞吐量就越大。当达到系统负载能力的天花板时，继续增加并发数会导致响应时间延迟增大，系统的吞吐量也会不增反降。

（3）资源使用率（Utilization）：是指系统资源充分利用程度的度量指标，通常用资源实际被占用的时间百分比来表示。例如，在 1 分钟的时间内 CPU 耗费了 40 秒用于处理事务，则该 CPU 的资源使用率是 67%。通常需要考虑服务器的 CPU、内存、磁盘和网络带宽等资源的使用率。

资源使用率应该保持在一个合理区间内，一般 20%～60% 为宜。低于 20% 表明资源空闲，没有得到充分利用；资源使用率在 60%～80%，表示资源使用饱和；超过 80% 则使用过载，必须及时进行调整和优化。更具体的指标则随资源设备类型而定。

2. 高可伸缩性（Scalability）

大数据系统的计算处理能力，需要能够随着计算任务需求的变化而扩张和收缩。宣称一个系统是可伸缩（又称可扩展）的，是指当任务增加或者减少时，系统能够通过简单地增加或者减少硬件资源，保持系统的平均性能。可扩展性或者可伸缩性，是衡量一个系统的性能扩展能力的指标，定义为每增加单位的硬件资源对系统性能的提升比例。

如果系统性能可以随着硬件资源的增加而呈线性比例增长，则称该系统具有线性可扩展能力。线性可扩展是一种非常理想的情况，只要简单地向系统添加硬件资源，就总是能够提升系统性能，而且可以无限地做下去且不用担心有任何不好的影响。现实情况并非如此，很少有通过无限增加机器就能够获得可扩展性的场景。

具体实践中系统扩展通常采用两种策略：垂直扩展和水平扩展，如图 1-11 所示。

（1）垂直扩展（纵向扩展，Scale Up）：提升单机处理能力。例如，更换更多核心的 CPU、扩充更大更快的内存、升级高速硬盘等。垂直扩展简单有效，但是有上限。

（2）水平扩展（横向扩展，Scale Out）：增加更多的服务器。通常是添加与现有服务器节点功能相同的新节点，构成集群，然后集群内部重新平衡负载。

对于大数据处理和分布式系统而言，水平扩展是必然选择，只需要不断地增加机器就可以应对数据量和计算任务的增长，获得接近线性的扩展能力；同时，当任务规模缩减的时候，可以撤掉多余的机器，避免资源浪费，达到系统性能动态伸缩的效果。

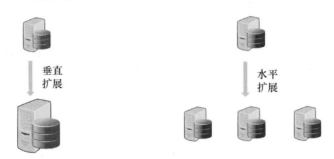

图 1-11　垂直扩展和水平扩展

3. 高可用性（High Availability，HA）

大数据系统需要能够持续地提供服务，例如 7×24 小时提供服务。系统可用性，是指系统在各种情况下持续提供服务的能力，包括一旦中断短期内快速恢复的能力，可以通过系统可靠性、可维护性、可用性等指标进行综合表征。

（1）系统可靠性（Reliability）：系统持续完成功能服务的能力，通过系统无故障连续运行的平均时间衡量，称为平均无故障时间（Mean Time To Failure，MTTF）。

（2）系统可维护性（Maintainability）：系统在故障时的可修复能力，通过系统故障的平均恢复时间衡量，称为平均恢复时间（Mean Time To Repair，MTTR）。

（3）系统可用性（Availability）：可以利用 MTTF 和 MTTR 来度量：

$$可用性 = \frac{MTTF}{MTTF + MTTR} \times 100\%$$

根据系统可用性百分比中有几个 9，将系统可用性分为六个级别：低可用、基本可用、较高可用、高可用、极高可用、超高可用，如表 1-1 所示。

表 1-1　可用性的质量分级

可用性	质量分级	每年不可用时间
90%	低可用	<36.5 天
99%	基本可用	<88 小时（约 4 天）
99.9%	较高可用	<9 小时
99.99%	高可用	<53 分钟
99.999%	极高可用	<5 分钟
99.9999%	超高可用	<31 秒

其中,高可用是互联网企业常用的质量分级要求,又称为四个9;高可用要求每年宕机时间少于53分钟,具有故障自动恢复能力。

4. 高容错性(Fault Tolerance)

分布式系统由大量计算机通过网络连接而成,经常会有机器故障宕机、网络延迟或者出现分区、机器之间时间不同步等,这些是分布式系统与生俱来的问题。在发生故障时分布式系统应该能够容忍错误,以可接受的方式继续提供服务,称为系统容错性。

分布式系统中发生故障是常态。按发生的时间特性,通常把故障分为三类:暂时故障(Transient)、间歇故障(Intermittent)和永久故障(Permanent)。其中,暂时故障发生一次之后就消失;间歇故障会间歇性出现,由不稳定的软硬件导致,很难诊断且后果严重;永久故障发生后就一直存在,直到故障组件被替换,如软件缺陷、磁盘损坏等。另外,根据故障的严重程度,可以把故障分成不同的类型,如表1-2所示。

表1-2 分布式系统的故障分类

故障类型	故障说明
崩溃性故障	服务器停机,但是在停机之前工作正常
遗漏性故障	服务器不能响应到来的请求,包括不能接收和不能发送
定时故障	服务器的响应在指定时间间隔之外
响应故障	服务器的响应不正确,包括响应的值错误和服务器偏离了正确的控制流
随意性故障	服务器可能在随意的时间产生随意的响应

系统容错不是禁止故障发生,而是及时将故障的影响屏蔽起来,避免造成系统整体不可用;即使造成系统运行质量下降,但是依然保证可用。例如,图1-12中的飞机有四个发动机,即使某个发动机出现故障,其他发动机也会承担负载,保证飞机安全飞行。

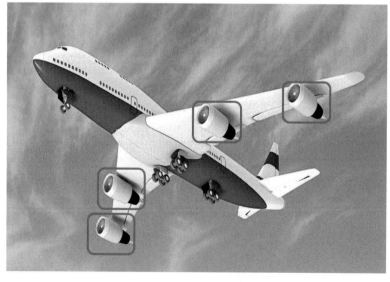

图1-12 系统容错性示意

因此,容错的基本思路是建立冗余,包括信息冗余、时间冗余、物理冗余等。其中,信息冗余,是指添加额外信息以检测甚至纠正错误,如在数据中添加校验和;时间冗余,是指对于一个功能操作,如果需要后续可以再次执行,例如事务;物理冗余,则是通过添加额外的软硬件构成一个整体来容忍部分组件的故障,如服务器的主备系统。

对于分布式系统,通过复制(Replication)建立冗余的副本(Replica)是实现高容错、高可用的基本手段,包括为节点、数据或者服务建立冗余的副本随时待命,一旦发生异常,立刻由副本提供服务,进行失败转移(Failover),保证服务不会中断。

5．服务等级协议(Service—Level Agreement,SLA)

大数据系统的高性能、高可伸缩、高可用、高容错不能只是笼统的文字描述,需要把这些性能需求转化成具体的可度量指标(如响应时间、TPS、可用性等)并通过书面文字确认,用以约束系统服务质量,称为服务等级协议(SLA)。

服务等级协议,是软件系统的服务提供商对客户的服务承诺,其中包含了响应时间、TPS、可用性等一系列服务性能条款,用于衡量服务质量是否达到用户需求;此外,还包括一些商务条款,约定达不到性能指标要求的赔偿方案等。服务等级协议示例如表 1-3 所示。

表 1-3　某软件系统厂商的服务等级协议

＊＊＊＊服务的服务等级协议

本服务等级协议(Service Level Agreement,简称"SLA")规定了 ＊＊＊＊ 向客户提供的 ＊＊＊ 服务的服务可用性等级指标及赔偿方案。

1．定义
2．服务可用性
　2.1　服务可用性计算方式
　2.2　服务可用性承诺
3．赔偿方案
　3.1　赔偿标准
　3.2　赔偿申请时限
4．其他

1.3.3　计算场景需求

大数据计算需要应对多种计算场景。例如,针对长期积累的海量历史数据进行离线计算,或者对持续快速产生的数据进行实时计算,抑或用户即兴的交互式查询。不同的计算场景,需要处理的数据体量和在线特性、响应延迟等方面的要求差异巨大。

1．离线和实时计算

依据计算任务关于输入和输出的实时性要求,可以把计算场景分成多种类别。考虑一个企业的业务生产系统源源不断地产生数据,这些数据能否及时摄入计算任务进行处理,计算任务能否及时完成并返回计算结果,不同的回答得到不同的计算场景。

(1)离线计算(Offline Computation):如果生产系统持续产生的数据并不会立即摄入计算任务进行处理,而是保存下来,等累积到一定数据量的时候再进行计算处理,这种情况下的计算任务跟生产系统是脱离的,称为离线计算。离线计算推迟了数据摄入的时间,是一种非实时的计算需求。

(2) 实时计算(Realtime Computation):生产系统产生的数据立即或者在很短时间内摄入计算任务进行处理,快速完成计算任务并返回计算结果,强调计算过程和结果响应的实时性,称为实时计算。

对于离线计算,数据长期保存不会影响数据的计算价值。但是,对于实时计算来说,要求必须做到及时处理并响应结果,否则数据的价值就会随着时间逐渐流失。

2. 批处理(Batch Processing)

批处理是一种传统的先存后算的计算模式,具有高延时、低成本的特点,如图 1-13(a)所示。当触发计算任务的时候,会把一段时间内积累的历史数据载入计算环境,然后运行一个计算作业(Job)进行数据处理,最后返回计算结果,整个计算作业一次完成整批数据的处理,称为批处理。批处理可以由用户触发,也可以定期运行,例如,企业每天定时生成数据分析报表。

批处理是一次完成全部数据处理的批量计算模式,要求在计算开始之前准备好完整的数据且数据不会发生变化。因此,批处理的数据集是有界的,即具有确定的时间边界,在确定的时间范围内开始和结束,可能是一个小时、一天、一个月或者一年等。

批处理不提供常驻的计算服务,而是由用户或者外部事件主动触发计算任务。数据在外部存储中长期保存,只有在需要处理的时候才会触发计算,例如用户发出计算请求,或者系统定时事件触发计算请求,进而运行批处理作业完成计算并返回结果。

(a) 批处理　　　　　　　　　　　　　　　(b) 流处理

图 1-13　批处理和流处理的计算模式

批处理一次可以处理大量的数据,但需要付出较高的时间延迟(几分钟到几天),通常用于非实时的离线计算,故而也称为离线批处理。因此,批处理,适用于需要访问全部数据才能完成的繁重计算任务,例如计算总和、平均或者排序等任务。此外,批处理擅长应对大规模数据的计算,具有很高的数据吞吐量,经常用于历史数据的计算分析。

3. 流处理(Streaming Process)

流处理,又称流计算,是一种随到随算的计算模式,具有高时效、低延时的特点,如图 1-13(b)所示,数据像流水一样源源不断到达(流数据)并立即或者在短时间内进行实时计算处理。

流计算处理的是当前到达的单条数据或者短时间内的数据,一次处理的数据量小,时间延迟短。另外,流数据是持续到达的,可能流转速度极快,计算必须在短时间内完成,否则新到的数据就得不到及时处理。流计算的时延通常在数百毫秒到数秒之间。

流计算的数据集是无界的流数据，数据随着时间的推移而持续到达，例如 Web 页面的用户点击事件或者股票市场的交易数据，除非业务停止，否则数据没有尽头。但是在某一特定时刻，流计算只处理当下到达的单条数据或者短时间内的在线数据。

流计算是常驻的、被动触发的、持续的计算服务。通常是用户提交一个流计算作业，此后流计算作业就常驻于计算环境中等待触发，当一条数据到来的时候，或者满足某种事件条件的时候，就会触发一次流计算作业进行计算并输出计算结果。

流计算的作业是由事件驱动的。事件可以是一条数据的到达，例如当前的设备温度监测数据，也可以是符合某种条件的事件，例如 30 分钟的时间窗口内的设备最高温度。因此，流数据本质上是源源不断的、无界的持续事件流。

流计算通常用于实时计算场景，尤其是数据价值随着时间推移而流失的业务，例如实时推荐和在线监控等任务，要求对数据的变化及时做出响应。流计算也适合于事件驱动的数据流，随着事件的发生持续计算，迅速更新计算结果，保证处理的时效性。

4. 交互式查询（Interactive Query）

交互式查询（Interactive Query），又称即席查询（Ad Hoc Query），由用户根据自己的需求灵活定制数据查询条件，系统能够根据用户的选择在可容忍的交互时间内返回查询结果。交互式查询，兼具灵活性和时效性，时间要求通常在数秒到数分钟之间。

交互式查询，不同于批处理的先存后算，也不同于流计算的随到随算，它是一种按需计算的模式，不强调计算的实时性，而是关注响应的实时性，只要求用户发出请求尽快能够得到结果。在交互式查询模式下，计算任务并不固定，可以由用户根据需求自由选择计算的维度、聚合指标以及查询条件。因此，交互式查询，通常很难通过针对性的预先计算来优化性能，但是对于参与交互的用户来讲，当然希望能够很快地获得查询结果。

交互式查询通常不是单次的"提交查询＋返回结果"交互，往往意味着多轮次、多角度、不断递进的一系列交互过程，以一种类似于对话的形式支持用户自由灵活地进行自助的数据探索分析，在交互过程中发现数据中隐藏的事实和现象，分析事实和现象发生的原因并提出观点予以验证，整个交互过程体现出人类认识事物的思维深入过程。

在传统的关系数据库和数据仓库的语境下，联机分析处理（OnLine Analytical Processing，OLAP）就是一种典型的交互式查询，通过对大量数据预先进行多维多层的聚集计算，为用户提供多维数据视图，支持进行维度钻取、切片、旋转等数据探索操作。但是，在大数据语境下，数据体量更为庞大，要求交互式查询秒级甚至毫秒级响应非常困难。

5. 计算场景比较

从实时性的业务需求角度，可以把计算场景分为离线计算和实时计算。从计算处理模式的角度，可以把计算场景分为批处理、流计算和交互式查询，表 1-4 中给出不同计算模式的比较，其中，批处理适合于离线计算，流处理适合于实时计算。

但是，批处理不等于离线计算，同样流计算也不等于实时计算。某些情况下，如果每个批次的数据量很少（称为 Mini-batch），则批处理也可以获得接近实时的计算性能；而流计算也可以通过数据的历史回放，以离线计算的方式处理流数据。

表 1-4　批处理、流计算和交互式查询的比较

	批处理	流计算	交互式查询
计算特征	数据先存后算 计算任务固定、复杂 全量计算 非常驻、主动计算	数据随到随算 计算任务固定、简单 增量计算 常驻、持续计算	用户按需计算 计算任务不固定
数据特征	有界数据 历史数据,规模大	无界数据 在线数据,规模小	有界或无界数据 历史或在线数据
响应时效	离线计算,高延时, 从几分钟到几天	实时计算,低延时, 从数百毫秒到数秒	近实时计算,低延时, 从数秒到数分钟
应用场景	离线报告、大数据分析、 AI训练等	设备故障报警、实时监控、 动态跟踪、实时推荐等	商业智能分析、 A/B测试(Testing)分析等

1.4　章节小结

大数据系统是针对大数据进行数据采集和预处理、存储和管理、处理和分析、可视化呈现等任务的高性能、可伸缩、高可用、高容错、安全易用的软硬件系统,用于帮助用户发现大数据中潜在有价值的信息和知识,认识业务历史,把握业务现实,预测业务走向。本课程的目标就是培养学生运用大数据相关技术和工具架构大数据系统的能力。

架构大数据系统,就是针对特定的业务应用,通过对业务目标、数据源类型和特点、性能要求、计算场景需求的评估和把握,选择合理的技术手段和软件工具,搭建满足业务功能需求和性能需求(高性能、高可伸缩、高可用、高容错)的大数据系统骨架。

本课程从大数据架构的需求之道出发,推理和演绎大数据架构的分布式原理和技术(大数据架构之术);然后,在道与术的统辖之下讨论软件工具的功能、设计、实现以及使用方法(大数据架构之器)。需求驱动技术,技术映射工具,工具体现需求,道、术、器三者环环相扣,互相印证,构成大数据架构的整体知识结构,如图 1-14 所示。

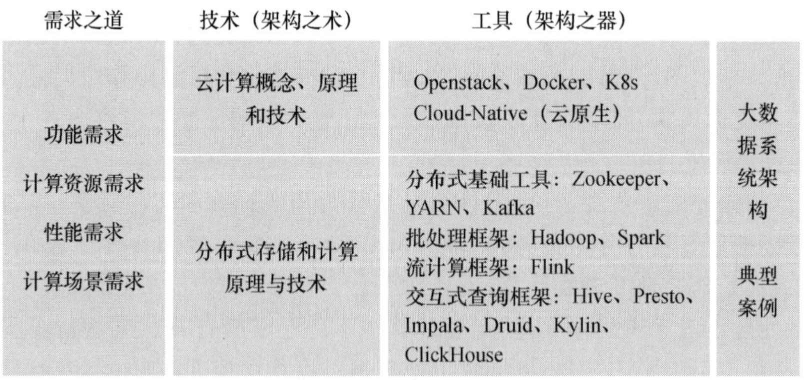

图 1-14　大数据架构的知识体系

习　　题

（1）大数据的内涵已经远超体量巨大的字面意义，请根据你的背景和经验，说明人们在谈论大数据的时候表达了何种含义，给出你认为合适的大数据定义。

（2）查阅互联网资料，了解并说明"一切皆可量化，全样本胜于采样，放弃因果追求相关，放弃精确追求效率"等大数据思维背后蕴含的数据分析理念。

（3）比较集中式计算和分布式计算的特征和优缺点，请分析说明是否分布式计算必定优于集中式计算，大数据处理为何采用分布式计算的路径。

（4）以电商或者煤矿企业等具体行业为背景，利用软件工程方法，举例说明大数据处理应该满足的需求，包括功能需求、性能需求、计算场景需求等。

（5）以最基础的大数据架构需求为出发点，推导梳理大数据架构课程的宏观知识结构，使用思维导图或者其他结构化方式将其描述出来。

第 2 章　大数据架构之术

大数据处理需要满足计算资源需求、性能保障需求和多种计算场景需求。其中,保障计算资源的云计算基础设施,在第 3 章专门阐述。本章主要是推导和梳理大数据的性能保障处理之术和计算场景处理之术,即大数据处理的分布式系统原理和计算框架。

(1) 性能保障处理之术:分布式系统原理;

(2) 计算场景处理之术:大数据计算框架。

2.1　分布式系统原理

大数据处理,需要通过分布式技术搭建高性能、高可扩展、高可用以及高容错的大数据系统,利用大量廉价的计算节点相互协作完成大数据处理任务。

2.1.1　分布式系统模型

分布式系统由通过网络连接的一组计算节点组成,在软件的协同下相互配合,完成共同的存储或者计算目标,为用户提供存储或者计算服务,如图 2-1 所示。

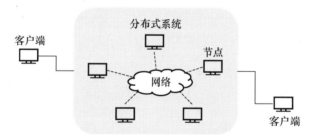

图 2-1　分布式系统的组成模型

在分布式系统中,计算节点可能是物理上独立的计算机,也可能只是一个独立的操作系统进程。计算节点之间只能通过网络传递消息进行通信和任务协作。

根据分布式系统的组成和网络环境,可以对分布式系统的运行模型建立合理的假设: ① 发生异常是常态;② 请求结果有三态;③ 不存在全局时序。

1. 发生异常是常态

分布式系统由大量计算节点通过网络连接而成,经常会发生节点故障、网络延迟或者出现网络分区现象,这些是分布式系统与生俱来的问题。

(1) 节点故障:在大型分布式系统中计算节点数量众多,在某个时刻很可能会有一些节点所在的机器发生故障,或者是节点所对应的进程僵死。当机器数量成千上万个时,发生节点故障几乎成为常态。发生故障后,节点无法正常工作,进入不可用的状态。修复故障,重新启动机器和节点程序,经过一系列信息恢复工作之后,节点重新进入正常的可用状态。

如果引起节点故障的原因是存储介质故障,例如磁盘损坏,就会导致数据丢失。数据丢失是分布式系统常见的一类异常,需要通过冗余设计进行恢复。

(2)网络异常:分布式系统往往会假设通信的网络不可靠,这与现实的网络通信是相符的。例如,亚马逊云计算服务、阿里云等著名云计算厂商曾经多次因为网络问题导致服务中断。现实世界的网络,可能处于不可用状态,也可能因为拥堵、设备异常等问题导致数据传递丢失或者传输错误。即使是正常的网络,通信延时也远大于单机操作,而且网络延时没有上限保证(异步网络只保证尽可能快地传递数据),还可能会发生剧烈的抖动变化。

网络分区或者分化(Network Partition)是一种常见的网络异常,对分布式系统影响很大。网络分区,是指组成分布式系统的网络链路出现问题,导致部分节点之间无法正常通信,进而将整个系统隔离形成多个局部网络(即网络分区),分区之间通信不可达,分区内部通信正常,如图 2-2 所示。网络分区会导致分布式系统发生脑裂问题。

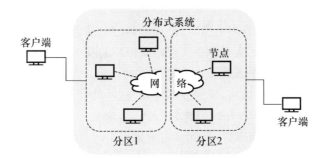

图 2-2　网络分区(网络分化)异常

2. 请求结果有三态

在传统的单机程序中函数调用要么成功,要么失败,只有两种确定的状态。但是,在分布式系统中,经常会发生机器宕机和网络异常,导致请求超时的第三种状态。

当节点 A 向节点 B 发送一个消息请求,节点 B 根据收到的消息请求执行相应的一些操作,最后将操作结果作为一个消息再返回给节点 A,如果这个过程自然流畅的执行下来,则节点 A 可以收到节点 B 返回的消息,标志任务执行成功或者失败。

但是,在这个分布式请求处理的过程当中,可能节点 A 的消息根本就没有送达节点 B 或者延时过长,又或者节点 B 的消息没有送达节点 A 或者延时过长,总之节点 A 在指定的时间范围内没有收到节点 B 返回的消息,不确定节点 B 执行任务是成功还是失败,称为超时(未知)状态。请求返回的成功、失败和超时三种状态,就是分布式系统三态。超时状态是一种未知、不可控的状态,在分布式系统设计时必须仔细斟酌处理。

3. 不存在全局时钟

分布式系统通过大量计算机分担存储和计算任务,这些计算机都有各自的 CPU 时钟(通常利用石英晶体振荡器提供),而且不同的硬件设备提供的时钟必定不完全准确。这也就是说,每个计算机都有自己的局部时间,比其他计算机可能稍快或者稍慢。所谓"同一时刻"在不同的机器看来其实是不同的,分布式系统不存在一个全局时钟。

分布式系统没有全局时钟,所以就不能依赖单机系统的物理时钟来标记事件发生的先后顺序。实际上,分布式系统的网络延迟没有上限,在节点 A 上发生的事件,传递到节点 B 可能延迟很长或者超时,节点 B 在接收到事件的时候,可能系统状态已经发生了很大变化,早已物是人非。分布式系统中每台计算机只能确保各自机器上事件发生的顺序,不能跟其他计算机上的事件比较时序。分布式系统的事件是偏序的,非全序。

4. 四高保障技术手段

分布式系统,需要在经常发生异常、请求三态和没有全局时序的假设模型下,通过一系列技术手段搭建高性能、高可扩展、高可用以及高容错的系统,利用大量廉价的计算节点相互协作完成分布式存储和计算任务。常用的技术手段包括:负载均衡、冗余副本、缓存、隔离、解耦、托底、监控、灾备、资源管理与调度等等。

(1) 负载均衡:将工作负载(数据、计算任务或者访问请求)平衡分摊到多个节点上,称为负载分片,是解决高性能、高可用、高可扩展和高容错的基本手段。

(2) 冗余副本:单点故障是系统高可用的最大风险,通过冗余设计建立数据、计算任务、服务器节点乃至数据库的一个或多个副本,出现故障时自动启用副本接管工作,称为故障转移或者失效转移(Failover)。冗余副本是实现四高保障的基本手段。

(3) 缓存:对于频繁读写的数据或者复杂计算的结果,考虑通过内存或者高速设备将这些热数据暂时保存起来供用户访问,减少数据库读写,降低计算负载。

(4) 隔离:对系统、业务等占有的资源进行隔离,避免系统之间相互影响,例如进程隔离、模块隔离、应用隔离、机房隔离、数据库读写分离等。

(5) 解耦:通过异步调用设计等技术手段,解除系统之间的紧密耦合关系,避免因一个系统的故障和失效,导致其他系统的故障和失效。

(6) 托底:当系统无法应对用户负载时要有最后一道屏障托底,避免系统崩溃,如限流、降级(牺牲非核心服务的质量)、熔断(系统过载保护)。

(7) 监控:具备全方位的监控体系,包括 CPU、内存、磁盘、网络的监控以及节点、数据库、各类中间件和业务指标的监控,发现问题及时报警。

(8) 容灾系统:针对不可抗拒的自然灾难以及病毒、黑客攻击、软管硬件故障等灾难,建立容灾系统,保证用户数据以及应用系统的安全性和可用性。

(9) 资源管理与调度:统一管理分布式集群中的计算、存储和网络资源,针对大量的存储和计算任务进行资源调度,加快任务执行,提高资源利用率。

2.1.2 分片与复制

分片和复制是分布式系统应对高性能、高可扩展、高可用和高容错要求的基本手段。

1. 基本概念

(1) 分片(Partitioning,Sharding):是利用分而治之的思想,将数据或者计算任务分割成多个分片(Partition),不同的分片分布到不同的计算节点上。如果是对数据应用分片技术,就是数据分片;如果是对计算任务应用分片技术,则称任务分片或者服务分片,如图 2-3

所示。

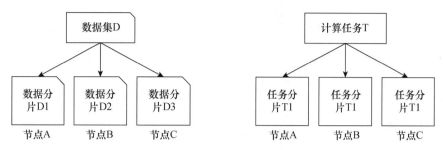

图 2-3　数据分片与任务分片示意

合理运用分片技术,可以限制单节点数据集或者任务规模的大小,保证处理效率,提供近似线性的水平扩展能力;其次,通过多个节点上分片的并行处理,可以提高系统性能;此外,分片可以提高系统容错能力,即使有部分节点失效,其余节点也不会受到影响,可以继续操作和提供访问服务,具有更好的可用性。

(2)复制(Replication):是在多个节点上放置相同的数据副本或者计算副本(Replica),其中计算副本又称为服务副本,如图 2-4 所示,多个副本之间是完全相同的。复制为系统引入了冗余,如果一些节点不可用或者存在瓶颈,其余节点上的冗余副本仍然可以提供服务,保证系统的容错性和可用性。另外,多副本同时提供服务,也有助于提高系统性能。

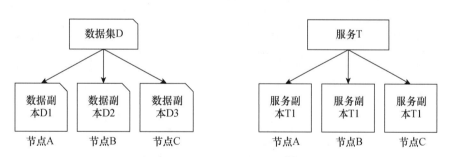

图 2-4　数据副本与服务副本示意

如果数据不会随时间而改变,那么复制就很简单,在多个节点把数据复制一下就好。但是,数据往往需要变动,如何在数据的多个副本上同步反映这种变动,保持数据的一致性,这是个难题,甚至可以说,复制是导致分布式系统诸多问题的根源。

(3)分片+复制:分布式系统通常会综合运用数据分片和复制技术,使得每个数据分片在多个节点上保存数据副本,从而获得系统的高性能、高可扩展、高可用和高容错。如图 2-5 所示,数据集分割为 5 个分片,每个分片两个副本,分别保存在节点 1、节点 2 和节点 3 上。

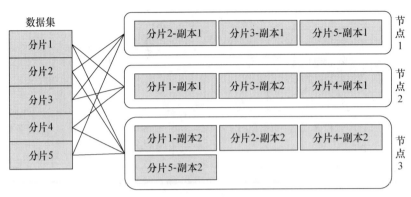

图 2-5   综合运用数据分片与复制技术

2. 数据分片方式

为了提高系统性能,数据分片应该能够将数据和数据请求负载比较均匀的分配到各个节点上。另外,当系统增加节点(扩容)和减少节点(缩容)时需要进行数据迁移,希望数据迁移尽量少一些。目前常用的数据分片方式有:基于数据量(Size Based)、基于数据区间(Range Based)、哈希(Hash)和一致性哈希(Consistent Hash)等。

(1) 基于数据量的方式:不考虑数据的内部特征,只是简单地把数据视为一个文件,按固定大小的数据量将其划分成一系列数据块(Chunk),分布到不同的节点上,如图 2-6 所示。

基于数据量的数据分片方式,需要单独记录数据、数据块在不同节点上的分布情况,称为数据分布的元信息,因此,需要专门的元信息管理服务器。当系统规模较大时,元信息的数据量会变得非常惊人,如何高效地管理元信息就会成为新的挑战。

基于数据量的数据分片方式非常简单,数据分布均匀。当系统需要重新均衡负载时,或者扩容和缩容时,只需要对部分数据块进行迁移即可达成目标。

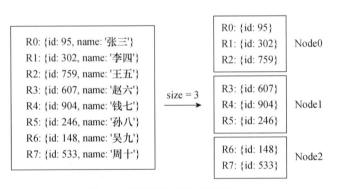

图 2-6   基于数据量的数据分片

(2) 基于数据区间的方式:把数据按特定的键值(Key)特征划分成不同的区间,每个节点负责保存一个或者多个区间。如图 2-7 所示,根据 id 键值将数据划分为三个区间,分布在三个节点上。查找指定键值的数据,只需要找到包含该键值的区间,然后到该区间所在的节点上查找。

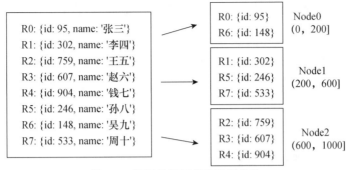

图 2-7 基于数据区间的数据分片

基于数据区间的数据分片方式，实现起来非常简单，扩容也比较方便，而且能够支持关于键值的范围查询。但是，如果数据分布不均匀，会导致数据和负载均衡不容易保证。此外，基于数据区间的方式需要单独维护数据区间与节点之间对应关系的元信息，如果分布式系统的节点和数据规模很大的话，维护元信息的服务器就容易成为系统性能瓶颈。

（3）哈希方式：通过哈希函数计算特定键值（Key）特征的哈希值，在哈希值和节点之间建立映射关系，从而将哈希值不同的数据分布到不同的节点上。如图 2-8 所示，哈希函数为 $h(x)=x\%3$，其中 3 是节点个数，计算 id 的哈希值即可把数据映射到不同的节点上。查找数据，只需要根据给定的 id，计算其哈希函数值，即可得出目标数据位于哪个节点上。

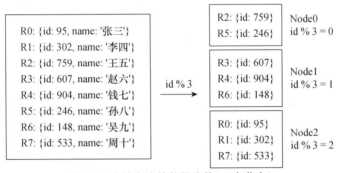

图 2-8 哈希方式的数据分片（三个节点）

哈希方式的原理非常简单，如果数据在指定键值特征上分布均匀，则哈希方式就可以把数据均匀分布到不同节点上。但是，如果键值特征上数据分布不均匀（数据倾斜，Data Skew），则会导致大部分负载压到少数节点上，甚至超出节点的处理能力，造成系统不可用；而且，此时无论如何扩展系统规模，增加多少服务器节点，系统性能都很难提升。

哈希方式的扩展性能不高。当增加新的节点或者减少已有节点时，哈希方式会导致几乎所有的数据都需要重新计算哈希值并迁移到新的节点上。如图 2-9 所示，当系统从三个节点增加到四个节点后，数据的哈希值基本上都会变化，需要迁移大量的数据。在工程实践中可以考虑成倍地扩展节点规模，根据取模运算规则，只需要迁移一半的数据。

（4）一致性哈希方式：选择一个足够大的哈希（Hash）空间（如 $0 \sim 2^{32}-1$）构成一个首尾相接的哈希环，如图 2-10（a）所示；然后，将节点通过哈希函数映射到该哈希环上，如图 2-10（b）所示，在哈希环上映射了节点 N0、N1 和 N2。在计算节点的哈希值时，可以使用节点的 IP 地址或者主机名作为特征,进行取模运算(％2³²),计算得到的哈希值作为节点在哈希环上的位置。

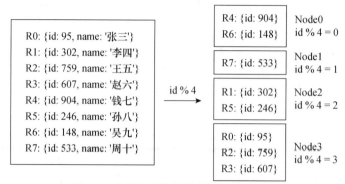

图 2-9　哈希方式的数据分片(四个节点)

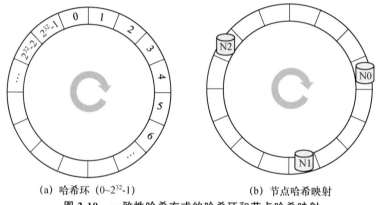

(a) 哈希环 (0~2³²-1)　　　　　　　(b) 节点哈希映射

图 2-10　一致性哈希方式的哈希环和节点哈希映射

　　确定节点在哈希环的位置之后,将数据按特征映射到哈希环上,并将其保存到顺时针的第一个节点上。如图 2-11 所示,根据映射和保存规则,将 val1 和 val4 保存在节点 N0 上,将 val2 和 val5 保存在节点 N1 上,将 val3、val7 和 val6 保存在节点 N2 上。

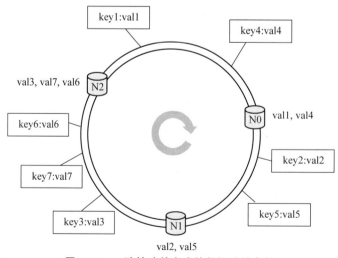

图 2-11　一致性哈希方式的数据哈希存储

一致性哈希方式将节点的影响局部化,添加和删除节点只影响哈希环上相邻的节点,故扩展能力强。例如,在图 2-11 所示的哈希环上增加节点 N3,只会影响到 key1:val1,把 val1 从 N0 迁移到 N3 即可,其余节点存储的数据不动,如图 2-12 所示。

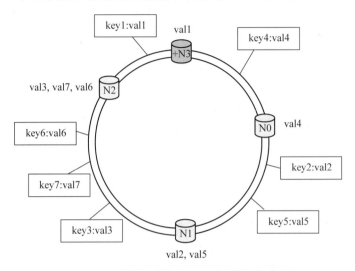

图 2-12　一致性哈希方式的扩容(增加节点 N3)

同理,在图 2-12 所示的哈希环上进一步删除节点 N2,只需将 N2 上存储的 val3、val7 和 val6 迁移到 N3 即可,不影响其余节点,如图 2-13 所示。

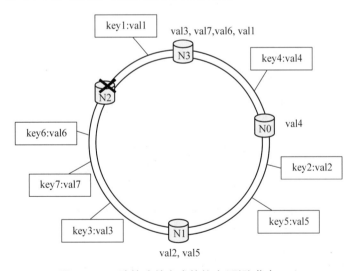

图 2-13　一致性哈希方式的缩容(删除节点 N2)

一致性哈希方式很好地解决了系统扩展性问题,但是在负载均衡问题上存在明显的缺点。如果节点在哈希环上分布不均匀,或者节点动态增加和删除导致节点分布不均匀,使得大量的数据和访问负载都压到少数几个节点上,导致数据倾斜,如图 2-14 所示。极端情况下,严重的数据倾斜会导致一个或多个节点崩溃,进而引发大规模的数据迁移,数据从崩溃节点迁移到相邻节点,进而使相邻节点不堪重负而崩溃,如同雪崩一般,称为节点雪崩。

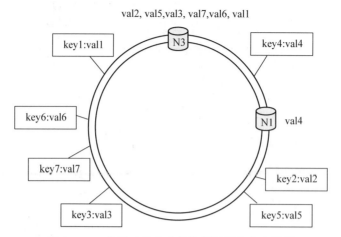

图 2-14　一致性哈希方式的数据倾斜和节点雪崩

解决办法是为每个物理节点设置多个虚拟的分身节点,称为虚拟节点(Virtual Node),将虚拟节点均匀的分布到哈希环上,映射到虚拟节点的数据就保存到对应的物理节点上,如图 2-15 所示。大量均匀分布的虚拟节点,可以避免数据倾斜和节点雪崩。

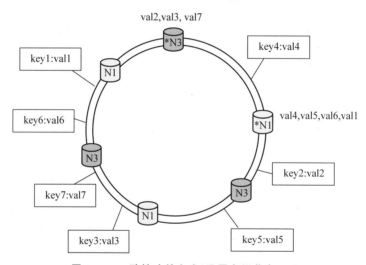

图 2-15　一致性哈希方式(设置虚拟节点＝2)

3. 复制技术

通过复制建立多个副本,如果其中一些副本正常提供服务,称为主副本(Master),另一些副本处于备用状态并随时待命,就称为从副本(Slave)。一旦主副本发生异常,则立即由备用的从副本顶上去接管工作,即失败转移(Failover),保障服务不会中断。

在不同的文献资料中,主副本和从副本有多种称谓,除了 Master-Slave 之外,还有 Leader-Follower、Active-Standby、Primary-Secondary 等。

(1)副本一致性:理想情况下,所有副本都应该随时随地保持一致,称为严格一致性(Strict Consistency),分布式系统中发生的任何一个数据更新事件,都应该在瞬间立刻被所有的副本感知到并反映到后续操作结果中，一个操作不论发生在哪个副本上都应该得到相同的结果。

然而，理想的一致性是达不到的。从数据被更新，到更新后的数值能够被正确读取到，这中间存在一个时间段，在这个时间段内数据的一致性不能保证。因此，只能期冀付出某种程度的代价能够达到某种程度的一致性，满足现实的业务需求。

① 强一致性（Strong Consistency）：任何时刻，任何用户或节点都可以读到最近一次成功更新的副本数据。强一致性要求比较高，实践中实现的代价也大。

② 最终一致性（Eventual Consistency）：要求一旦更新成功，各个副本上的数据最终将达到完全一致的状态，但达到完全一致状态需要的时间不能保障。对于最终一致性系统而言，一个用户只要始终读取某一个副本的数据，则可以实现类似单调一致性的效果，但一旦用户更换读取的副本，则无法保障任何一致性。

③ 弱一致性（Weak Consistency）：更新成功，不保证用户在确定时间内读到这次更新的值，且即使在某个副本上读到了新的值，也不能保证在其他副本上可以读到新的值。弱一致性通常不会在实际中直接使用，需要应用程序做更多的工作以使系统可用。

（2）副本复制策略：根据主副本的数量界定出常用的数据复制策略：单主复制、多主复制和无主复制。

① 单主复制（Single-Leader Replication），又称主从复制，只有一个主副本，此外都是从副本，所有写操作请求均由主副本处理并复制到从副本，如图 2-16 所示。读操作主从副本都可以处理。单主复制，在主副本宕机失败转移期间，系统会处于阻塞状态无法提供服务，系统不可用。

图 2-16　单主复制的主副本与从副本

② 多主复制（Multi-Leader Replication），有多个主副本或者全部都是主副本，写操作可以由任意一个主副本处理，再同步到其他副本。多主复制，在并发操作时会造成数据不一致的问题。多主复制的主要场景是多数据中心，每个数据中心都有一个主库，数据中心内部使用主从复制，数据中心之间多主复制，也就是一个数据中心的主库会复制其他数据中心主库的数据。

③ 无主复制（Leaderless Replication），不区分主副本和从副本，客户端更新数据时向多个副本发出写请求；客户端查询数据时向多个副本发出读请求。无主复制的并发操作会导致数据不一致。

（3）复制同步策略：副本之间的复制操作会有不同的延时，如果等待所有副本都复制完成太过严苛，将会影响系统的可用性。因此，可以根据需求选择不同的复制同步策略。

① 同步复制（Synchronous Replication）：保证数据复制到所有副本之后，才算是复制完成。同步复制能够保证副本之间具有强一致性，但是系统延迟较大，性能不高。

② 异步复制（Asynchronous Replication）：只要数据复制到一个主副本，就算复制完成，其他副本异步处理。这种方式性能高，但可能丢失数据或者发生数据脏读。

③ 半同步复制（Semi-synchronous Replication）：当数据复制达到一个约定数量的副本时，就算复制完成。可以兼顾性能和一致性，依然有数据不一致问题。

（4）复制传播策略：在维护副本一致性时，需要传播复制的内容，有三种常用的复制传播策略：

① 传播数据更新的消息：通过数据更新的消息通知其他副本，指定数据已经发生了变化。由于只传播数据失效消息，因此带宽消耗小，适用于读少写多的场景。

② 传播更新的数据日志：将发生修改的数据记入日志，传递给其他副本进行复制。这种方式能够及时体现数据更新的效果，适用于读多写少的场景。

③ 传播更新的操作日志：将更新数据的操作记入日志，传递给其他副本，其他副本执行日志回放完成复制，又称主动复制，适用于更新数据量大的场景。

2.1.3　架构设计原理

副本的引入带来了巨大的挑战，如何在系统可用和容错的同时保证多副本之间的数据一致性？CAP 原理指出，在一致性、可用性和分区容错性三者中仅能得其二；在传统的数据库系统中 ACID 原则坚定地选择了一致性；而 BASE 原则告诉我们应该针对具体业务做理性分析，在一致性和可用性之间进行细致的平衡。

1. CAP 原理

CAP 是一致性（Consistency）、可用性（Availability）和分区容错性（Partition Tolerance）三个词汇的缩写，CAP 原理是说：在一个分布式系统中，当涉及读写操作时，只能保证一致性、可用性和分区容错性三者中的两个性质，另一个必须做出牺牲。其中，

（1）一致性：所有副本的数据都是一致的，或者说读操作保证能够返回最新的写操作结果。

（2）可用性：所有请求都能获取正确的响应，不要求保证获取的数据是最新数据。

（3）分区容错性：即使发生了网络分区，系统也能对外提供满足一致性和可用性的服务。

分布式系统通常必须保证分区容错性，因此，需要在一致性和可用性之间做出权衡取舍。在出现网络分区的情况下（如图 2-17 所示），如果允许副本 1 更新状态，则必然舍弃一致性；如果选择保证数据一致性，就要将副本 1 和副本 2 设为不可用，舍弃可用性；如果要求两个副本正常通信才能同时保证一致性和可用性，则系统失去了分区容错性。

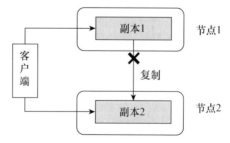

图 2-17　CAP 原理（网络分区下的一致性和可用性）

根据 CAP 原理，可以将分布式系统笼统地分为 CA、CP、AP 三类系统。其中：

（1）CA 系统：要求一致性和可用性，舍弃分区容错性。传统的关系数据库以及分布式

关系数据库属于 CA 系统,要求 ACID 事务特性,不考虑分区容错性。

（2）CP 系统：要求一致性和分区容错性,牺牲可用性。一些 NoSQL 分布式数据库可以归类为 CP 系统,如 MongoDB、HBase、Redis 等。CP 系统如果发生网络分区,为了保证一致性就必须牺牲用户体验,等待所有数据全部一致后才能提供服务。

（3）AP 系统：要求可用性和分区容错性,牺牲一致性。目前流行的高可用 NoSQL 数据库属于 AP 系统,如 DynamoDB、CouchDB、Cassandra 等。在发生网络分区时,AP 系统还可以继续提供服务,只是访问不同的副本可能存在数据不一致。

CAP 原理是说在发生网络分区时一致性和可用性只能二选一。但是,在大部分时间里分区异常实际上并不会发生,在没有网络分区故障的情况下系统显然没必要牺牲一致性或者可用性。此外,CAP 原理二选一这种刚性笼统的描述往往会带来一些架构方面的误解。

其一,CAP 原理的一致性、可用性和分区容错性不是非黑即白的二值取舍。在一致和不一致之间存在多种一致性级别,如最终一致性、会话一致性等。在可用和不可用之间也有中间状态,例如在某些业务上用户愿意容忍长时间的等待,不认为系统不可用。甚至在网络分区和未分区之间也有多种情况,例如少数节点的分区故障不影响业务的情况。

其二,CAP 原理并不是针对整个系统的权衡取舍,而是针对局部子系统或者子功能、某个数据或某种事件进行的一致性和可用性抉择。例如,银行转账功能就必须保证一致性而牺牲可用性,而银行产品推荐功能则无须强一致性,可以选择可用性。

2. ACID 原则

传统的数据库系统要求,即使系统发生故障或者多用户并发访问,数据库都必须保证用户所做的每一项工作（称为事务,Transaction）都能够正确完成。为此,在 CAP 三者当中数据库系统选择了完全的一致性,要求事务操作满足原子性（Atomicity）、一致性（Consistency）、隔离性（Isolation）和持久性（Durability）,缩写起来就是 ACID 原则。

（1）原子性：事务是不可分割的工作单位,要求事务中所有的操作,要么全部完成,要么全部不完成,不允许中止在一个中间状态。

（2）一致性：在事务执行之前和执行之后,数据库都必须处于一致的状态,即事务使得数据库从一个一致状态转换到另一个一致状态。

（3）隔离性：在事务完成之前,它对数据库的影响不能被其他事务引用。隔离性要求事务可以并发执行,但彼此之间互相不影响。

（4）持久性：在事务完成之后,它对数据库的影响必须持久保存。

3. BASE 原则

针对大规模互联网的分布式系统,不能还像 ACID 原则那样强求完美的一致性,而是通过弱化一致性,换取系统的基本可用（Basic Availability）乃至高可用；允许系统在运行期间存在临时的软状态（Soft State）,并且根据系统功能的业务特点,采取适当的措施达到最终一致性（Eventually Consistency）。这里的三个词汇缩写起来就是 BASE 原则。

（1）基本可用：要求系统能够基本运行,一直提供服务,在出现不可预知故障的时候,允许损失部分可用性,保证核心功能可用。例如,在故障情况下允许增加一些响应延时,或者允许损失部分非核心功能以及服务降级。

（2）软状态（又称柔性状态）：允许系统存在中间状态,并认为该状态不影响系统的整体可用性,即允许不同副本之间存在暂时不一致的情况。

（3）最终一致性：要求数据不能一直处于软状态,必须在一段时间后达到一致,保证所有副本中的数据一致性。这里,最终一致性也并非是一种确定的状态,往往是用户感受到的某种程度上的一致性,有很多不同的变种。

① 因果一致性（Causal Consistency）：要求具有因果关系的读写操作在所有副本上按相同的次序被执行,没有因果关系的读写操作（并发事件）则不做保证。

② 会话一致性（Session Consistency）：任何用户,在某一次会话内一旦读到某个数据在某次更新后的值,该用户在该次会话过程中不会再读到比这个值更旧的值。

③ 单调读一致性（Monotonic-read Consistency）：如果一个进程读到数据项 x 的值,那么该进程将不会再读到比这个值更旧的值。

④ 单调写一致性（Monotonic-write Consistency）：一个进程在对数据项 x 的写操作必须先完成,之后才能进行新的写操作,即写操作要求是串行的。

⑤ 读写一致性（Read-follow-writes Consistency）：一个进程对数据项 x 执行写操作的结果总会被该进程对 x 的后续读操作看见,保证读到自己最新写入的值。

⑥ 写读一致性（Writes-follow-reads Consistency）：同一个进程对数据项 x 执行的读操作之后的写操作,保证发生在与 x 读取值相同或比之更新的值上,即保证客户端对一个数据项的写操作是基于该客户端最新读取的值。

2.1.4　一致性协议

针对不同的 CAP 原理设计,需要建立关于副本读写行为的控制规则,使副本能够提供满足要求的一致性、可用性和分区容错性,称为一致性协议。根据协议是否要求一个主节点,可以将一致性协议分成单主、多主和无主协议。分布式系统在发展历程中诞生了很多经典的一致性协议,如 Lease、Quorum、2PC、Paxos、Raft、Gossip 等。

（1）Lease 机制类：单主协议,完全的 C,较差的 A,很好的 P。

（2）Quorum 机制类：无主协议,一定的 C,很好的 A 和 P。

（3）分布式事务类（2PC、3PC）：单主协议,完全的 C,较差的 A 和 P。

（4）共识投票类（Paxos、Raft、ZAB）：单主协议,完全的 C,较好的 A 和 P。

（5）失败探测类（Gossip）：无主协议、一定的 C,很好的 A 和 P。

1. Lease 机制

Lease（租约）机制,是分布式系统常用的维护数据一致性的协议。顾名思义,租约就是租约颁发者在一定期限内对租约持有者的承诺。因此,租约有两重含义：

（1）在租约有效期内,颁发者一定会遵守承诺。

（2）在租约有效期内,租约持有者可以放心使用承诺内容,过期的租约不可使用。

租约在有效期内必然有效这一特性,使其可以容忍机器失效和网络分区。租约的承诺含义非常宽泛,可以是节点存活状态（相当于心跳）,也可以是保证数据不会被修改（相当于读锁）,还可以是保证数据只能被某个节点修改（相当于写锁）等等。

Lease 机制常用于维护分布式缓存的一致性以及确定节点状态解决脑裂问题。

（1）Lease 维护分布式缓存一致性。在分布式缓存系统中,由中心节点保存和维护元数据,其他节点都是缓存节点,负责在节点本地缓存元数据,要求保证缓存节点上的元数据始终与中心节点保持一致。

引入租约机制可以解决问题,如图 2-18 所示。中心节点在向缓存节点发送数据的同时颁发一个 Lease,承诺在租约有效期内数据不会变化。因此,在租约有效期内,缓存节点可以提供读数据的服务,租约过期后重新从中心节点获取数据并订立新的租约。

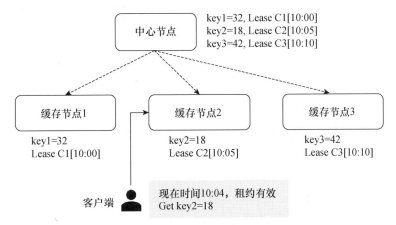

图 2-18　分布式缓存使用租约解决一致性问题

① 客户端读取元数据时,首先判断元数据是否已经在缓存节点中且其 Lease 在有效期内。若是,则直接返回元数据;若否,则向中心节点请求读取数据。

中心节点在收到读取请求后,向缓存节点返回元数据以及对应的 Lease。

缓存节点在接收到中心节点发送的数据后,就将元数据及其 Lease 记录下来,并向客户端返回元数据。如果接收数据失败或超时,则读取失败,退出流程重试。

② 客户端修改元数据时,客户端向中心节点发起修改元数据请求。中心节点收到修改请求后,首先阻塞所有新的读数据请求,即只接收读请求但不返回数据;然后,中心节点等待所有与该数据相关的 Lease 都过期;最后,中心节点修改数据,并向客户端返回修改成功的信息。

(2) Lease 确定节点状态。在分布式系统中确定一个节点是否处于正常状态是比较困难的,由于可能存在网络分化,节点的状态无法通过网络通信来确定。心跳(Heartbeat)机制是一种常用的技术,就是以固定频率向其他节点汇报当前节点状态;其他节点收到心跳,一般就可以认为发送心跳的节点在当前的网络拓扑中状态良好。但是,心跳机制的检测结果可能不可靠。

例如,在单主的多副本系统中,假设由一个专门的节点 D 负责检查各个副本节点的状态,一旦发现主节点异常,就选出一个从节点作为主节点。如果在某个时刻 D 没有收到主节点的心跳,于是认为主节点异常并选出新的主节点。但实际上原来的主节点可能并没有异常,只是因为暂时的网络异常或者 D 本身的问题导致没有收到主节点的心跳。此时,系统中就会出现两个主节点,称为双主问题或者脑裂问题,后续会引发严重错误。

双主问题的根源是"节点状态"认知不一致,引入 Lease 机制可以就节点状态达成一致,通过中心节点向其他节点发送 Lease,若一个节点持有有效期内的 Lease,则认为该节点状态正常。例如，节点 D 颁发一种特殊的 Lease，要求在租约有效期内只允许一个节点获得租约，租约到期后必须重新颁发，只有获得这种租约的节点才能充当主节点。只要节点 D 认为当前主节点异常，需要切换到新的主节点，就等待当前主节点持有的 Lease 过期，然后向新的主节点颁发新的 Lease，从而避免双主问题，如图 2-19 所示。

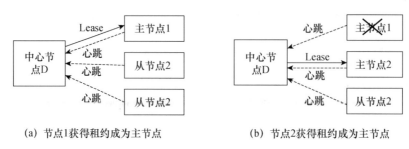

(a) 节点1获得租约成为主节点　　　　(b) 节点2获得租约成为主节点

图 2-19　通过 Lease 选主，避免双主问题

2. Quorum 机制

Quorum 机制的字面意思是形成决议需要达到法定人数，在多副本系统中通过控制读写副本的法定数量，在副本一致性和读写可用性之间实现更细致的平衡。

（1）WARO(Write All Read One) 机制：WARO 机制是最简单的副本读写控制机制，它要求：写操作必须成功更新所有副本才算成功(Write All)，否则失败；读操作随便选择一个副本即可(Read One)。

WARO 机制保证了副本的强一致性，但是写操作很脆弱（一个副本宕机则写操作失败），可用性不高，读操作则很健壮（只要有副本没宕机读操作就能够成功）。

（2）Quorum 机制：Quorum 机制放松了 WARO 机制对于写操作的约束，不再要求写操作成功更新所有副本(N)，只要成功更新副本达到一个法定数量(W)即认为写成功；对于读操作，同样要求读取的副本达到指定的法定数量(R)。根据鸽巢原理，只要 $W+R>N$，则读取 R 个副本必然能够读到更新后的数据，因此 Quorum 机制又称为 NWR 模型。

例如，假设 $N=5$，$W=3$，$R=3$，且 5 个副本上的初始数据为：$(V1,V1,V1,V1,V1)$。某次写操作在 3 个副本上成功更新：$(V2,V2,V1,V2,V1)$，即认为写操作成功。之后的读操作，只要读取 $R=3$ 个副本，则必定能读到最新版本的数据 $V2$。其余两个不一致的副本，可以在后端异步进行数据更新，对客户端而言是透明的。

注意，除非令 $W=N$ 且 $R=1$，使 Quorum 退化为 WARO 机制，可以保证强一致性。否则，只依赖 Quorum 机制无法保证数据的强一致性，因为即使读到了最新版本的数据，但还是无法甄别出是哪一个，故 Quorum 机制往往融合在其他技术中运用。

在实践中，可以根据业务调整 W 和 R，在一致性和可用性方面进行细致权衡。

3. 分布式事务类协议

分布式事务类协议，通过事务原子性实现完全的强一致性。其基本思路是：要么所有副本同时更新某个数据，要么都不更新，从而保证数据的强一致性。

（1）两阶段提交(Two-Phase Commit，2PC) 协议，是关系数据库常用的分布式事务处理协议，属于单主同步复制协议，要求所有副本都同步完成之后才向客户端返回结果，达到了数据的强一致性。2PC 协议将复制分为两个阶段,通过一个主节点统一调度多副本的执行。

① 表决阶段:主节点将数据发送给所有副本,每个副本都要响应提交(Commit)或回滚(Rollback)。若副本投票提交,那么它要将数据放到暂存区,等待最终提交。

② 提交阶段:主节点收到其他副本的响应,如果所有副本都认为可以提交,那么就发送确认提交给所有副本。每个副本收到确认提交消息,就将数据从暂存区移到永久区,完成本地事务提交。这期间只要有一个副本响应回滚,整个事务就整体回滚。

2PC 协议简单易用,但是缺点很多,2PC 协议的可用性和分区容错性很差。首先,2PC 协议是一种阻塞协议,性能不高,所有副本在等待其他节点响应的时候,不能做其他操作或者释放特有资源;其次,2PC 协议存在单点失效问题,主节点一旦失效,则参与节点会一直阻塞下去;最后,2PC 协议也存在数据不一致问题,当主节点要求所有副本提交时,如果此时恰好发生网络异常,则会导致部分副本更新,而部分副本没有更新。

(2) 三阶段提交(Three-Phase Commit,3PC)协议对 2PC 协议做了改进,将 2PC 协议的两阶段过程重新划分成询问提交(CanCommit)、预提交(PreCommit)和正式提交(DoCommit)三个阶段。主节点询问副本是否可以执行提交,如果所有副本都回复 Yes,主节点就要求所有副本进行预提交,由副本在本地执行事务并记录日志;如果所有副本都预提交成功,主节点就要求所有副本正式执行提交,过程中遇到问题就中断回滚事务。

3PC 解决了 2PC 的一些问题,如减小阻塞范围,提高可用性,但是同时又带来了新的数据不一致问题,此外还存在设计比较复杂等问题,在实践中应用较少。

4. 共识投票类协议

共识投票类协议,可以通过投票形成共识进而保证副本一致性。基本思路称为状态机复制(State-Machine Replication),如图 2-20 所示,即如果分布式系统中各副本的初始状态一致,且每个副本都按照相同的顺序执行相同的操作序列,那么各副本最后必能达到一个一致的状态。因此,状态机复制的关键是如何就操作序列的顺序达成共识。

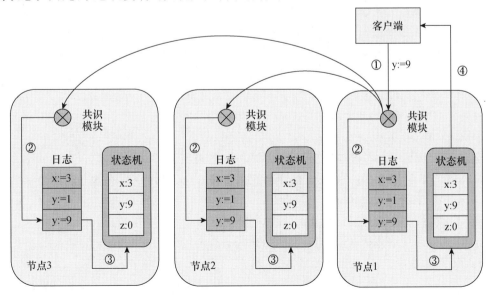

图 2-20　状态机复制的体系结构

在状态机复制模型中,每个节点都保存一份日志(Log),日志来自于客户端的请求,包含一系列的操作命令,状态机就按顺序执行这些命令。集群节点通过共识模块共同商议,就每条命令的执行顺序达成共识,保证日志中的命令顺序是一致的。

实际上,共识(Consensus)是比一致性更为基础的问题,除了副本一致性,在分布式系统中很多问题都可以归结为共识问题。例如:

① 分布式事务原子提交:就提交或终止分布式事务的决定达成一致。

② 封锁或租约:多个客户端争抢封锁或租约时,就哪个客户端获得达成一致。

③ 成员协调服务:就某个节点是活着还是失效达成一致。

④ 领导者选举:就哪个节点是主节点达成一致,避免脑裂。

上述这些问题都要求所有节点对于某个决定一致同意且不可撤销。这个决定可以是事件发生的顺序、主副本还是主节点、事务成功还是失败、节点获得了封锁还是租约等等。一般地,把这些需要达成的决定统称为提案(Proposal)。

共识投票类协议就是针对某种提案达成最终一致决议的协议,要求协议满足安全性(Safety)和活性(Liveness)两个核心约束。其中,安全性要求决议得到所有节点的认同且正确无歧义;活性要求决议过程在有限时间内完成且总会产生决议。

代表性的共识投票类协议有 Paxos、Raft、ZAB 等。其中 Paxos 算法最为基础,几乎是分布式共识算法的代名词,Raft、ZAB 算法都是从 Paxos 算法演化而来的。

(1) Basic Paxos 是 Lamport 在 1990 年提出的分布式共识算法,目标是通过严谨可靠的流程使得分布式系统针对某个单一的提案达成最终的共识。算法不要求可靠的消息传递,容忍消息丢失、延迟、乱序、重复以及宕机故障,主要原理是利用 Quorum 多数派机制保证 $2F+1$ 的容错能力,即具有 $2F+1$ 个节点的分布式系统最多允许 F 个节点同时失效。

① 算法中的基本概念。

提案值(Value):表示提案的内容,即需要达成的共识。可以是任何操作,例如事务提交或放弃、选择某个服务器节点作为集群的主节点等。

编号(Number):表示提案编号,要求在分布式系统中全局唯一且单调递增。

提案(Proposal):需要达成共识的决议,提案=提案编号+提案值。

② 算法中的三种角色。

提案者(Proposer):产生提案。

表决者(Acceptor):对提案进行表决。

学习者(Learner):不参与表决,只对达成一致的提案进行同步学习。

在具体的工程实践中,一个节点往往会充当多种角色,比如一个节点可以既是 Proposer 又是 Acceptor,甚至还是 Learner。

③ 算法的三个阶段。

Basic Paxos 算法包括三个阶段:提案(Prepare)阶段、表决(Accept)阶段、学习(Learn)阶段,如图 2-21 所示。

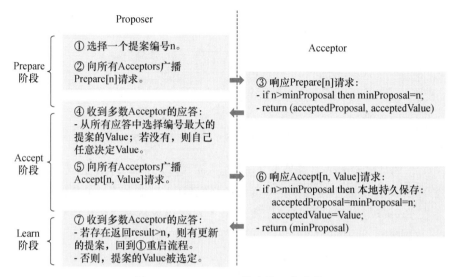

图 2-21 Basic Paxos 算法的三个阶段

第一阶段：Prepare 阶段：

Proposer 选择一个提案编号 n，向所有 Acceptor 广播 Prepare[n]请求。

Acceptor 接收到 Prepare[n]请求，若其提案编号 n 比之前接受过的 Prepare 请求都大，则承诺不会接受编号比 n 小的任何提案，并返回之前接受的编号最大的提案。

第二阶段：Accept 阶段。

Proposer 收到超过多数 Acceptor 的承诺应答，则从应答中选择编号最大的提案的 Value，如果所有应答的提案 Value 都是空值，则可以自己任意决定提案 Value，然后向所有 Acceptor 广播 Accept[n，Value]请求。

Acceptor 收到 Accept[n，Value]请求，只要不违背之前的承诺（不会接受编号比 n 小的任何提案，满足大于等于即可），就发送接受该请求的回复。

第三阶段：Learn 阶段。

Proposer 收到多数 Acceptor 的接受回复，则标志着本次决议形成，或者说该提案的 Value 被选定（Chosen），将形成的决议发送给所有 Learner。

注意，在 Basic Paxos 算法运行过程中，每个 Acceptor 节点都会在本地持久记录和更新三个参数：minProposal、acceptedProposal、acceptedValue。

根据 Basic Paxos 算法的流程，可以看出：Basic Paxos 算法允许多个节点提出提案，当一个提案被多数派接受时就表示该提案的值被选定了，此后如果还有新的提案，则新提案的提案值必定认同先前的选定值。

④ 算法过程举例。

例如图 2-22 所示的系统，由五个节点组成，其中 S1 和 S5 既是 Proposer 又是 Acceptor，S2、S3 和 S4 是 Acceptor。两个提案者都试图提出各自的提案，S1 想要提议 X，S5 想要提议 Y。最终目标是就 X 和 Y 做出一致性的选择：或者选 X 或者选 Y。

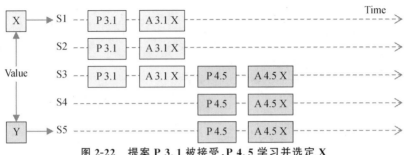

图 2-22　提案 P 3.1 被接受，P 4.5 学习并选定 X

在图中，X、Y 是提案的值。符号 P 表示 Prepare 阶段，符号 A 表示 Accept 阶段。数值 3.1 是提案编号，其中 3 表示是第 3 轮次提议的提案，而 1 则表示是来自 S1 的提案。因此，P 3.1 就表示在 Prepare 阶段接收到来自 S1 的第 3 轮次提议的提案，A 4.5 X 则表示在 Accept 阶段接收到来自 S5 的第 4 轮次提议的提案，提案的值为 X。

根据 Basic Paxos 算法要求，提案编号的轮次应该是全局唯一且单调递增的。

情况 1：值 X 先被选定，新提案学习并选定该值。

在图 2-22 中。首先提案者 S1 向表决者广播提案 P3.1；表决者 S1、S2 和 S3 承诺不会接受编号小于 3.1 的任何提案，由于之前没有接受过提案，所以均返回空值。

提案者 S1 收到来自 S1、S2 和 S3 的承诺应答，超过了半数，应该从应答中选择编号最大提案的 Value，由于所有应答均是空值，于是就将自己的 X 作为提案值，之后向所有表决者广播提案 A 3.1 X；表决者 S1、S2 和 S3 收到 A 3.1 X 请求，只要不违背先前的承诺（即不接受编号比 3.1 小的提案），就返回接受该请求 A 3.1 X 的回复。

提案者 S1 收到来自 S1、S2 和 S3 的接受回复，统计超过了半数，于是形成了决议：选定 X，并将形成的决议发送给所有的学习者。

此后，提案者 S5 发起新一轮提案 P 4.5，在决定提案值的过程中，S5 本打算使用 Y 作为提案值，但是由于 S3 回复的承诺应答中有提案值 X，于是 S5 就将 X 设置为 P 4.5 的提案值，之后向所有表决者广播提案 A 4.5 X。经过类似过程之后，回复接受的表决者超过半数，于是形成决议：选定 X，并将形成的决议发送给所有的学习者。之后 S1～S5 都学习到 X，即各个服务器中都达成一致，具有相同的条目。

情况 2：值 X 未被选定，新提案看到该值 X。

在图 2-23 中，S3 上的 A 3.1 X 请求已经被 Accept，所以当 S5 发出 P 4.5 后，它就会知道值已经被接受为 X，于是不再坚持自己的值 Y，而是接受值 X。

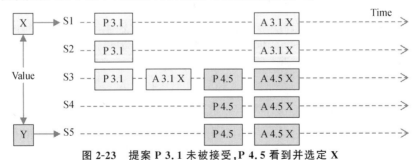

图 2-23　提案 P 3.1 未被接受，P 4.5 看到并选定 X

情况 3：当值 X 没有被选定，新提案也看不到。

图 2-24 中，P 3.1 没有被多数派接受（只有 S1 接受），也没有被 P 4.5 学习到。由于 P 4.5 的所有应答均未返回 Value，则 P 4.5 接受自己的提案值 Y。S3 上的 A 3.1 X 不会被接受，因为编号比 P4.5 小，于是 P 4.5 捷足先登达成多数派，选定 Y。

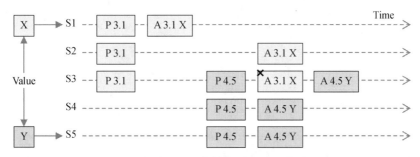

图 2-24　提案 P 3.1 未被接受，P 4.5 未看到 X

情况 4：存在发生活锁的情况。

如果两个 Proposer 交替 Prepare 阶段成功，且 Accept 阶段失败，则理论上 Basic Paxos 算法可能会形成活锁而永远不会结束，尽管发生的可能性非常小，如图 2-25 所示。

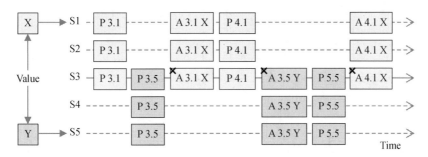

图 2-25　Basic Paxos 算法出现活锁的情况

Basic Paxos 算法具有严格的理论证明，但是算法只能就单个值（Value）达成共识，决议的形成至少需要两次网络来回，在高并发情况下可能需要更多的网络来回，极端情况下甚至可能形成活锁。Basic Paxos 算法通常只用于理论研究，不直接用于实际工程。

Lamport 基于 Basic Paxos 算法提出 Multi-Paxos 算法的思想，目前多数具体的共识算法都是从 Multi-Paxos 算法演化而来的。其中，典型的有 Raft 和 ZAB 算法。

（2）Raft 算法：是一个易于理解和实现的 Multi-Paxos 算法变种，正确性经过严格证明，在分布式系统的工程实践中往往选择 Raft 算法作为基础的共识算法。算法要求必须选一个 Leader 节点，由 Leader 统一负责处理客户端请求，并通过状态机复制维护副本一致性。

① 三种角色。

领导者（Leader）：负责处理所有的客户端请求以及日志复制，任何时候有且只有一个 Leader。

跟随者（Follower）：参与 Leader 选举或者响应日志复制，一般情况下除 Leader 外都是 Follower。

候选者(Candidate):Leader 故障时,Follower 转变成为 Candidate,发起 Leader 选举。

其中,Leader 负责把客户端的写请求日志(Log)复制到 Follower。因此,在 Leader 正常运行的情况下,Leader 会和所有 Follower 保持心跳。每个 Follower 都有一个 Timeout 时间(通常设为 150~300ms),每当 Follower 收到 Leader 心跳时,就将 Timeout 时间重置为零。如果 Leader 出现故障,在 Timeout 时间范围内 Follower 没有接收到心跳,则该 Follower 就把自身状态变成 Candidate,并发起一轮新的 Leader 选举。

每次 Leader 选举,即使选举失败,都会产生一个新的任期(Term),通过一个全局递增的整数标识。在当前 Leader 失效之前,所有的操作都在其任期下执行。

② 两个模块。

Leader 选举:如果当前没有 Leader 或者 Leader 故障,则需要选举 Leader。每个 Candidate 随机经过一定时间就会提出选举方案,最近任期得票最多者选为 Leader。

日志复制:Leader 接收客户端操作日志并复制到 Follower 节点,要求日志保持一致。具体是 Leader 找到最新的日志记录,并强制所有 Follower 刷新到该记录。

③ 算法基本流程。

a. 客户端发起请求,每一条请求包含操作指令。

b. 请求交由 Leader 处理,Leader 将操作指令追加至操作日志,然后对 Follower 发起 AppendEntries 请求,尝试让操作指令追加到 Follower 的操作日志中。

c. 如果 Leader 接收到 Follower 多数派同意 AppendEntries 请求,Leader 就进行 Commit 操作,所有节点就把操作指令交由状态机进行处理。

d. 状态机处理完成后,Leader 将结果返回给客户端。

操作指令通过日志顺序号(Log Index)和任期编号(Term Number)保证时序,正常情况下 Leader 和 Follower 的状态机按相同顺序执行指令,保持一致状态。

(3) ZAB 协议:原子广播协议(Zookeeper Atomic Broadcast,ZAB)是 Zookeeper 分布式协同系统内部采用的一致性协议,通过约束事务先后顺序保证强一致性。协议与 Raft 算法有很多相似之处,基本思路是:

① 任意时刻只有一个 Leader,所有更新事务由 Leader 发起并更新所有 Follower。

② 更新使用两阶段提交协议,只要多数节点在 Prepare 阶段成功,就通知他们 Commit。

③ Follower 必须按先前 Leader 广播的阶段顺序来应用事务,保证一个事务被处理则它所依赖的事务也必定已经被处理。

5. 失败探测类协议

(1) 心跳机制:心跳(HeatBeating)机制,是以固定的频率向其他节点汇报当前节点状态。收到一个节点的心跳,一般就认为节点和目前的网络拓扑是良好的。通过心跳机制可以进行最简单直接的故障检测或者失败探测,被监控节点定期发送心跳信息给监控节点(或者由监控节点轮询被监控节点),如果在一段时间内没有收到心跳信息就认为被监控节点失效。

(2) Gossip 协议:Gossip 协议,又称流行病协议,其基本思想是模仿病毒传播机制使得信息迅速扩散到所有节点,可用于数据库复制、信息扩散、集群成员身份确认、故障探测等。很多知名的对等网络(Peer-to-Peer,P2P)网络和区块链项目,如 Bitcoin,使用 Gossip 协议来传播交易和区块信息。

Gossip 协议过程由一个种子节点发起,当种子节点需要同步信息到其他节点时,就会随机选择周围几个节点散播消息,收到消息的节点也会重复该过程,直至最终网络中所有节点都收到消息。这个过程可能需要一定的时间,不能保证某个时间点所有的节点都收到该消息,但是理论上所有节点最终都会收到消息,因此 Gossip 协议是最终一致性协议。

Gossip 协议非常简单,适于互联网的 AP 型应用场景。协议不需要中心节点以及 Leader 选举,数据通过节点像病毒一样指数级传播,很快就在整个系统中达成一致性收敛。Gossip 协议是无主协议,所有节点的地位均等,某些节点失效不影响其他节点继续传播消息,任意节点的加入和离开不影响整个系统的服务,具有很强的容错性和扩展性。当然,由于 Gossip 协议需要多轮次的随机消息传播,不可避免地会有消息延迟和消息冗余。

2.1.5　全局时间处理

分布式系统没有全局时钟,不能依赖单机系统的物理时钟来标记事件发生的先后顺序,可以考虑使用逻辑时钟表达事件发生的顺序关系。

1. 事件及其定序关系

分布式系统中事件可以归结为三类:节点内部事件、发送事件、接收事件。对于两个不同的事件 A 和 B,如果 A 发生在 B 之前,记作 A→B,称为 A happened-before B。

(1) 如果事件 A 和 B 发生在同一个节点内部,且 A 先于 B 发生,则有 A→B。

(2) 如果事件 A 是一个节点上发送消息的事件,而事件 B 是另一个节点上对应的接收该消息的事件,则有 A→B。

(3) 如果有 A→B 且 B→C,则存在传递性,有 A→C。

(4) 如果不同事件 A 和 B 无法比较先后关系,则称事件 A、B 是并发的(Concurrent)。

(5) 如果事件 B 是事件 A 的结果,或者说事件 A 导致了事件 B,则称 A、B 之间存在因果关系,记作 A＝＞B,显然 A＝＞B 必然蕴含 A→B。

分布式系统在一段时间内发生的事件,可以根据 happened-before 关系进行排序。

2. Lamport 时间戳(Lamport Timestamp)

Lamport 受到相对论启发,认为时空中没有不变的事件全序关系,只有由事件之间相互影响造成的因果关系,从而提出 Lamport 时间戳(Lamport Timestamp)。

Lamport 时间戳是一种逻辑时钟表示法,实际上就是一个单调增加的计数器(Counter)。按照一定的规则为分布式系统中的每个事件 E 都打上一个 Lamport 时间戳,记作 $L(E)$。通过比较时间戳的数值大小,就可以确定事件的偏序关系。具体时间戳规则是:

(1) 每个节点本地都有一个时间戳,初始值为 0。

(2) 若事件在节点内发生,则其本地时间戳加 1。

(3) 若是发送事件,本地时间戳加 1 并在消息中带上该时间戳。

(4) 若是接收事件,本地时间戳＝Max(本地时间戳,消息中的时间戳)＋1。

如图 2-26 所示的例子中,有 A、B、C 三个节点,每个节点有本地时间戳(方框中的整数),初始置零。事件 C1 是发送事件,$L(C1)=0+1=1$;事件 B1 是接收事件,$L(B1)=1+1=2$;事件 B2 发送在节点内,$L(B2)=2+1=3$;其余事件依规则都打上了时间戳。

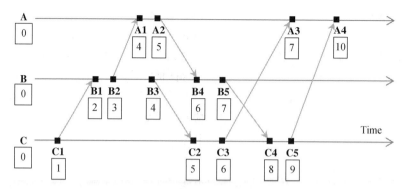

图 2-26　Lamport 时间戳的事件逻辑时钟表示方法

根据 Lamport 时间戳的规则,如果有事件 A→B,则其时间戳 $L(A)<L(B)$。因此,按照 Lamport 时间戳规定的顺序执行一组写操作事件,有因果关系的写操作一定是按顺序执行的,分布式系统一定会达成事件因果上的一致性。但是,反过来时间戳 $L(A)<L(B)$ 并不能得出 A→B 的结论,有可能把并发事件的顺序关系搞错,如上图中的 A2 和 B3 事件。

有时候为了在全局范围内获得事件的排序,可以人为定义如下的事件全序:如果 $L(A)$ $<L(B)$,则 A→B;如果 $L(A)=L(B)$,则事件按发生节点编号排序,编号小的在前。根据这一规则,假设节点编号 A<B<C,则图 2-26 所示的事件全序为:

C1→B1→B2→A1→B3→A2→C2→B4→C3→A3→B5→C4→C5→A4

Lamport 时间戳只能用来确定因果一致的事件偏序,对于操作同一资源造成冲突的并发事件,Lamport 时间戳无法作出区分,自然也无法进一步解决冲突。

3. 向量时钟(Vector Clock)

向量时钟是在 Lamport 时间戳基础上改进而来的,能够表示事件的并发关系。具体实现是通过一个向量(Vector)记录本节点以及当前已知的其他节点的 Lamport 时间戳,称为时间戳向量,每个节点在发送事件中将其时间戳向量附带在消息中发送出去。

假设分布式系统有 N 个节点,每个节点 i 都有一个本地的时间戳向量,记作 V_i= $<V_i[1],V_i[2],\cdots,V_i[N]>$,其中包含本节点的本地时间戳以及当前已知的其他节点的时间戳。$V_i[i]$ 就是节点 i 的本地时间戳,此外的其他项是其他节点的时间戳。

(1) 当一个节点 k 发生新的事件时,本地时间戳加 1,即 $V_k[k]=V_k[k]+1$。

(2) 当一个节点在发送消息时,就将其本地时间戳向量 VM 附带在消息当中。

(3) 当节点 j 接收到消息时,根据消息附带的时间戳向量 VM 更新本地时间戳向量:

$$V_j[k]=\max(V_j[k],VM[k]) \text{ for } k=1 \text{ to } N$$

如图 2-27 所示的例子,A、B、C 三个节点都有各自的本地时间戳向量: V_A、V_B、V_C;而每个时间戳向量都有三个条目,对应于当前已知的三个节点的时间戳。

$$V_A=<V_A[A], V_A[B], V_A[C]>$$

$$V_B=<V_B[A], V_B[B], V_B[C]>$$

$$V_C=<V_C[A], V_C[B], V_C[C]>$$

初始时本地时间戳条目为 0,其他条目为空,即初始时间戳向量为:

$V_A = <A:0,\quad ,\quad >, V_B = <\quad ,B:0,\quad >, V_C = <\quad ,\quad ,C:0>$

节点 C 上事件 C1 导致本地时间戳加 1,则节点 C 的时间戳向量为 $V_C = <\quad ,\quad ,C:1>$。

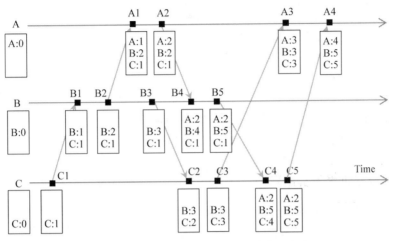

图 2-27　向量时钟的事件逻辑时钟表示方法

节点 B 上事件 B1 导致本地时间戳加 1,且接收消息中的时间戳向量为 $<\quad ,\quad ,C:1>$。根据更新规则,将本地时间戳向量更新为 $V_B = <\quad ,B:1,C:1>$。

再以事件 B4 为例,事件发生导致本地时间戳加 1,且接收消息中的时间戳向量为 $<A:2,B:2,C:1>$,则根据规则更新本地时间戳为 $V_B = <A:2,B:4,C:1>$。

利用向量时钟可以比较准确地判定事件之间的因果关系,区分出并发关系。假设事件 a、b 分别在节点 P、Q 上发生,且已知其向量时钟分别为 V_a、V_b。

(1) 如果有 $V_b[Q] > V_a[Q]$ 且 $V_b[P] >= V_a[P]$,则 a 发生于 b 之前,说明事件 a、b 之间存在因果关系。

(2) 如果 $V_b[Q] > V_a[Q]$ 且 $V_b[P] < V_a[P]$,则认为 a、b 同时发生。

例如图 2-27 中,节点 B 上的 B4 事件 $<A:2,B:4,C:1>$ 与节点 C 上的 C2 个事件 $<\quad ,B:3,C:2>$ 之间没有因果关系,属于同时发生事件。

向量时钟利用向量将全局的逻辑时间戳广播给各个节点,通过时间戳向量比较任意两个事件的因果和并发关系,常用于检测数据冲突、强制因果通信等。但是,如果节点很多,则每个节点维护时间戳向量的空间复杂度为 $O(N)$,消息同步代价较大。

2.1.6　资源管理与调度

分布式系统的资源管理与调度,指的是将集群中的计算、存储和网络等资源高效地管理起来,然后在众多的作业任务之间调度分配,达到如下调度目标:最大化集群资源利用率、最小化任务等待时间、公平公正地分配资源、支持紧急任务的临时调度等。

假设在有 m 个节点的分布式集群上运行 n 个作业任务。资源管理就是掌握集群有哪些硬件资源,目前的使用情况如何;资源调度,也称为任务调度,则是合理高效地将 n 个计算任务分配到 m 个节点的计算资源上去执行。

图 2-28　分布式系统的资源调度模型

1. 资源调度框架

根据资源管理与调度是否分离以及是否掌握全局的资源状态信息,可以将分布式调度分为三种调度框架:集中式调度、两级调度、共享状态调度。

(1) 集中式调度,又称单体调度,整个分布式系统只有一个 Master 中心节点运行全局的中央调度器,全权负责集群的资源管理和任务调度工作,如图 2-29 所示。

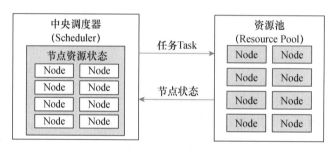

图 2-29　分布式系统的单体调度

在 Master 节点上,存储和维护整个集群的节点资源状态(Resource State),掌握集群目前还有多少 CPU、内存和磁盘等资源可用。通过 Scheduler 中央调度器接收任务请求,并根据集群资源使用情况,选择合适的节点分配计算任务。

在 Node 节点上,接收 Master 发来的计算任务并执行之。此外,Node 节点还定期把自己的 CPU、内存等资源使用情况,汇报给 Master。

集中式调度的框架结构简单,优势非常明显。Master 中心节点掌握了整个集群的资源使用情况和全部待执行的作业任务,能够从全局视角做出更合理的资源分配和任务调度。Google Borg、Kubernetes 等集群管理系统采用了集中式调度。

但是,集中式调度的中央调度器负责所有的调度逻辑和调度任务,导致实现逻辑复杂和调度策略扩展能力较差。同时,Master 节点工作任务繁重且无法进行并发调度,容易导致单点性能瓶颈;严重的情况下,如果 Master 节点宕机或者软件发生故障,都会导致整个集群的服务中断,即单点故障问题。集中式调度适于小规模的分布式系统。

(2) 两级调度,针对单点调度的弊端,将资源管理与任务调度分离开来,形成两级调度。其中,第一级调度只负责资源管理和分配,第二级调度负责任务和资源的匹配。如图 2-30 所示,在两级调度中,第一级调度器收集集群节点上的资源信息,进行资源的管理与初级分配,按照一定的策略将资源分配给第二级调度器;然后,再由第二级调度器根据计算任务的特性,选择特定的调度策略进一步细粒度地将资源分配给具体的计算任务。

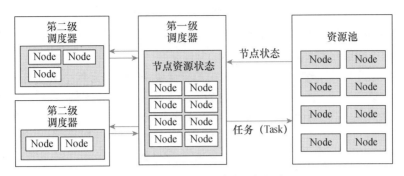

图 2-30 分布式系统的两级调度

两级调度通过引入第二级调度器,提供了一种天然的并发能力,具有较高的调度性能,适于大规模的分布式系统。同时,第二级调度可以采用不同类型的调度器,以支持批处理、流计算等多种任务。Hadoop 2.0 的 YARN 和 Apache Mesos 都是两级调度的代表。但是,第二级调度只能看到分配给自己的资源,无法进行全局视角的调度优化。

(3) 共享状态调度,两级调度解决了单点调度的扩展瓶颈问题,同时也带来无法全局优化调度的问题,解决思路是把集群节点的资源状态独立存储起来,供所有的调度器共享使用,称为共享状态调度,如图 2-31 所示。典型的代表是 Google 的 Omega 集群管理系统。

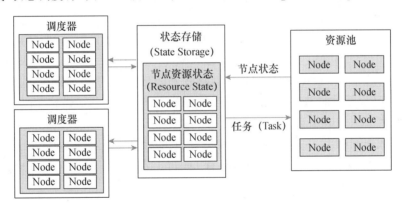

图 2-31 分布式系统的共享状态调度

共享状态调度,将集群状态保存到第三方存储平台,所有的调度器并发读取集群状态进行任务调度,增强了系统的并发性能,支持全局视角的优化调度,适于大规模的集群管理。但是,共享状态的并发访问,容易导致资源竞争和冲突问题。

2. 资源调度策略

在分布式环境下,如何将集群资源在它们之间进行分配,需要特定的策略。常用的资源调度策略有:FIFO 调度、公平调度、配额调度等。

FIFO 调度,是最基本的资源调度策略。基本思路是:将提交的任务按照到达时间顺序或者优先级次序,放到一个先进先出的队列。资源优先分配给在队首的任务,然后是下一个任务。FIFO 调度简单,但是容易导致某个任务一下子拿走全部资源。

公平调度,是一种在运行过程中为所有任务动态调整资源分配的调度方式,目标是随着时间的推移,所有任务都能公平地获取等量的资源。当系统只有一个任务时,则该任务获得整个集群的所有资源,然后当有新的任务到达时,调度器就会分出一部分资源给新到达的任务,使得所有任务能够平均地共享集群资源。

配额调度,通过为每个组织部门分配专门的任务队列,然后为每个队列分配一定配额的集群资源,称为配额(Quota),每个组织部门的资源总额不会超过配额。通过资源限额,使得所有组织部门都可以获得和使用集群的部分计算能力。

2.2 大数据计算框架

针对批处理、流计算、交互式查询这些不同的大数据计算场景,软件厂商和开源社区建立了面向不同计算场景的一系列框架性支撑软件,能够高性能、可伸缩、高可用和高容错地提供分布式存储和计算等功能,称为大数据计算框架(Framework)。

面对不同的大数据处理问题,有针对性地选择和利用不同的大数据计算框架,以框架为基础高效地扩展出满足实际需求的大数据处理系统。

2.2.1 计算框架分类

与三种大数据计算场景相对应,也存在三类大数据计算框架:批处理计算框架、流式计算框架、交互式查询框架。

(1)批处理计算框架:面向批处理场景,数据先存后算,适用于大规模历史数据,离线计算,高时延(几分钟到几天)。典型计算框架有 Apache Hadoop、Apache Spark 等。

(2)流式计算框架:面向流计算场景,数据随到随算,适用于小规模在线数据,持续的实时计算,低时延(数百毫秒到数秒)。典型计算框架有 Spark Streaming、Apache Storm、Apache Samza、Apache Flink 等。

(3)交互式查询框架:面向交互式查询场景,按需计算,适用于预处理的历史数据,近实时计算,低时延(数秒到数分钟)。典型框架有 Dremel、Apache Hive、Presto、Apache Kylin、Apache Druid、ClickHouse、ElasticSearch 等。

2.2.2 大数据系统架构

利用大数据计算框架搭建大数据系统不是单纯的技术问题,更多的是设计、权衡和取舍的艺术。根据用户的业务目标、数据资源类型和特点、计算资源需求、性能保障需求、计算场景需求,选择一种或多种大数据计算框架,集成多种工具建立大数据处理系统,帮助用户发现大数据中潜在有价值的信息和知识,把握业务现实,预测业务走向。

目前,IT 业界已经形成了一些典型的大数据系统架构方案,包括:传统 BI 架构、批处理架构、流式处理架构、Lambda 架构、Kappa 架构。

1. 传统 BI 架构

在大数据技术兴起之前,企业主要利用传统的商务智能(Business Intelligence,BI)架构收集、管理和分析结构化和非结构化的商务数据,改善商务决策水平。

典型的 BI 架构通过数据预处理整合各种来源的数据,利用数据仓库统一集成数据,对海量数据集进行分层统计、OLAP 分析和数据挖掘处理。因此,BI 系统架构由数据源、抽取(Extract)、转换(Transform)和加载(Load)(ETL)组件、数据仓库、分析和报表组件等构成,如图 2-32 所示。

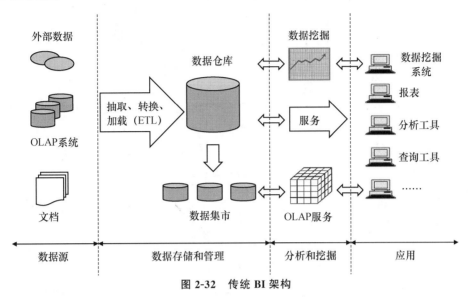

图 2-32　传统 BI 架构

传统 BI 架构围绕数据仓库进行结构化的数据分析,缺乏非结构化分析;此外,数据预处理的 ETL 组件功能复杂、臃肿。数据仓库没有跳出数据库技术的传统,依然坚持要求事务的 ACID 特性,影响性能分析,无法应对大规模的数据分析。

2. 批处理架构

利用大数据组件替换掉数据仓库,将传统 BI 架构简化为:数据源、ETL 组件、数据存储组件、批处理引擎、分析和报表组件,称为批处理架构,如图 2-33 所示。

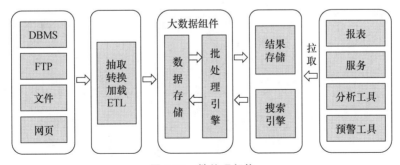

图 2-33　批处理架构

批处理架构简单易用,仍然以 BI 场景为主,适于大规模历史数据的离线分析。但是,由于没有数据仓库对业务支撑的灵活性,对大量报表和复杂钻取场景,需要手工的定制开发。此外,架构以批处理场景为主,缺乏实时计算的支持,响应时延高。

3. 流式处理架构

流式处理架构,用于流数据实时计算场景,由数据源、实时数据通道、流式处理引擎、消息推送组件构成,如图 2-34 所示。流式处理架构,去掉了臃肿的 ETL,数据的时效性高,适用于预警、监控等要求数据和分析时效性高的问题。缺点是不支持批处理,对数据重播和历史统计无法很好地支持,不支持或者仅支持窗口范围内的数据离线分析。

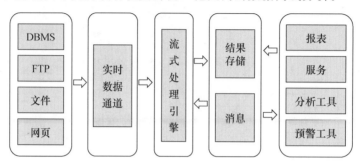

图 2-34　流式处理架构

4. Lambda 架构

Lambda 架构,将批处理架构和流式计算架构整合起来形成批流一体的架构,如图 2-35 所示,同时支持离线计算和实时计算,既保证低延时,又保障计算结果的正确性。Lambda 架构实现的基本思路是:数据以追加的方式同时写到批处理和流计算两个处理系统,然后分别进行批处理和流式计算两条处理路径的计算,最终通过服务层整合计算结果视图,对外提供查询服务。

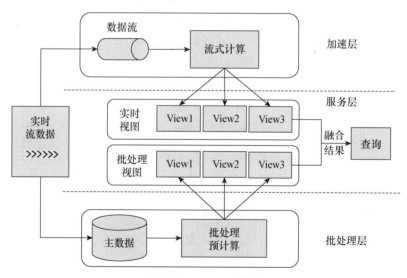

图 2-35　Lambda 架构

因此 Lambda 架构总体上分为三层:批处理层(Batch Layer)、加速层(Speed Layer)和服务层(Serving Layer)。其中:

(1) 批处理层(冷路径),将所有传入数据追加到主数据集(Master Dataset),对数据进行批处理预计算,结果称为批处理视图(Batch View),时延高,计算结果更准确。

(2) 加速层(热路径),进行增量的实时计算,结果称为实时视图(Realtime View),加速层会降低延迟,但是计算结果的准确性要降低一些。

（3）服务层，合并批处理和流计算两套计算视图，生成完整的查询结果，兼顾时延和准确性。

Lambda 架构，适用于同时存在实时和离线需求的情况，同时支持实时和离线分析场景。缺点是需要维护批处理层和加速层两套系统，同一个业务计算逻辑需要在批流两层分别进行开发和运维，系统开发和运维工作复杂。此外，实时计算和批量计算的结果往往不一致，导致查询结果的合并困难。最后，主数据集的存储压力比较大。

5．Kappa 架构

为了克服 Lambda 架构的复杂性，人们提出更加灵活和精简的 Kappa 架构。Kappa 架构剔除了 Lambda 架构中的批处理系统，所有数据都走实时路径，一切数据都视为流，通过流处理系统全程处理实时数据和历史数据，如图 2-36 所示。

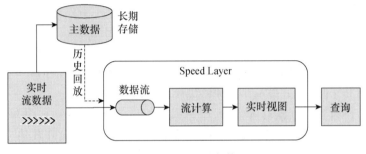

图 2-36　Kappa 架构

实时流数据作为事件流，进入加速层做流式处理，产生实时视图。事件流同时在长期存储中保存，必要的时候重播事件流，通过流计算引擎对历史数据重新计算。

Kappa 架构通过数据重播简化了架构，解决了 Lambda 架构的冗余，适用于同时存在实时和离线需求的情况。但是 Kappa 架构实施难度高，尤其是数据重播。

表 2-1　Lambda 架构和 Kappa 架构的比较

	Lambda 架构	Kappa 架构
实时性	实时	实时
计算资源	批流同时运行，资源开销大	只有流处理，仅针对新需求开发阶段运行两个作业，资源开销小
重新计算的吞吐量	批式全量处理，吞吐量高	流式全量处理，吞吐量较批处理低
开发测试	每个需求都需要两套不同的代码，开发、测试、运维难度较大	只需要一套代码，开发、测试、运维难度较小
运维成本	维护两套系统，运维成本高	只需要维护一套系统，运维成本低

2.2.3　大数据开源技术栈

1．大数据技术栈

架构大数据系统所需的技术和工具的总称就是大数据技术栈，包括云计算平台、分布式基础工具、数据采集传输、分布式存储、分布式计算、数据挖掘与机器学习、大数据可视化工具等。

（1）云计算平台：OpenStack、Docker、Kubernetes。

（2）分布式基础工具：Linux 操作系统、分布式资源协同与调度（Zookeeper、YARN、Kubernetes）、消息队列系统（Kafka、RocketMQ）、工作流引擎（Oozie）。

（3）数据采集传输：爬虫、Flume、Sqoop、Logstash、Canal、DataX。

（4）分布式存储：分布式文件系统（Hadoop Distributed File System，HDFS）、关系型数据库（MySQL）、列式数据库（HBase）、文档数据库（MongoDB）、分布式键值数据库（Redis、Cassandra）。

（5）分布式计算：批处理（Hadoop、Spark）、流计算（Spark Streaming、Storm、Flink）、交互式查询（Hive、Presto、Kylin、Druid、Impala、Elasticsearch、ClickHouse）。

（6）数据挖掘与机器学习：Mahout、TensorFlow、Torch、Keras。

（7）大数据可视化工具：R 语言、EChart、Zeppelin。

2. 开源许可协议

大数据技术天然具有创新开源的基因，全世界程序员团结起来互助协作，共同遵循特定的许可协议，自觉参与到大数据软件产品开发当中，共享成果，提升自我。大数据技术栈中涉及的软件技术和工具，几乎都是开源社区协作开发的杰作。

如果一个软件只允许创建它的个人、团队或组织修改和维护，则称为专有软件（闭源软件）。开源软件（Open Source/Free Software）则是源代码公开且允许其他人以任何形式使用、学习、改动、分发的软件。例如 GNU/Linux 就是完全自由开源的操作系统。

但是，开源并非为所欲为，而是要遵守开源精神的规则体系，承担相应的责任和义务。这种开源精神的载体就是开源许可协议（Open Source License）。开源许可协议是对开源软件的使用、复制、修改和再发布等行为的限制，以维护作者和贡献者的合法权利，保证软件不被商业机构或个人窃取，影响软件发展。目前，世界上的开源许可协议大约有上百种，常见的开源许可协议有 GPL、MPL、BSD、MIT、Apache 等。

根据一个软件被修改后再发行是否允许闭源，把开源许可协议分成 Copyleft 许可证和宽松许可证。其中，Copyleft 许可证强制要求公开源代码（即衍生软件必须开源），而宽松许可证则不要求公开源代码（即衍生软件可以变成专有软件），如图 2-37 所示。

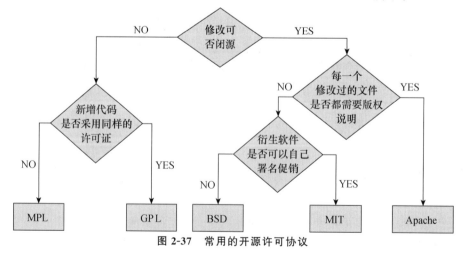

图 2-37　常用的开源许可协议

通用公共许可证(General Public License,GPL)协议是典型的 Copyleft 许可证,保证了所有开发者的权利,同时为使用者提供了足够的复制、分发、修改的权利:可自由复制、自由分发、可用于盈利、可自由修改,而且修改的衍生代码必须继续遵循 GPL 协议。

MPL(Mozilla Public License)是由 Mozilla 基金会开发并维护的协议,允许自由发布、自由修改。但是,MPL 协议允许在衍生项目中存在闭源模块。

Apache(Apache License)协议是典型的宽松许可证,由 Apache 软件基金会发布并采用,对开源软件衍生的商业应用比较友好。协议鼓励共享代码和最终原作者的著作权,同样允许源代码修改和再发布为开源软件或者商业软件。

伯克利软件套件(Berkeley Software Distribution,BSD)协议在软件分发方面,除需要包含版权提示和免责声明之外没有任何限制。商业企业选用开源产品首选 BSD 协议。

MIT 协议源自麻省理工学院(Massachusetts Institute of Technolay,MIT)和 BSD 协议一样宽松,作者只保留版权,无任何其他限制。只要在发行版里包含许可协议声明,就可以任意地发布(二进制或者源代码)。

2.3　章　节　小　结

大数据处理采用分布式计算的路径,要求在异常、请求三态和缺乏全局时序的分布式系统模型下通过一系列技术手段搭建高性能、高可扩展、高可用和高容错的大数据系统,利用大量廉价的计算节点相互协作完成大数据的分布式存储和计算。包括:

(1) 分片与复制技术:数据分片方法、副本一致性、副本复制和同步策略。

(2) 分布式系统架构设计原理:在架构分布式系统时必须认识到,副本的一致性、可用性和分区容错性不可能全部兼顾(CAP 原理)。传统的 ACID 原则强调副本一致性,系统可用性不高。BASE 原则弱化了一致性要求,换取系统基本可用性乃至高可用。

(3) 副本一致性协议:用于实现针对不同的一致性、可用性和分区容错设计的算法,如Lease、Quorum、2PC、Paxos、Raft、Gossip 等。

(4) 逻辑时钟技术:Lamport 时间戳和向量时钟。

(5) 资源管理与调度技术:调度框架与策略。

遵循分布式系统原理和技术,针对批处理、流计算、交互式查询这些不同的大数据计算场景,软件厂商和开源社区建立了一系列框架性的支撑软件,能够高性能、可伸缩、高可用和高容错地提供分布式存储和计算等功能,称为大数据计算框架。

架构大数据系统,就是根据用户的业务目标、数据资源类型和特点、计算资源需求、性能保障需求、计算场景需求,选择一种或多种大数据计算框架,集成数据采集、存储、计算、分析和可视化等多种工具,设计并搭建大数据系统的骨架结构。典型的大数据系统架构方案有:传统 BI 架构、批处理架构、流式处理架构、Lambda 架构、Kappa 架构。

架构大数据系统的技术和工具的总称就是大数据技术栈,包括云计算平台、分布式基础工具、数据采集传输、存储、计算、数据挖掘与机器学习、可视化工具等。这些几乎都是开源社区协同开发的杰作,参与者应该了解开源精神和开源许可协议。

习　题

（1）大数据处理采用了分布式计算的路径。与传统的集中式系统相比，在分布式环境下进行大数据处理必须面对哪些普遍的问题，即分布式系统模型？

（2）在分布式系统模型下，可以考虑哪些技术手段改善系统的性能、可扩展性、可用性以及容错性，如何利用分片和副本复制技术实现高性能、高可扩展、高可用以及高容错的系统，请通过网络调研 Amazon Dynamo 系统，说明 Dynamo 是如何进行分片和副本复制的？

（3）副本的引入带来了一致性问题，而且一致性、可用性和分区容错性无法兼顾。在分布式系统架构设计中，CAP、ACID 和 BASE 三种设计原理，如何考虑系统的一致性、可用性和分区容错性？

（4）什么是一致性协议，常用的一致性协议有哪些？Lease 机制如何维护分布式缓存的一致性？如何确定节点状态，避免脑裂问题？

（5）简要说明 Quorum 机制如何在副本一致性和读写可用性之间进行平衡？请通过网络调研 Amazon Dynamo 系统，说明 Dynamo 是如何利用 Quorum 机制在一致性和可用性之间进行平衡调配的？

（6）分布式事务类协议实现强一致性。简要说明常用的分布式事务协议 2PC 和 3PC。

（7）通过共识投票类协议可以达成副本一致性，简要说明状态复制机的运作过程。常用的共识投票类协议有哪些？阐述 Basic Paxos 算法的基本流程。

（8）有哪些常见的失败探测类协议？通过网络调研分布式数据库 Cassandra，说明 Cassandra 如何使用 Gossip 协议维护集群节点的一致性？

（9）简要说明逻辑时钟存在的意义，Lamport 时间戳和向量时钟是如何表示事件时序的？通过网络资料调研 Amazon Dynamo 系统是如何利用向量时钟来标识同一个数据在不同节点上的多个副本之间的因果关系？

（10）什么是大数据计算框架，不同类别的大数据计算框架有哪些？什么是大数据系统架构，典型的大数据系统架构方案有哪些，各自有何特点？

（11）从基础概念和需求出发，使用思维导图或其他结构化方式描述本章的知识结构。

第3章　大数据云计算

大数据计算需要消耗大量的计算和存储资源,而云计算恰恰能够随时随地、按需提供取之不尽的算力和用之不竭的存储,是大数据计算天然的 IT 资源基础设施。

3.1　云计算的概念

传统环境下人们获得计算资源,需要购买 CPU、存储、网络、服务器等设备搭好硬件系统,然后在硬件上部署操作系统(Operation System,OS)、数据库管理系统(DataBase Management System,DBMS)、开发环境、应用软件等,用户要负责从硬件到软件的一揽子工作,投资巨大,运维负担沉重。云计算改变了这一现状。

云计算(Cloud Computing),从直观地理解,就是让计算资源在互联网上自由流通,像云一样无处不在,通过网络人们可以随时随地按需获取所需的计算资源,使计算资源成为像水、电、煤气那样驱动人类社会运转的 IT 公共基础设施。云计算引发了 IT 服务模式的巨大变革,许多国家政府和大型企业纷纷投入到云计算技术和商业大潮中,成长出亚马逊 AWS、Google 云、微软 Azure、阿里云、腾讯云、华为云等大型云计算厂商。

现在,云计算已经深入人心,越来越多的企业开始降低对 IT 基础设施的直接投入,不再倾向于维护自建的数据中心,而是考虑通过云计算方式按需付费获取计算和存储能力。通过云计算,企业不仅仅能够降低 IT 支出,同时也能够降低行业技术壁垒,使得更多的公司尤其是初创公司可以更快地实践业务产品并迅速推向市场。

3.1.1　云计算的概念

云计算,是综合运用虚拟化、负载均衡、分布式计算、并行计算、网格计算、效用计算、网络存储等多种技术,集中对大量计算资源进行自动化管理,并通过网络提供随时随地、按需获取的资源服务,使计算资源像云一样在网络上无处不在、任意流通。

从商业模式看,云计算是把计算能力视为一种商品,通过集中管理大规模计算资源形成统一资源池,以云服务的形式对外提供持续可用的计算资源服务;用户只需要按需获取,按需付费。从计算模型角度观察,云计算是将计算任务分布在大量计算机构成的资源池上,使各种应用系统能够根据需要获取计算能力、存储空间和信息服务。此外,超越技术本身,云计算通过把异构的物理资源抽象映射为逻辑资源集中进行统一的池化管理,隐藏资源内部的复杂性和多样性,这是一种普适的、可以推广的资源管理思维和模式。

综合多种视角,我们认为:云计算是一种大规模计算资源管理和服务的基础设施,是大规模的分布式计算资源池,通过网络提供可伸缩的 IT 资源服务(计算、存储、网络等),用户接入网络即可按需自助获取资源服务。云计算具有如下特征:

（1）资源虚拟化和统一池化管理：对物理的计算、存储、网络资源虚拟化映射成逻辑资源，汇聚形成共享的逻辑资源池，以统一的方式进行管理和分配。

（2）弹性服务：云计算规模可以动态伸缩，满足应用和用户规模增长的需要，避免因服务器性能过载或冗余而导致的服务质量下降或资源浪费。

（3）按需自助服务：云计算建立了一个庞大的共享资源池，用户无须同提供商交互就可以按需、自助地获取和使用资源。

（4）服务可度量：云计算提供的资源服务可以被监控和度量，服务提供商可根据具体使用类型（如带宽、活动用户数、存储等）收取费用。

云计算具有超大规模、高性能（高可扩展、高可用、高敏捷性）、按需服务、价格低廉等优势，适合用作大数据计算的 IT 基础设施。大数据是鱼，云计算是水。云计算提供了大数据处理的 IT 基础设施，大数据处理是云计算技术的典型应用。

3.1.2　云计算服务模式

根据服务内容的不同，可以把云计算服务划分成三种模式：基础设施即服务（Infra-structure as a Service，IaaS）、平台即服务（Platform as a Service，PaaS）、软件即服务（Software as a Service，SaaS），如图 3-1 所示。

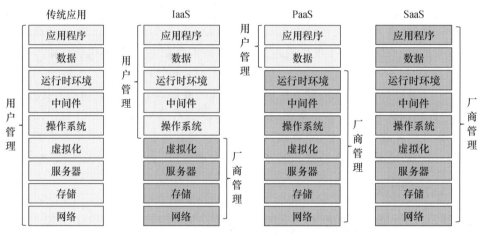

图 3-1　传统应用与三种云计算服务模式（IaaS、PaaS、SaaS）

1. 基础设施即服务（IaaS）

基础设施即服务（IaaS），是把服务器、存储空间、网络设备等基础设施作为服务内容提供给用户使用。云服务提供商负责建设和管理 IT 基础设施，包括机房基础设施、计算机网络、磁盘柜、服务器和虚拟机，然后对外出租硬件服务器、虚拟主机、存储或网络带宽等。用户租用计算资源，安装和管理操作系统、数据库、中间件、应用软件和数据等。IaaS 租户往往是具备一定技术能力的系统管理员。

提供 IaaS 的主要厂商有：AWS 弹性云、阿里云、腾讯云、华为云等。

2. 平台即服务（PaaS）

平台即服务（PaaS），是把 OS、中间件以及开发和运行时环境等平台软件作为服务内容提供给用户使用。PaaS 需要安装部署操作系统、数据库管理系统、中间件、开发和运行环境等平台软件。用户租用 PaaS 就获得了基础的软件开发环境,然后通过网络远程进行软件开发、测试和部署运行,如图 3-2 所示。

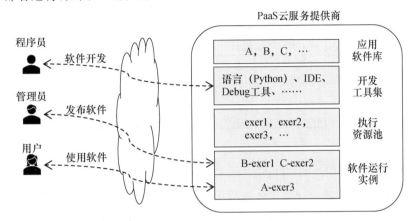

图 3-2 平台即服务(PaaS)的服务提供方式

PaaS 提供开发、管理和交付软件的软件环境。因此,PaaS 租户通常是从事软件开发、测试、运维、管理的人员。相对于 IaaS 来说,PaaS 租户可管理的资源范围很小,灵活性降低,只能在云端提供的有限平台范围内开发软件。但是租户也摆脱了准备硬件环境、软件开发和运行环境的沉重负担,可以专注于软件开发工作。

提供 PaaS 的主要厂商有:谷歌 App Engine、微软 Azure、阿里云数据库、华为云 Gauss-DB、腾讯云物联网开发平台 IoT 等。

3. 软件即服务(SaaS)

软件即服务(SaaS),是把应用软件作为服务内容提供给用户使用。SaaS 提供商在云端部署软件,租户通过网络直接使用软件,无须考虑软件的安装、管理和升级,如图 3-3 所示。SaaS 租户通常是终端用户,技术门槛要求低。

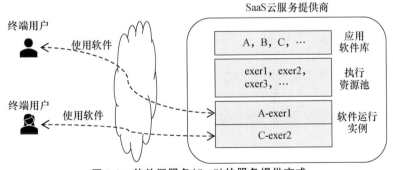

图 3-3 软件即服务(SaaS)的服务提供方式

提供 SaaS 的厂商很多,如 Google Apps、Salesforce CRM、钉钉等,遍及电商、财务、ERP、CRM、OA、社交、招聘、网盘、在线教育等领域。

4. 三种服务模式比较

IaaS、PaaS 和 SaaS 三种云计算服务模式可以从租户对象、使用方式、关键技术以及服务实例等方面进行比较,如表 3-1 所示。

表 3-1 三种云计算服务模式的比较

服务模式	租户对象	使用方式	关键技术	服务实例
IaaS	需要硬件资源的用户	使用者上传数据、程序代码、环境配置	虚拟化技术、分布式存储等	Amazon EC2、阿里云、腾讯云
PaaS	软件开发和管理的用户	使用者上传数据、程序代码	云平台技术、数据管理技术等	谷歌 App Engine、微软 Azure
SaaS	需要软件应用的用户	使用者上传数据	Web 服务、互联网应用开发技术等	Salesforce CRM、钉钉

3.1.3 云计算部署形态

根据租户来源,可以把云计算服务划分为三种部署形态:公有云、私有云和混合云。

1. 公有云(Public Clouds)

公有云的云端资源面向社会大众开放,任何个人或者单位组织都可以租赁并使用公有云的云端资源。例如,亚马逊弹性云、微软 Azure、阿里云、华为云等。

公有云一般由第三方云服务提供商拥有和运营,通过互联网提供云计算服务。公有云中所有租户共享相同的硬件、存储和网络设备。其优势是成本低、无须维护、按需伸缩、高可靠、高可用;缺点是安全性不可控、资源无法自由定制。

2. 私有云(Private Clouds)

私有云由专供一个企业或组织机构使用的云计算资源构成,其资源和服务始终在私有网络上维护,云计算服务专供组织内部的用户使用。私有云在物理上可以部署于组织自建的数据中心(称为内部云),也可由第三方服务提供商托管(称为托管私有云)。

相比公有云,私有云的资源定制更灵活、安全性更高;缺点是规模和可扩展性有限,且投资门槛、建设和运维成本都比较高,通常是政府部门、金融机构以及希望对云计算环境拥有更大控制权的中型到大型组织,才会有建设私有云的需求。

3. 混合云(Hybrid Clouds)

混合云通过安全连接将公有云和私有云环境组合起来,允许在不同云环境之间共享数据和应用程序。混合云融合了公有云和私有云的优点,兼顾安全和性价比。一方面可以把敏感资产放置在私有云上,对资源和安全具有更高的可控性;另一方面,可以通过公有云按需获得性价比更高的计算资源,成本效益更高,伸缩性更强。

3.2 云计算核心技术

资源虚拟化(Virtualization)是构建云计算环境的核心技术,它将物理资源抽象为虚拟的逻辑实体,突破物理资源界限进行统一管理。经过数十年的发展,目前已经形成两种主流的资源虚拟化技术:服务器虚拟化(虚拟机)和操作系统虚拟化(容器),分别对应于市场主流的两种云计算平台:弹性云和容器云。

3.2.1　服务器虚拟化

服务器虚拟化,是将一台物理计算机虚拟成多台逻辑计算机,快速获取计算资源,提高物理机利用率。这里的逻辑计算机称为虚拟机(Virtual Machine,VM)。

每台虚拟机都运行自己的操作系统(Guest OS),都感觉拥有独立的"硬件",虚拟机之间是相互隔离、互不干扰的,其行为类似于独立的物理计算机。而实际上的虚拟机"硬件"则是由物理机硬件模拟出来的,虚拟机执行的工作最终由物理机完成。

利用虚拟机可以把计算资源变成动态管理的计算资源池,集中统一管理,实现"一机多用",提高硬件资源的利用率和可扩展性,使 IT 设施动态适应业务变化。

虚拟机迁移是将虚拟机实例从源主机迁移到目标主机,并在目标主机上完整恢复虚拟机的运行状态。通过迁移,可以实现负载均衡、故障隔离、备份容错和容灾。

1. 虚拟机管理器

虚拟机管理器,又称虚拟机监视器(Virtual Machine Monitor,VMM),是用于在物理机上建立和管理虚拟机的操作系统或者软件。其主要功能有两个:一是为虚拟机提供虚拟的硬件资源,负责管理和分配这些资源;二是确保虚拟机之间是相互隔离的。

存在两种工作模式的虚拟机管理器(VMM):寄居模式和裸金属模式。

(1) 寄居模式:又称 Hosted 模式或者托管模式,VMM 寄居运行在物理机现有的主机操作系统(Host OS)上,如图 3-4 所示。这种 VMM 通过调用 Host OS 访问和协调底层硬件资源,实现硬件设备的虚拟化。VMM 创建的虚拟机作为 Host OS 的一个进程参与调度。

图 3-4　Hosted 模式的 VMM

在 Hosted 模式下 VMM 寄居在主机操作系统中,可以充分利用 Host OS 的功能来操作硬件设备,因此安装使用简单方便。但是中间环节会导致虚拟机性能较低。

(2) 裸金属模式:又称 Hypervisor 模式,VMM 直接运行在物理机硬件上,与硬件直接交互,完全取代传统的操作系统,如图 3-5 所示。裸金属模式下的 VMM 称为 Hypervisor,需要具备传统操作系统的功能,同时还需要具备虚拟化功能。Hypervisor 可以直接与硬件打交道,提供的虚拟机性能接近于物理机,但是只能支持有限的 I/O 设备。

图 3-5　Hypervisor 模式的 VMM

2. 虚拟化技术实现

现代计算机的 CPU 至少会分为两个特权级,一般称为用户态(User Mode)和内核态(Kernel Mode)。其中,内核态权限最高,可以执行所有的 CPU 指令,操作系统内核就运行在其上;用户态权限最低,仅能使用常规的 CPU 指令,用户应用程序就运行其上。

例如,常用的 X86 CPU 就拥有四个特权级:ring0、ring1、ring2、ring3,如图 3-6 所示。其中 ring0 是内核态,ring3 是用户态。如果用户应用程序需要做内核态的事情(如读取文件、获取外部输入),就必须利用系统调用从用户态切换到内核态。

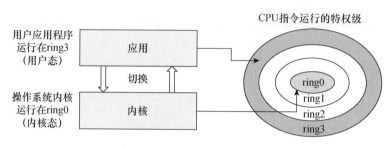

图 3-6　X86 CPU 运行的特权级

特权指令是操作和管理关键系统资源的 CPU 指令,如控制中断、修改页表、访问 I/O 设备等,必须运行在内核态上,否则就会抛出异常通知操作系统,称为陷入异常(Trap)。特权指令和一些可能影响系统状态的非特权指令(临界指令)合称为敏感指令。

敏感指令＝特权指令＋非特权的临界指令

对于精简指令集计算机(Reduced Instruction Set Computer,RISC)处理器(如 MIPS、PowerPC、SPARC),没有临界指令,因此敏感指令就是特权指令;但是 X86 CPU 是复杂指令集计算机(Complex Instruction Set Computer,CISC)处理器,敏感指令与特权指令并不完全重合,存在一些非特权指令是会影响系统状态的临界指令,而且在非内核态执行这些临界指令不会引发陷入异常,正是这一原因导致虚拟化技术实现困难。

虚拟机的操作系统(Guest OS)不会运行在 ring0 上,不能执行特权指令。因此,对于来自 Guest OS 的非敏感指令,可以直接交给 Host OS 或物理 CPU 执行。但是,对于 Guest OS 的敏感指令,则需要做出特殊处理,以正确应对特权指令和临界指令对主机系统的影响。特殊处理的方式有:完全虚拟化、半虚拟化和硬件辅助虚拟化。

(1) 完全虚拟化(Full Virtualization)。VMM 为 Guest OS 模拟了完整的底层硬件,包括处理器、物理内存、时钟、外设等,客户机操作系统不知道自己运行在虚拟机中,而是直接调用自己认为是真实的而实际是虚拟化的硬件设备。具体实现采用截获重定向的方式,如图 3-7 所示。

在完全虚拟化模式下使用了特权优先级压缩技术,使得 VMM 运行在 ring0 上,Guest OS 运行在 ring1 上,用户应用程序运行在 ring3 上。

如果用户应用程序,不含任何敏感指令,则可以直接交由计算机硬件执行。

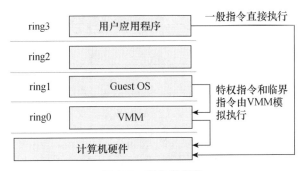

图 3-7　完全虚拟化

但是,如果用户应用程序中含有特权的敏感指令时,由于用户应用程序和 Guest OS 都不在 ring0 上,因此会引发陷入异常,VMM 通过捕获陷入异常就可以拦截所有的特权指令,对其进行重新解释和执行,仿真模拟出该特权指令的执行效果。

对于敏感指令中非特权的临界指令,并不会引发陷入异常,故优先级压缩失效。此时,VMM 在运行时会扫描修改需要执行的二进制指令代码,将其中的非特权临界指令替换为能够引发陷入异常的指令,这种技术称为二进制代码翻译。

在完全虚拟化的方式下,客户机操作系统及其系统软件不作任何修改就可以在虚拟机中运行,兼容性很好,安装使用简单,但性能较低。

(2) 半虚拟化(Para Virtualization):是修改 Guest OS 的内核,将敏感指令全部转化为VMM 的超级调用(Hyper Call),如图 3-8 所示。因此,半虚拟化要求 VMM 提供超级调用接口,满足 Guest OS 的关键内核操作,如内存管理、中断和时间同步等。

在半虚拟化方式下,Guest OS 知道自己运行在虚拟机环境中,不能直接调用内核的特权指令和敏感指令。半虚拟化提升了虚拟机性能,但是实现困难。

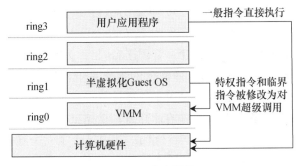

图 3-8　半虚拟化

(3) 硬件辅助虚拟化(Hardware Assisted Virtualization):是 CPU 厂商改进硬件引入新的指令和运行模式(如 Intel VT-x),帮助 VMM 高效地识别和截获敏感指令,从硬件层面支持虚拟化,如图 3-9 所示。

在硬件辅助虚拟化方式下,VMM 运行在 ROOT 模式,Guest OS 运行在非 ROOT 模式和 ring 0 特权级。通常,Guest OS 的指令可以直接下达给计算机硬件执行,无须经过VMM。对于特殊指令,系统会切换到 VMM,由 VMM 处理特殊指令。

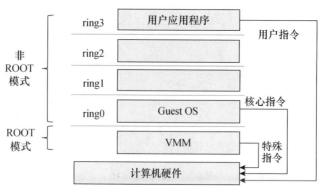

图 3-9　硬件辅助虚拟化

3. 典型虚拟化产品

目前市场上有很多虚拟化软件厂商,如 VMware、Microsoft、Citrix、Redhat、Oracle 等公司,都推出了各自的系列虚拟化软件产品。

(1) VMware:VMware vSphere(服务器虚拟化)、VMware Workstation(PC 用户)、VMware vCenter(管理节点、冷热迁移、灾难恢复)、VMware View(桌面虚拟化)。

(2) Microsoft:Hyper-V(服务器虚拟化)、Virtual PC(桌面虚拟化)、Application Virtualization(应用虚拟化)。

(3) Citrix:XenServer(服务器虚拟化)、XenDesktop(桌面虚拟化)、XenAPP(应用虚拟化)。

(4) Redhat:KVM(Kernel-based Virtual Machine)、Qemu、Libvirt,开源软件。

(5) Oracle:VM VirtualBox,简单易用,推荐 Windows 普通 PC 用户使用。

4. OpenStack 弹性云平台

利用服务器虚拟化搭建的大规模、可伸缩的云计算基础设施,称为弹性云(Elastic Cloud)。由 NASA 和 Rackspace 公司合作发起 OpenStack 项目,目标是提供一个实施简单、可大规模扩展、丰富、标准统一的云计算管理平台,也称为 OpenStack 弹性云平台。

OpenStack 弹性云平台是一个部署弹性云的操作系统,是利用虚拟资源池构建和管理私有云和公共云的基础组件集,包含一组用于处理计算、网络、存储、身份和镜像服务等云计算服务的工具,可以用于构建公有或私有的计算云和存储云。

OpenStack 弹性云平台由大量开源项目组成,其中包含了六个稳定可靠的核心服务,用于处理计算、网络通信、存储、身份和镜像等。

(1) NOVA:计算资源管理和访问工具,负责处理规划、创建和删除操作。

(2) NEUTRON:用于连接其他 OpenStack 服务和网络。

(3) SWIFT:提供高度容错的对象存储服务。

(4) CINDER:提供持久块存储服务。

(5) KEYSTONE:认证所有 OpenStack 服务并对其进行授权。

(6) GLANCE:提供镜像服务,存储和检索多个位置的虚拟机磁盘镜像。

此外的可选服务,负责管理面板、编排、裸机部署、信息传递、容器及统筹管理等。

3.2.2　操作系统虚拟化

在服务器虚拟化技术中,每个虚拟机除了宿主操作系统之外,还要再部署运行一套自己的客户机操作系统和应用软件,而且虚拟机运行要经过中间的 VMM。这些都导致虚拟机运行资源消耗大,启动等待时间长;VMM 中间环节则降低了系统性能;用户只是要部署运行应用程序,却不得不面对部署运维操作系统及其运行依赖环境的繁琐工作。

随着操作系统虚拟化技术的发展,轻量级的容器很好地克服了虚拟机的上述问题。

1. 轻量级的容器虚拟化

操作系统虚拟化,又称容器化,是利用操作系统内核的资源隔离和控制功能,为上层应用建立起相互隔离的封闭运行环境,这些封闭的运行环境形象地称为容器(Container),如图3-10 所示。应用程序部署运行在容器当中,就像部署运行在独立操作系统当中一样。不同容器之间相互隔离,在一个容器中运行的进程只能访问分配给本容器的资源。

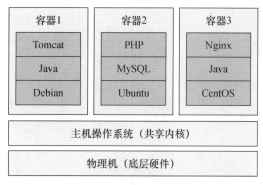

图 3-10　操作系统虚拟化(容器)

在容器中,打包了应用程序及其运行所依赖的完整环境(如库、框架和其他依赖项),构成了一个资源独立的封闭运行环境。因此,可以通过容器任意移植应用程序,而无须考虑应用程序运行环境的差异,开箱即用,实现一次构建,到处部署运行的理想。

与虚拟机相比,物理机上所有的容器一起共享主机操作系统内核,不需要单独部署运行Guest OS,因此容器比虚拟机轻量很多,启动速度快,开箱即用,移植部署便捷;此外,容器也无须经过类似于 VMM 的中间环节,运行开销低,资源利用率高。

虚拟机是计算机硬件环境的模拟,容器则是操作系统环境的模拟,二者各有特性和适用场合,如表 3-2 所示。更多的时候,是在虚拟机中运行和管理容器。

表 3-2　容器与虚拟机的特性比较

特性	虚拟机	容器
隔离级别	操作系统级(高)	进程级(低)
隔离策略	Hypervisor	Namespace+CGroups
资源消耗	5%～15%	0%～5%
启动时间	分钟级	秒级

特性	虚拟机	容器
镜像存储	GB~TB	KB~MB
集群规模	数百	数万
高可用	备份、容灾、迁移	弹性、负载、动态

2. 容器化技术实现

容器本质上就是一个特殊的进程,通过利用操作系统内核的隔离和控制功能,把硬件资源、文件、状态等隔离限制到一个封闭空间中。在 Linux 操作系统中,内核提供了 Namespace 资源隔离功能和 CGroups 资源控制功能,共同构成容器化技术实现的基础。

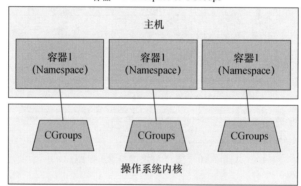

图 3-11　Linux 容器化技术实现原理

(1) 命名空间(Namespace)定义了一个封闭的作用域范围,并且约定:处于同一命名空间的进程,只能看到该名字空间下的资源,如主机名、网络、进程、用户、文件系统等。不同名字空间的进程彼此不可见,互不影响。命名空间实现了资源隔离。

每个进程可以拥有七种不同类型的命名空间,用于隔离不同类型的资源。例如,PID Namespace 提供进程隔离能力,Mount Namespace 提供基于磁盘挂载点和文件系统的隔离能力,Network Namespace 提供基于网络栈的隔离能力,等等。

在 Linux 操作系统中,提供了命名空间操作接口。例如,ps 命令可以查看进程所属的命名空间;clone() 可以创建新进程并设置其 Namespace;setns() 使进程加入已经存在 Namespace。unshare() 使进程脱离所属 Namespace 并加入到新的 Namespace。

(2) Linux 内核提供了物理资源隔离机制控制群组(Control Groups,CGroups),可以实现对 Linux 进程或者进程组的资源进行限制、隔离和统计的功能。容器化技术,就利用 CGroups 实现了对容器所使用的物理资源(CPU、Memory、IO 等)的隔离、限制和记录。

CGroups 把每个容器都当成普通进程,通过设置进程组或某个进程的资源限制条件,实现将容器进程与其他进程在资源使用上的隔离。CGroups 包含不同类型的控制子系统（Subsystem），每个子系统对应一种资源控制器，如 CPU 相关（CPU、CPUacct、CPUset）、内存相关（Memory）、块设备 I/O 相关（blkio）和网络相关（net_cls、net_prio）。

在 Linux 操作系统中，可以在/sys/fs/cgroup 目录下查看所有控制子系统。可以创建特定的控制组，控制特定子系统的资源配额，并把进程加入到控制组中。

3. 典型容器产品 Docker

容器技术最早可以追溯到 1979 年 UNIX 系统中的 chroot，但是，直到 2013 年 Docker 开源，容器化技术才算是落地开花。Docker 是一个开源容器引擎，可以将应用以及依赖打包到一个轻量级、可移植的容器中，发布到任何流行的 Linux 机器上。

（1）基本概念：镜像、容器、应用。

镜像（Image），是容器的模板，是将应用程序及其所需运行环境打包形成的文件，包括操作系统文件、应用程序自身及其依赖软件包和库文件。镜像可以创建容器。

容器（Container），是镜像加载运行后创建的进程实例。以镜像为模板，可以快速创建一系列容器。容器可以创建、启动、停止、删除，容器之间相互隔离。

镜像仓库（Repository），简称仓库，是集中存放镜像文件的场所。一个仓库中包含很多个镜像，每个镜像有不同的标签（Tag）。用户可以上传和下载镜像。

（2）Docker 容器使用流程：Docker 通过容器简化了软件开发、测试、环境的部署和维护工作。在软件开发过程中，典型的使用 Docker 容器的流程如图 3-12 所示。

① 用户在开发环境的机器上开发应用程序并制作其镜像。然后，Docker 执行镜像制作命令，并在本地开发机器上构建出应用程序及其运行环境的镜像文件。

② 用户发送上传镜像命令。Docker 收到命令后，将本地镜像上传到镜像仓库。

③ 用户向生产环境的机器发送运行镜像命令。生产环境机器收到命令后，Docker 就从镜像仓库拉取镜像到本机，然后基于镜像运行出一个容器，其中运行了应用程序。

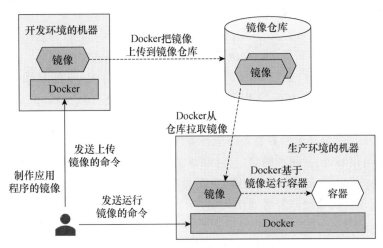

图 3-12　Docker 容器的典型使用流程

（3）Docker 主要命令接口：Docker 提供了一系列的命令接口，用于管理镜像和容器等任务，如图 3-13 所示。

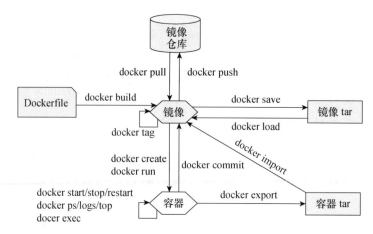

图 3-13　Docker 的主要命令接口

① 管理镜像：docker build(创建镜像)、docker commit(从容器创建镜像)、docker push(上传镜像)、docker pull(拉取镜像)、docker images(列出本地镜像)、docker search(查找镜像)、docker save/load(将镜像保存成 tar 归档文件/导入 tar 归档的镜像)、docker tag(为本地镜像打上类别标记)。

② 管理容器：docker create/run(创建容器)、docker start/stop/restart(启动/停止/重启容器)、docker ps(查看容器)、docker logs(查看容器日志)、docker top(查看容器进程)、docker exec(在容器中执行命令)、docker export/import(将容器导出为 tar 归档文件/从 tar 归档创建镜像)。

(4) Docker 安装部署：Docker 的安装部署过程,参见附录。

4. 容器编排引擎 Kubernetes

利用容器搭建大规模、可伸缩的云计算环境(称为容器云),需要一个实施简单、可大规模扩展、丰富、统一的容器云管理工具,也称为容器编排引擎。市场上主要的容器编排引擎有 Docker Swarm、Mesos 和 Kubernetes 等,Kubernetes 目前占据主流。

Kubernetes(简称 K8s)是 Google 在其内部容器调度平台 Borg 的基础上开发的容器编排引擎,2014 年开源并成为云原生计算基金会(Cloud Native Computing Foundation,CNCF)的核心发起项目。

Kubernetes 是一个开源的容器集群管理系统,是容器集群的舵手或船长,用于实现大规模的容器的自动化部署、自动扩缩容、管理和维护等功能。

Kubernetes 提供了应用部署、规划、更新和维护的机制,用于管理多个主机上的容器化应用,目标是简单且高效地部署容器化应用。

Kubernetes 提供了生产环境下的容器调度管理,支持容器云平台的负载均衡、服务发现、高可用、滚动升级、故障转移、自动伸缩等功能。

Kubernetes 提供了完善的集群管理工具,涵盖应用开发、部署测试、运维监控等环节,支持集群架构和期望状态描述,Kubernetes 会自动创建并维护集群状态。

(1) Kubernetes 容器编排原理：Kubernetes 进行容器编排的基本思路：用户通过 API

声明对于一个组件的"期望状态",如副本数、安全性和活性等,然后 Kubernetes 就自动地维护组件的期望状态。

假设用户的期望状态如下:

① 在 4 个容器中运行 Web 服务器,实现负载均衡。

② 在 3 个容器中提供数据库服务,实现数据冗余。

Kubernetes 引擎会实时监测容器集群,获取组件实际运行的状态,如果发现任何一个容器出现故障,就自动创建运行新的容器,以确保达到用户期望的状态。

(2) 管理编排的对象:Pod。Kubernetes 没有直接对容器进行管理和编排,而是把一个或一组相关的容器包装成一个逻辑单元,称为豌豆荚(Pod),如图 3-14 所示。在豌豆荚(Pod)里面的豌豆就可以看成是一个个的容器。Kubernetes 管理、部署、调度、编排的基本单位,就是 Pod。

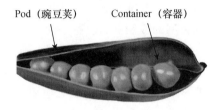

图 3-14　Kubernetes 管理调度的单位:Pod

在 Pod 中通常封装了一个应用运行所需的容器(可能是多个容器)、存储、独立的网络 IP 以及管理容器如何运行的策略选项。因此,一个 Pod 就代表部署了应用的一个运行实例,其中封装的一个或多个容器一起共享存储和网络等资源,如图 3-15 所示。

Kubernetes 调度(Scheduling)就是根据用户期望状态和资源利用情况等因素,确保 Pod 被放到合适的节点上去运行。如果节点资源消耗达到了一个很高的水平,Kubernetes 会主动使一个或多个 Pod 失效以回收资源,称为 Pod 驱逐(Eviction)。

对于同一个应用的 Pod,如果部署运行多个副本(Replication),如图 3-15 所示,每个 Pod 副本运行一个应用实例,多个 Pod 副本运行多个应用实例,就实现了应用的水平扩展。在生产系统中,可以通过部署多个 Pod 副本实现负载均衡,对抗节点故障。

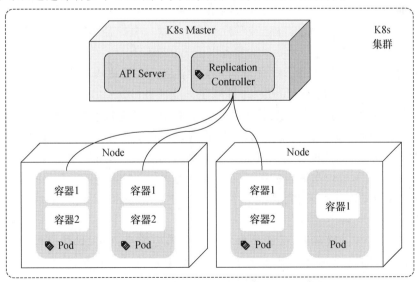

图 3-15　Kubernetes 部署多个 Pod 副本实现水平扩展

Pod 具有生命周期。当一个 Pod 被创建后,就会被 Kubernetes 调度到集群某个固定的节点上,除非 Pod 进程终止、被删掉、因缺少资源被驱逐或者 Node 故障。

此外,Pod 本身也不会进行自我修复,如果一个 Pod 运行的 Node 故障,该 Pod 就会被删除;如果 Pod 所在 Node 缺少资源,则 Pod 也会被驱逐。

Kubernetes 使用控制器(Controller)来管理 Pod 实例。通过控制器可以创建和管理多个 Pod,提供副本管理、滚动升级和集群级别的自愈能力。如果一个 Node 故障,Controller 可以自动将该节点上的 Pod 调度到其他健康的 Node 上。

(3) 使用不同类型的控制器管理 Pod:对于不同类型应用的 Pod 管理,Kubernetes 提供了不同类型的控制器,包括:副本控制器、作业任务、后台支撑服务集、有状态服务集等。

① 无状态应用与副本控制器、副本集、部署对象。无状态应用,其应用实例不涉及事务交互,不产生本地的持久化数据,不同应用实例对同一个请求的响应结果完全相同。例如,Web 服务器就是典型的无状态应用。

对于这一类应用,Kubernetes 提供了副本控制器(Replication Controller,RC)、副本集(Replica Set,RS)和部署(Deployment)三种类型的 API 对象。其中,RC 和 RS 一般不单独使用,而是作为 Deployment 对象的一部分,用于描述应用部署预期的理想状态参数,如 Pod 的副本数、容器镜像的版本等。

副本控制器 RC,主要用于监控 Pod 的运行情况,并且保证在集群中运行指定数目的 Pod 副本。如果运行的 Pod 数量少于指定数目,RC 就会启动运行新的 Pod 副本;多于指定数目,RC 就会杀死多余的 Pod 副本。通过修改 RC 中的 Pod 副本数量,可以实现 Pod 的扩容和缩容。通过改变 RC 中 Pod 模块的镜像版本,可以实现 Pod 的滚动升级。

副本集 RS,是 Kubernetes 提供的新一代 RC,提供了更多的 Pod 匹配模式。

部署(Deployment),用于表示用户对 Kubernetes 集群的一次更新操作,可以是创建、更新或者滚动升级一个应用服务。所谓滚动升级,就是创建一个新的 RS,然后将新 RS 中的副本数逐渐增加到预期数量,并将旧 RS 中的副本数减小到 0 的过程。

在 Deployment 中,Pod 没有状态或顺序要求,可以自由扩容和缩容,Pod 出故障就丢弃掉重启新的即可。因此,Deployment 非常适用于无状态应用。

② 批处理应用与作业任务。批处理应用,通常是一次性或周期性的工作任务,如运行一次备份数据的脚本。为此,Kubernetes 提供了作业任务(Job)和定时任务(Cronjob)对象。

Job,表示一次性执行的任务,它管理的 Pod 在任务成功完成后即自动退出。

Cronjob,表示基于时间计划的定时任务,它管理 Pod 会在指定的时间运行。例如,执行周期性的重复任务(转储数据等),或者在将来某个时间点执行单个任务。

③ 守护型应用与后台支撑服务集。守护型应用类似于守护进程,是一种长期保持运行且持续监听的服务,如日志采集、性能监控等。为此,Kubernetes 提供了后台支撑服务集(DaemonSet)对象。

DaemonSet,对于一次部署,保证集群中所有的节点都会部署,即使是添加或者删除的节点,也保证自动部署和回收。例如,在每个 Node 上运行日志收集进程 Logstash,或者运行监控进程 Prometheus,或者运行存储进程 Ceph 等。

④ 有状态应用与有状态服务集。有状态应用,需要在本地持久记录关于当前状态信息

等数据,如数据库、消息队列等。为此,Kubernetes 提供了有状态服务集(StatefulSet)对象,可以为有状态应用提供唯一的网络标识、持久化存储、顺序部署和扩展、顺序滚动更新的特性。

在 StatefulSet 中,Pod 具有如下特性:ⓐ 具有自己唯一和持久的标识;ⓑ 具有自己的一份持久化存储;ⓒ Pod 部署都是顺序的,编号从 0 开始顺序递增;ⓓ 在 Pod 扩容时要求前面的 Pod 必须还存在着;ⓔ Pod 终止,则其后的 Pod 也会一并终止。

StatefulSet 保证 Pod 重新调度后,网络标识不变,且依然能够访问到相同的持久化存储数据。此外,Pod 的扩容和缩容是有序的,有序部署,有序扩展,有序收缩。假设 StatefulSet 创建了顺序命名的三个 Pod:zk−0、zk−1、zk−2。若要扩容 zk−3,则前面的 zk−0、zk−1、zk−2 必须存在,否则不成功;如果删除 zk−2,则后面的 zk−3 也会被删除。

(4) 服务和命名空间:Kubernetes 集群中 Pod 是动态变化的,无法提供持久稳定的访问地址。因此,Kubernetes 提供了服务(Service)对象,用于为一个或多个 Pod 提供稳定的访问地址。

Kubernetes 提供了命名空间(Namespace)对象,可以将系统内部的对象划分为不同的项目组或用户组,实现集群内部的逻辑隔离。Kubernetes 中的资源(Pod、Deployment、Service 等)都有其所属的 Namespace,相同 Namespace 中资源命名须唯一。

(5) Kubernetes 集群架构:一个 Kubernetes 集群由分布式键值存储(Etcd)、控制节点(Master)以及一个或多个工作节点(Worker/Node)构成,如图 3-16 所示。

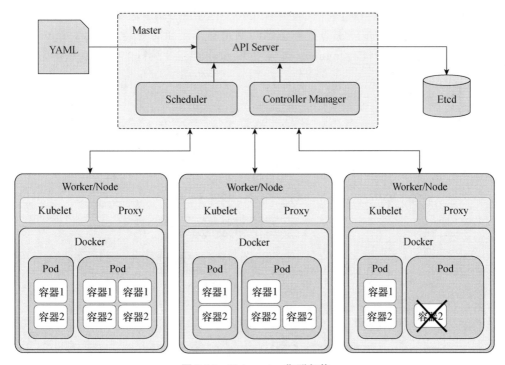

图 3-16　Kubernetes 集群架构

① 分布式键值存储(Etcd),Etcd 是一致、高可用的分布式键值数据库,负责保存 Kubernetes 集群的所有状态,并且提供监控能力。当 Etcd 中信息发生变化时,就立即通知集群中的相关组件。

② 控制节点(Master),Master 上运行集群管理模块,包括 API Server、Scheduler 和 Controller Manager。

API Server 是 Kubernetes 集群资源操作的唯一入口,提供了对各类资源对象进行增删改查的 API 接口,其他模块只能通过 API Server 访问集群状态。此外,API Server 还提供了认证、授权、访问控制、API 注册和发现等机制。

Scheduler 负责集群的资源调度,根据特定调度算法将 Pod 调度到指定 Node 上。

Controller Manager 是资源对象的自动化控制中心。负责管理集群内的 Node、Pod 副本、服务端点、命名空间、服务账号、资源定额等并执行自动化修复流程,确保集群处于预期的工作状态。Controller 通过 API Server 监控集群的共享状态,并尝试着将集群状态从"现有状态"修正到"期望状态"。

③ Worker/Node(工作节点/服务节点/计算节点),Worker/Node 是真正运行应用容器的服务器节点,在每个 Node 上都会运行一个 Kubelet 组件,管理本节点上的 Pod 以及容器、镜像和存储卷等。

Kube-proxy 是节点的网络代理,负责为 Service 提供集群内部的服务发现和负载均衡。

容器运行时组件(Container Runtime),负责本节点上容器的创建和管理工作,可以采用 Docker、Container、CRI-O、Rkt 等容器引擎。

(6) Kubernetes 容器编排流程:使用 Kubernetes 管理应用,首先需要编写资源对象的 YAML 配置文件,描述资源对象的基本信息和期望状态。如图 3-17 所示的 nginx-deployment. yaml,就描述了一个 Deployment 部署对象,要求创建并运行 2 个 Pod 副本,每个 Pod 都运行 nginx 应用。

```
apiVersion: apps/v1                    # API 版本
kind: Deployment                       # 创建的对象类型: Deployment
metadata:
      name: nginx-deployment           # 对象name
spec:                                  # 对象规格spec
      selector:
            matchLabels:               # 标签选择器, 用于定义过滤规则
                  app: nginx
      replicas: 2                      # 期望保持 2 个Pod 副本
      template:                        # 描述要创建的Pod的模板
            metadata:
                  labels:              # 过滤控制对象, 部署会把所有正运行的带"app:nginx"标签的
                        app: nginx     # Pod识别为被管理对象, 确保这些Pod总数严格等于2
            spec:
                  containers:
                  - name: nginx
                    image: nginx:1.7.9  # 容器使用的镜像 nginx:1.7.9
                    ports:
                    - containerPort: 80 # 监听端口 80
```

图 3-17 部署对象的配置文件示例: **nginx-deployment. yaml**

准备好资源对象的配置文件,然后把文件交给集群去实现,流程如图 3-18 所示。

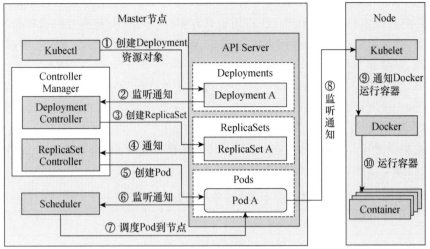

图 3-18　Kubernetes 集群实现部署对象的工作流程

① 把 Deployment 对象的 YAML 文件,通过 Kubectl 客户端工具发送给 API Server。

\$ kubectl apply　－f　nginx-deployment. yaml

② API Server 接收到客户端请求后,将资源内容存储到 Etcd 数据库中。

③ 控制器组件(如 Scheduler、Controller 等)开始监听资源变化并作出反应。

④ ReplicaSet 控制器监听 Etcd 数据库的变化,要求创建期望数量的 Pod 实例。

⑤ Scheduler 根据规则将 Pod 调度到某个节点上,并将调度结果写入 Etcd 数据库。

⑥ Kubelet 监听 Etcd 数据库的变化,根据调度结果执行实际的 Pod 创建工作。发现有 Pod 被分配到本节点上,就调用容器引擎 Docker 创建并运行 Pod 中的容器。

此后,Controller 会周期性地将当前 Pod 状态与用户期望状态进行比对,如果二者状态不匹配,则 Controller 就会尝试将 Pod 状态修正成用户期望状态;如果最终没有办法达到目的,就直接把 Pod 删除,重新创建一个新的 Pod 副本。

(7) Kubernetes 安装部署:Kubernetes 的安装部署过程,参见附录。

3.3　云原生软件开发

随着容器、Kubernetes、Serverless、FaaS 等技术的发展演进,越来越多的企业希望将业务系统迁移到云上,提高业务的敏捷性和创新能力,诞生了云原生的概念。

3.3.1　云原生概念

2013 年软件架构师 Matt Stine 提出云原生(Cloud Native)的概念,认为云原生是一整套思想体系,包含技术(微服务,敏捷基础设施),也包含管理(DevOps,康威定律以及组织优化等),还涉及流程(持续交付)。企业采用基于云原生的技术和管理方法,能够更平滑而快速地将业务迁移到云上,享受云计算高效和按需伸缩资源的能力。

2015 年 Linux 基金会联合 Google、Redhat、微软等云服务厂商成立了云原生计算基金会(Cloud Native Computing Foundation,CNCF),致力于推动云原生技术和服务的发展。

CNCF 把云原生的概念定义为"让应用更具有弹性、容错性、观测性的基础技术,让应用更容易部署、管理基础软件、让应用更容易编写、编排运行框架等",让开发者能够更好地利用云的资源、产品和交付能力。

简而言之,云原生是就是 Cloud+Native,表示土生土长在云上,应用程序在云上开发,在云上运维,充分利用和发挥云计算平台的弹性和分布式的优势,提高软件开发效率,提升业务敏捷度、扩展性、可用性和资源利用率,降低成本。

与传统应用相比,云原生的应用具有可预测、操作系统解耦、资源弹性调度、团队融合、敏捷开发、自动化运维、快速恢复等特点,如表 3-3 所示。

表 3-3　云原生应用与传统应用的比较

特性	云原生应用	传统应用
可预测性	可预测,遵循一个框架或原则,应用高度自动化、容器驱动的基础设施云平台进行构建,旨在通过可预测的行为最大化应用的弹性	不可预测,应用程序的架构和开发方式独特,需要更长的时间来构建和批量发布,只能逐步扩展
操作系统	操作系统抽象化	依赖操作系统
资源利用	弹性资源调度	资源冗余多,缺乏扩展能力
团队协作	借助 DevOps 容易达成协作	部门隔离导致团队孤立
开发方式	敏捷开发	瀑布式开发
系统耦合	微服务各自独立,高内聚、低耦合	单体应用耦合严重
系统运维	自动化运维	手动运维
恢复速度	快速恢复	缓慢恢复

3.3.2　云原生技术

云原生是一种快速弹性构建和运行应用程序的方法,是一套技术体系和方法论。代表性方法和技术是:面向微服务+容器化封装+开发运维自动化+持续交付。

云原生架构下的应用程序,应该基于微服务架构提高灵活性和可维护性,采用开源容器技术栈(K8s+Docker)进行容器化,借助敏捷方法、DevOps 进行持续迭代开发和运维自动化,利用云平台设施实现弹性伸缩、动态调度、优化资源利用率。

1. 微服务

传统的单体应用程序(Monolithic Application),在应用内部包含了所有的服务,且各服务功能模块紧密地耦合在一起,相互依赖彼此,很难拆分和扩容。大型单体应用程序需要规模较大的技术团队来开发和维护,代码笨重,内部沟通繁琐低效;模块之间相互影响,一个模块的更新和部署会影响到整个应用,一个模块的失效会导致整个应用宕机。

针对单体应用程序的诸多问题,微服务架构(MicroService Architecture)是目前流行的架构解决方案。在微服务架构下,单体应用被划分成很多小的服务,称为微服务,一个微服务专注于某个单一功能,微服务之间保持独立和解耦。因此,微服务是可以独立部署的、小的、自治的业务组件,业务组件彼此之间通过消息进行交互。微服务的组件可以按需独立伸缩,具备容错和故障恢复能力。微服务架构已经成为云原生应用的标准架构。

(1) 支持快速上线:由于业务组件的自治性和独立性,新的功能和应用能够迅速的发布上线,而不用担心对系统其他功能带来大范围的影响和波及。可以通过服务组件重用和重组,快速的形成和发布新的应用,大大提高系统开发和运维的速度和效率。

(2) 支持独立扩容和恢复:可以根据性能瓶颈对某些微服务进行独立扩容,也可以根据升级更新要求独立替换或恢复某个微服务组件,保持系统的安全、稳定和可扩展。

(3) 支持技术透明与隔离:微服务功能单一自治,可以根据团队禀赋和业务偏好选择擅长的开发语言、通信协议、数据库技术等,快速灵活的构建微服务。

微服务架构将业务拆分成大量的微服务,同时也带来了微服务之间集成与测试的困难和运维管理的碎片化,解决方案是引入微服务框架进行微服务治理,提供远程过程调用(Remoce Procedure Call,RPC)、服务注册与发现、服务监控、负载均衡、服务容错等功能。

业界成熟的微服务框架有:Spring 家族的 Spring Cloud,是集成了众多成熟服务框架的一站式服务治理框架,支持 Java 语言;阿里公司开源的 Apache Dubbo,使用 Java 语言;Facebook 开源的 Thrift 框架,支持多种语言。

此外,还可以把服务治理与业务开发解耦,形成专门的服务治理平台,称为服务网格(Service Mesh),Linkerd 和 Istio 是目前流行的开源服务网格产品。

2. 容器化

微服务本身就是独立发布、独立部署、自治的、微小的 IT 服务,而容器是跨平台、独立运行、轻量级的执行单元。因此,容器是微服务架构运行的完美载体。容器化为微服务提供实时保障,每个服务都被无差别地封装在容器里,无差别地管理和维护。

通过容器化技术,如 Docker,使得应用具有更大的弹性、更快的启动速度、更少的资源消耗。应用的容器化,消除了线上运行环境和线下开发环境的差异,保证应用在其生命周期中的环境一致性和标准化,一次打包,处处运行。开发人员使用镜像构建标准开发环境,开发完成后提交打包了完整运行环境和应用的镜像,测试和运维人员直接从镜像部署运行容器,进行软件测试和发布,简化持续集成、测试和发布的过程。

微服务架构下的应用需要运行大量的容器,通过容器编排引擎(如 Kubernetes)可以自动执行容器的部署、管理、扩展等任务。

3. 开发运维一体

开发运维一体(DevOps=Dev+Ops),字面意思就是开发和运维活动合为一体,边开发边运维。实际上,DevOps 是一种敏捷思维,包括组织文化、开发测试运维全过程自动化、精益、反馈和分享等不同方面,目标是为云原生软件开发提供持续交付能力。

在组织架构、企业文化与理念上,需要自上而下进行设计,用于促进开发部门、运维部门和质量保障部门之间的沟通、协作与整合。

在开发运维过程实施上,要求全过程自动化,所有的操作都不需要人工参与,全部依赖系统自动完成,例如软件的持续交付过程必须自动化才能快速迭代。

经过长期的历史发展和印证,软件行业日益清晰地认识到,为了按时交付软件产品和服务,开发部门和运维部门必须紧密合作。DevOps 的出现,顺应了这一呼声,强调高效地组织团队,自动化工具以及更快、更频繁地交付更稳定的软件。

4. 持续集成/持续交付

持续集成(Continuous Integration,CI)和持续交付(Continuous Delivery, CD)是践行敏捷开发和 DevOps 理念的方法,主要思路是在应用的整个生命周期(从集成、测试阶段到交付和部署)中贯穿持续的自动化和持续的质量监控,如图 3-19 所示。

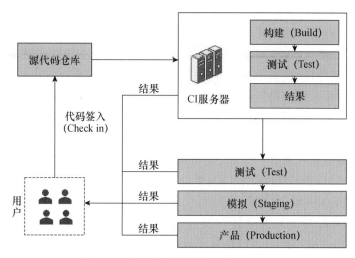

图 3-19　持续集成和持续交付(CI/CD)

持续集成(CI),希望团队成员频繁地提交代码到代码仓库(每天一次或多次),要求每次提交都必须通过自动化构建并运行不同级别的自动化测试(单元测试或集成测试),以确保代码更改不会对应用造成破坏,也使代码中的问题及早地暴露和解决。

持续交付(CD),通过频繁构建、测试、发布软件产品等渐进式手段,希望频繁地将最新版本的软件交付给质量团队或者用户,以尽快获得反馈和评审。在发布到生产环境之前,开发团队对新增代码进行测试(Test)→模拟(Staging)→生产(Production),保证每次提交的修改都是可上线的修改,确保软件随时随地都可以可靠地发布。

持续部署(Continuous Deployment),是指交付代码通过评审后自动部署到生产环境中。持续部署是持续交付的最高阶段,也称为持续发布(Continuous Release)。

持续集成、持续交付相辅相成,提供了一个良好的 DevOps 环境。频繁部署、快速交付以及开发测试流程自动化是未来软件工程的发展趋势。

3.4　章 节 小 结

云计算是大数据天然的 IT 基础设施,为大数据计算提供取之不尽用之不竭的算力资源。

(1) 云计算的概念、服务模式(IaaS/PaaS/SaaS)和部署形态(公有云/私有云/混合云)。

(2) 云计算实现的核心技术:

服务器虚拟化:虚拟机、CPU 虚拟化技术、虚拟化产品、OpenStack 弹性云;

操作系统虚拟化：容器、容器虚拟化技术、容器产品 Docker、容器云 Kubernetes。

（3）云原生软件开发：微服务＋容器化＋DevOps＋CI/CD。

习　　题

（1）简要阐述云计算的概念和特征。云计算对外提供了哪些模式的服务产品，用户应当如何选择？云计算的部署形态有哪些类型，租户应该如何选择？

（2）什么是虚拟机，管理虚拟机的核心软件需要具备哪些功能，其工作模式有哪些类型？实现 CPU 虚拟化的技术有哪些？举例说明典型的虚拟化产品。

（3）什么是容器，实现容器的内核功能是什么？举例说明典型的容器产品 Docker 是如何进行软件发布的？简要说明 Kubernetes 进行容器管理的原理和过程。

（4）云原生＝面向微服务＋容器化封装＋DevOps＋CI/CD。简要说明微服务和容器化的概念及其相互关系，通过网络调研典型的微服务框架，如 Spring Cloud。

（5）什么是 DevOps，实现开发运维一体化需要哪些方面的支持？什么是 CI/CD？说明持续集成/持续交付的软件开发生命周期，阐述 CI/CD 与 DevOps 之间的关系。

（6）从基础概念和需求出发，使用思维导图或其他结构化方式总结本章的知识结构。

第4章　协同、调度和消息系统

架构大数据系统需要处理一些基础性的工作，包括计算节点之间的协同、计算任务和资源的调度、数据在系统之间的可靠消息流转等。本章介绍如下几个基础组件：

(1) 分布式协同工具：Zookeeper。

(2) 资源调度工具：YARN。

(3) 消息系统：Kafka。

4.1　协同工具 Zookeeper

架构分布式系统最基础的问题是如何协同系统中的各个节点和组件，使大家就某件事情达成一致性共识。Zookeeper 是解决分布式数据一致性成熟稳定且被大规模应用的工业级开源解决方案，其设计目标是将复杂且容易出错的分布式一致性服务封装起来，构成一个高效可靠的原语集，并提供一组简单易用的接口给用户使用。

因此，Zookeeper 是构建分布式系统的基础组件，利用 Zookeeper 分布式系统可以轻松的实现状态管理、配置管理、命名服务、分布式锁、集群管理等工作。大数据开源技术栈中很多工具都是基于 Zookeeper 构建，如 Hadoop、Kafka、HBase、Dubbo 等。

4.1.1　Zookeeper 集群架构

Zookeeper 采用单主复制技术构建了一个高性能的数据副本集群，集群中每个服务器节点都保存相同的数据副本，客户端无论访问哪个节点，都能获得一致的数据。

1. 集群结构

Zookeeper 集群由多个服务器节点组成，每个节点都要维护一个一致的层次树数据结构。根据承担职责的不同，可以把节点分成三类：领导者（Leader）、跟随者（Follower）、观察者（Observer）。

(1) Leader 是集群中事务请求（写操作）的唯一调度和处理者，保证集群事务处理的顺序性，也是集群内部各个服务的调度者。

(2) Follower 的主要职责：① 处理客户端的非事务请求（读操作）；② 转发事务请求给 Leader；③ 参与事务请求提案的投票；④ 参与集群 Leader 选举投票。

(3) Observer 的主要职责：① 处理客户端的非事务请求（读操作）；② 转发事务请求给 Leader。观察者只提供数据读取服务，不参与任何形式的投票。

Zookeeper 集群为保证写操作能够顺序执行，要求只能由 Leader 节点接受写请求。如果一个 Follower 节点接受到客户端的写请求，则会将其转发给 Leader 节点。

Zookeeper 集群架构如图 4-1 所示，由五个服务器节点组成，Leader 节点是集群中心，负责处理写操作事务和协调集群节点；Follower 节点和 Observer 节点提供读数据服务，此外 Follower 节点还参与共识投票。用户通过 Client（客户端）向 Zookeeper 集群中的节点发起操作请求。

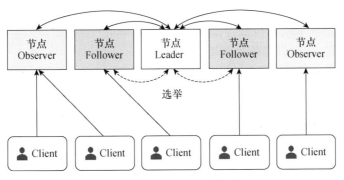

图 4-1　**Zookeeper 集群架构**

Leader/Followers 集群架构，使 Zookeeper 具备了主备和主从能力。其中，主备指的是主节点有备份节点，当 Leader 节点失效，会尽快从 Followers 中重新选出新的 Leader 节点，保证 Leader 节点不宕机。而主从指的是主节点分配任务，从节点负责具体执行。

2．集群工作流程

对于来自客户端的读操作请求，就直接从与客户端连接的节点上获取数据并返回，因此 Zookeeper 集群的读数据性能很高。对于客户端的写操作请求，Zookeeper 使用 ZAB 协议将写操作请求以事务形式广播给所有节点，保证节点数据副本的一致性。

ZAB 协议有两种工作模式：消息广播模式和崩溃恢复模式。

（1）消息广播模式是 Zookeeper 集群正常情况下的工作模式。客户端发起一个写操作请求，会转发给 Leader 节点处理。Leader 节点将客户端的写操作请求转化为一个事务提案，并将提案消息广播给集群所有的 Follower 节点。如果有过半（$\geqslant$N/2+1）的 Follower 节点反馈成功，则 Leader 节点会再次向集群所有 Follower 节点广播提交（Commit）消息，通知 Follower 节点将提案的事务提交，然后向客户端返回操作成功消息，否则返回操作失败消息。

（2）崩溃恢复模式在 Zookeeper 集群刚启动，或者 Leader 节点故障宕机，抑或者 Leader 节点失去了与半数节点的通信的时候，集群就进入崩溃恢复模式。在崩溃恢复模式下，首先需要重新选举 Leader 节点；选举产生新的 Leader 节点后，集群中其他节点会与新的 Leader 节点进行状态同步，如果有过半节点完成了状态同步，则集群退出崩溃恢复模式，进入消息广播模式。

当新的服务器节点加入集群的时候，如果已经存在 Leader 节点，则新加入的服务器节点自觉进入崩溃恢复模式，找到 Leader 节点进行数据同步。

3．集群性能保障

Zookeeper 集群能够保证分布式一致性。Zookeeper 提供了全局一致的单一数据视图，保证每个节点上数据副本的一致性，客户端无论连接哪个节点，数据都是一致的。

Zookeeper 集群能够保证顺序一致性，即从同一个客户端发起的所有事务请求，最终都会严格按照请求发起的顺序应用到 Zookeeper 集群中。

Zookeeper 集群能够保证事务原子性,要么整个集群都成功应用一个事务,要么都没有应用,一定不会出现一部分节点应用了该事务而另一部分没有应用的情况。

Zookeeper 集群能够保证可靠性,如果请求被一个节点接受,则会被所有节点都接受。

Zookeeper 集群能够提供较高程度的实时性,保证在一定的时间段内,客户端最终一定能够从服务端节点上读到最新的数据状态。

Zookeeper 集群的可用性和容错性。对于一个由 $2n+1$ 个节点组成的 Zookeeper 集群,只要有 $n+1$ 个节点可用,则整个集群就可用,即要求过半节点正常工作且彼此正常通信。因此,要搭建一个容忍 m 个机器宕掉的集群,则 Zookeeper 集群需要部署 $2*m+1$ 个节点。不难看出,5 个节点的集群和 6 个节点集群在容错性能上没有差别。

4.1.2　Zookeeper 数据模型

Zookeeper 集群维护了一种称为 znode 节点树的数据结构,在该 znode 节点树上可以进行一系列的 znode 操作,要求 znode 操作必须满足一些约束特性。

1. 数据结构:znode 节点树

Zookeeper 集群维护一个层次树结构,如图 4-2 所示,类似于 Linux 文件系统。树中的每个节点,称为一个 znode,具有唯一标识,存储少量数据。

(1) 每个 znode 节点由其绝对路径唯一标识,例如/mysql/db02 标识的节点。

(2) 每个 znode 节点上可存储少量数据(默认 1M)。包括:stat(状态信息,描述 znode 版本、权限等)、data(znode 关联的数据)、children(记录 znode 的子节点)。

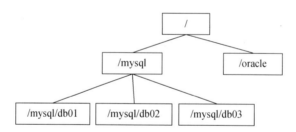

图 4-2　Zookeeper 集群的 znode 节点树数据结构

在 znode 节点树中,Zookeeper 允许维护三类 znode 节点:持久节点(Persistent)、临时节点(Ephemeral)、顺序节点(Sequential)。其中:

(1) 持久节点:在客户端与 Zookeeper 集群断开连接后,持久节点依旧存在。默认情况下,znode 节点均是持久节点。

(2) 临时节点:在客户端保持连接期间,临时节点有效;当客户端与 Zookeeper 集群断开连接时,临时节点自动删除。临时节点不允许有子节点,常用于 Leader 选举。

(3) 顺序节点:具有单调递增顺序编号的节点。例如,对于一个路径标识为/mysql 的 znode 节点,如果将其创建为顺序节点,则 Zookeeper 集群会将路径标识更改为/mysql0000000001,并将下一个顺序编号设为 0000000002。顺序节点可以是持久的或是临时的。

2. znode 节点操作

Zookeeper 集群提供了一系列客户端操作命令,用于进行 znode 节点管理。例如:

(1) 创建 & 更新 & 删除 znode 节点(create、set、delete)。

```
create /mysql "localhost:3306"
set /mysql "192.168.10.25:3306"
delete /mysql
```

(2) 查看 znode 节点(get、stat、ls)。

```
get /mysql    ♯获取节点信息
stat /mysql   ♯查看节点属性
ls /mysql     ♯列出子节点
```

(3) 权限控制(getAcl/setAcl)。

```
setAcl /mysql world:anyone:rw
getAcl /mysql
```

(4) 事件监听。

```
get -w /mysql    ♯监听节点数据的变化
ls -w /mysql     ♯监听子节点的增删变化
stat -w /mysql   ♯监听节点属性的变化
```

3. znode 节点操作特性

(1) 一致性。

① znode 节点树具有全局一致的数据视图,客户端无论连接哪个节点,数据都一致;

② 同一时刻多台机器创建相同的节点,只有一个会争抢成功,可以用作分布式锁;

③ 顺序节点保证节点名全局唯一,可以用来生成分布式环境下的全局自增 ID。

(2) 会话操作特性:客户端在与 Zookeeper 集群交互之前,必须先建立并保持一个连接,称为会话(Session)。会话具有全局唯一的 sessionID 且设置超时时间(TimeOut),通过心跳机制保持会话。只有在会话存续期间,集群才会接受客户端的操作,并保证请求的执行顺序。

① 会话能够提供顺序保障,即同一个会话中的请求将以先进先出的顺序执行,如果客户端有多个并发会话,在多个会话之间不保证能够保持先进先出的顺序;

② 临时节点的生命周期与会话一致,会话关闭则临时节点自动删除;

③ 当一个会话与其当前连接的节点无法继续通信时,Zookeeper 可能会透明地将该会话转移到另一个节点上。

(3) Watch 监听特性:Zookeeper 集群通过监听器(Watcher)机制为 znode 提供了发布/订阅功能,多个订阅者可以同时监听(Watch)特定的 znode 对象,当该 znode 对象的状态发生变化时(如数据改变、被删除、子节点增加删除等),Zookeeper 就会实时、主动地通知所有的订阅者。

具体操作时客户端首先将 Watcher 注册到集群;此后,当 Zookeeper 集群监听的数据状态发生变化时就会主动通知客户端;最后客户端可以进行相关处理。

Zookeeper 的 Watcher 监听机制有如下特点:

① 主动推送:Watcher 监听被触发时,Zookeeper 集群会主动将更新推送给客户端,不需要客户端轮询。

② 一次性:当数据变化时,一个 Watcher 监听只会被触发一次。如果客户端想继续监听后续的更新,必须再重新注册一个 Watcher。

③ 可见性:更新通知先于更新结果。Zookeeper 保证:注册监听的客户端必定会先收到 Watcher 通知消息,然后才能看到更新后的数据。

④ 顺序性:如果多个更新触发了多个 Watcher,则 Watcher 触发顺序与更新顺序一致。

4.1.3 Zookeeper 协同服务

Zookeeper 集群中 znode 节点的一系列操作特性,使得 Zookeeper 集群非常适合用于分布式系统的协同服务,例如配置管理、统一命名服务、分布式锁、集群管理等。

1. 配置管理

在分布式系统中往往会需要管理一些集群公共的配置信息,要求当配置信息发生变化时,所有依赖于该配置信息的节点都能够及时应用新的配置信息。

可以使用 Zookeeper 集群的发布/订阅功能,实现配置信息的动态管理。基本思路是将配置信息保存在 znode 节点中;客户端节点在启动时就从该 znode 读取配置信息,并注册 Watcher;当 znode 上的配置信息发生变化,所有注册其 Watcher 监听的客户端节点就会接收到变化通知,于是再次读取 znode 数据并应用其中新的配置信息,如图 4-3 所示。

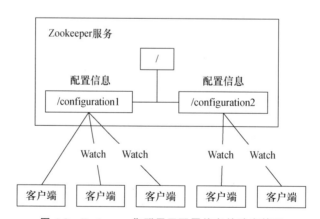

图 4-3 Zookeeper 集群用于配置信息的动态管理

2. 统一命名服务

命名服务是分布式系统常用的基本服务。例如,在分布式应用中对系统的服务器节点、提供的服务地址等资源进行命名,产生全局唯一且便于人们识记的名字,此后客户端只需要使用名字就可以获得对应的资源,类似于域名和 IP 地址的关系。

利用 Zookeeper 集群能够很容易地实现统一命名服务。基本思路是使用 znode 节点的路径作为名字,znode 节点数据或者子节点保存名字指向的资源。如图 4-4 所示,通过 znode 节点维护"服务名字 & 服务地址"之间的映射关系,客户端只需要指定要访问的服务名字 (如 cs. cumt. edu. cn),就可以通过 znode 获得服务的服务地址。

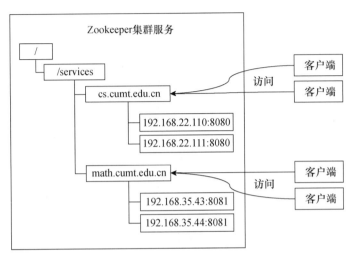

图 4-4　Zookeeper 集群用于统一命名服务

3. 分布式锁

在分布式系统中经常有多个客户端需要并发访问某种互斥资源的情况,此时分布式锁机制就可以保证多个进程有序地访问临界资源。分布式锁机制,要求进程在访问临界资源之前,首先要获得该资源上的排他锁(eXclusive Lock,XLock),加锁之后该进程就可以独占资源,其他进程要访问资源就只能等待,直到该进程用完资源后把锁释放掉。

Zookeeper 集群可以很容易地实现排他锁。基本思路包括表示锁、获取锁、释放锁。

(1) 排他锁的表示:使用 znode 表示一个排他锁,假设是/xlock/ticket_lock。

(2) 获取锁:所有需要加锁的客户端都调用 create 接口,尝试在/xlock 路径之下创建一个临时的子节点/xlock/ticket_lock;根据 znode 的节点操作特性,最终必定只会有一个客户端创建成功,就表示该客户端获得了这个排他锁。

而没有创建成功的客户端,则没有获得排他锁,此时就可以注册一个 Watcher 监听该子节点的变化情况,之后如果收到该子节点删除的通知,就可以再次尝试获取锁。

(3) 释放锁:获得锁的客户端宕机或者正常完成业务逻辑后,断开会话连接,则临时子节点删除,表示释放了该排他锁。此后,其他客户端将开始新一轮的获取锁的过程。

4. 集群管理

分布式集群经常会出现硬件故障、软件故障、网络延迟、拓扑变化等问题,导致节点频繁退出或者加入。此时,集群中其他机器需要感知到这种变化并做出应对。

Zookeeper 实现集群管理的基本思路是:一个服务器节点在加入集群时,首先在 Zookeeper 上创建一个临时 znode 节点,然后在该临时 znode 节点的父节点上注册 Watcher 监听。当一个服务器节点失去会话连接,则 Zookeeper 上相应的临时 znode 节点就会自动删除,同时触发 Watcher 监听,于是其他服务器节点就可以收到通知并做出处理,如图 4-5

所示。

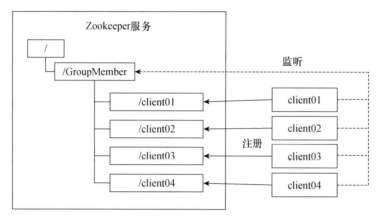

图 4-5　Zookeeper 用于集群管理

对于中心化的分布式集群,通过 Zookeeper 的集群管理和分布式锁机制,可以注册多个 Master 节点并且保证只有一个 Master 节点处于活动(Active)状态,其他都处于备用 (Standby)状态。一旦活动的 Master 节点发生故障,Zookeeper 集群就会监听到故障,于是立刻从备用的 Master 节点中选择一个作为活动的 Master 节点,实现故障的快速转移,避免单点故障。因此,业界普遍采用 Zookeeper 集群管理实现分布式系统的高可用部署。

4.1.4　Zookeeper 安装部署

Zookeeper 集群的安装部署过程,参见附录。

4.2　资源调度工具 YARN

架构分布式系统另一个基础问题是如何为大量的用户任务合理地分配系统资源,保证系统资源的有效利用,降低任务等待时延,提高系统的任务吞吐量。以另一种资源协调者 (Yet Another Resource Negotiator,YARN)为代表的各种分布式资源调度框架和系统,专门用于解决集群资源的管理与调度问题。

最早 MapReduce 2.0 框架将其资源调度功能单独剥离出来,形成一个以容器为单位的资源调度框架,称为 YARN。在大数据开源技术栈中,YARN 是一种通用的集群资源调度平台,可以在 YARN 集群上部署 Hadoop、Spark、Flink、HBase 等大数据计算框架和处理系统,统一进行资源调度。

4.2.1　YARN 集群架构

YARN 集群使用中心化的资源调度架构,如图 4-6 所示。集群中包含 ResourceManager、NodeManager、ApplicationMaster、Container 等组件角色。

（1）ResourceManager 是集群的 Master 节点,负责整个系统的资源分配和管理。

（2）NodeManager 是集群的 Slave 节点,负责每个节点上的资源分配和任务管理。

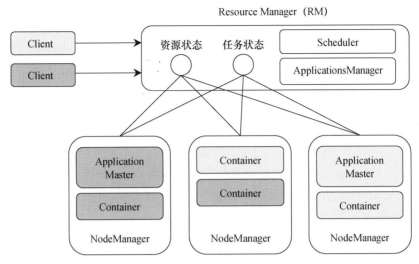

图 4-6　YARN 集群的中心化资源调度架构

（3）ApplicationMaster 是应用程序代理，负责应用程序的资源分配和任务管理。

（4）Container 是容器，是资源分配的单位，其中封装一定数量的 CPU、内存、磁盘和网络等资源，提交给集群的作业或者应用程序的任务最终都运行在容器中。

1．ResourceManager(RM)

ResourceManager 是集群中的 Master 中心节点，承担整个集群的资源管理和调度，管理和保存资源的使用状态和任务的执行状态，同时负责处理客户端请求。ResourceManager 包括两个组件：调度器（Scheduler）和应用程序管理器（Applications Manager）。

（1）调度器，主要任务是把集群资源以 Container 的形式分配给提出申请的应用程序，选择容器会考虑应用程序所处理数据的位置，就近选择，实现"计算向数据靠拢"。

（2）应用程序管理器，负责管理整个集群所有的应用程序。当一个应用程序启动时，首先要在集群中申请容器运行一个 ApplicationMaster，此后就由 ApplicationMaster 接管应用程序。应用程序管理器监控 ApplicationMaster 的运行状态并在其失败时重启之。

2．NodeManager(NM)

NodeManager 是驻留在每个节点上的 Slave 进程，用于管理本节点的容器资源，负责执行具体的任务，并上报信息给 ResourceManager。具体工作包括：

（1）管理节点资源，包括管理容器生命周期、监控每个容器的资源（CPU、内存等）使用情况，以及跟踪节点健康状况。

（2）处理来自 ResourceManager 的命令，通过心跳与 ResourceManager 保持通信，向 ResourceManager 汇报作业的资源使用情况和每个容器的运行状态。

（3）处理来自 ApplicationMaster 的命令，包括容器启动/停止等各种请求命令。

注意，NodeManager 负责管理抽象的容器，只处理与容器相关的事情，不具体负责每个任务自身状态的管理。任务状态的管理工作由 ApplicationMaster 完成，ApplicationMaster 会通过不断与 NodeManager 通信来掌握各个任务的执行状态。

3. ApplicationMaster

ApplicationMaster 是应用程序或者作业的运行实例代理,负责监控和管理应用程序所有任务的运行情况。每个应用程序提交给 ResourceManager 后,首先会申请容器启动一个 ApplicationMaster,之后应用程序的运行就由该 ApplicationMaster 全权接管。

(1)当用户作业提交后,ApplicationMaster 会与 ResourceManager 协商获取资源,ResourceManager 会以容器的形式为 ApplicationMaster 分配资源。

(2)ApplicationMaster 把获得的资源进一步分配给应用程序内部的各个任务(例如 Hadoop 中的 Map 任务或者 Reduce 任务),实现资源的"二次分配"。

(3)与 NodeManager 保持交互通信进行应用程序的启动、运行、监控和停止,监控对申请到的资源的使用情况、所有任务的执行进度和状态进行监控,并在任务发生失败时执行失败恢复(即重新申请资源并重启任务)。

(4)定时向 ResourceManager 发送心跳消息,报告资源的使用情况和应用的进度信息。

(5)当作业完成时 ApplicationMaster 向 ResourceManager 注销容器,执行周期完成。

4.2.2　YARN 工作流程

用户编写客户端应用程序并提交给 YARN 集群,然后,YARN 集群就会启动如下的工作流程,在多个节点上运行任务进行分布式计算,如图 4-7 所示。

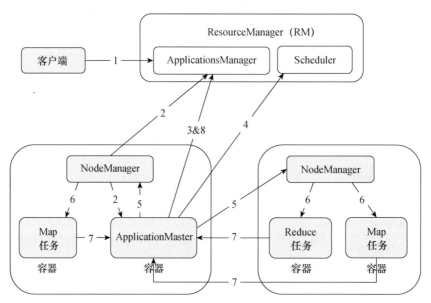

图 4-7　YARN 集群的用户任务工作流程

(1)用户编写客户端应用程序并提交给 YARN 集群。

(2)YARN 中的 ResourceManager 负责接收和处理来自客户端的请求,为应用程序分配一个容器,在该容器中启动一个 ApplicationMaster。

(3)ApplicationMaster 被创建后首先会向 ResourceManager 注册。

(4)ApplicationMaster 向 ResourceManager 申请应用程序内部任务执行所需的资源。

（5）ResourceManager 向 ApplicationMaster 分配容器资源，ApplicationMaster 领到资源后便与容器对应的 NodeManager 通信，要求他们启动相应的计算任务。

（6）NodeManager 在容器中配置好运行环境和脚本，启动计算任务。

（7）各个计算任务都向 ApplicationMaster 汇报自己的状态和进度。

（8）应用程序运行完成后，ApplicationMaster 向 ResourceManager 的应用程序管理器注销并关闭自己。

在应用程序运行过程中，客户端可以向应用管理器请求作业进度并展示给用户。此外，客户端还会周期性地检查作业是否完成。作业完成之后，应用管理器和 Container 会清理工作状态，作业信息会被作业历史服务器保存起来以备后续查看。

4.2.3　YARN 集群统一调度

在 YARN 集群之上可以部署多种分布式计算框架，如图 4-8 所示，提供统一的资源调度管理服务。首先，能够根据各种计算框架的负载需求，调整各自占用的资源，实现集群资源共享和资源弹性收缩；其次，通过在一个集群上混搭不同的应用负载，有效提高集群利用率；最后，不同计算框架可以共享底层存储，避免数据跨集群移动的代价。

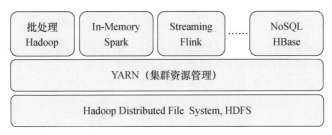

图 4-8　YARN 集群统一部署和调度

4.2.4　YARN 安装部署

YARN 是和 Hadoop 打包在一起安装部署的，具体过程参考附录。

4.3　消息系统 Kafka

架构分布式系统经常遇到问题是如何在不同系统之间高性能、稳定可靠地进行消息通信和数据分发流转。消息（Message）是应用系统之间传递数据的载体，消息系统就是建立在消息队列之上可以提供高效、稳定、可靠的消息通信的系统。

4.3.1　消息队列

消息队列（Message Queue），如图 4-9 所示，可以看作是消息系统存储消息的容器，是一个先进先出的队列数据结构，支持入队和出队操作。在消息系统中，负责产生和发送消息的角色，称为生产者（Producer）；从队列获取消息并处理的角色，称为消费者（Consumer）。典型的消息队列实现有两种模型：点对点模型和发布-订阅模型。

图 4-9　消息队列、生产者和消费者

1. 点对点模型(Point to Point)

点对点模型中,多个生产者和多个消费者各自独立地生产和消费消息,如图 4-10 所示。队列的消息入队顺序与出队顺序一致,且消息一旦出队就会被删除。因此,一个消息只能被一个消费者获得,不允许重复消费,点对点模型实现不了消息的广播和组播。

图 4-10　点对点模型

2. 发布-订阅模型(Publish/Subscribe,Pub/Sub)

发布-订阅模型,如图 4-11 所示,将消息划分为不同的主题(Topic)。发布者(即生产者)发送消息到特定的主题;如果订阅者(即消费者)订阅了该主题,就会收到该主题发布的消息。因此,订阅者必须先要订阅主题,然后才能接收到该主题的消息。

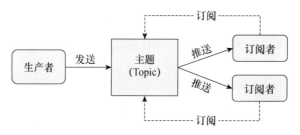

图 4-11　发布-订阅模型

发布-订阅模型中,消息都有自己所属的主题,订阅该主题的所有消费者都可以收到该主题的全量消息。发布-订阅允许消息重复消费,可以进行广播和组播。

3. 消息队列应用场景

消息队列内置的高效通信机制,可用于单纯的消息通信和数据传输,如实现聊天社区或者处理大量日志传输等问题。除此之外,或许更为重要,消息队列避免了生产者和消费者的直接耦合,常用于分布式系统的应用解耦、异步通信、流量削峰等场景。

(1)应用解耦和异步通信:在大规模的分布式系统中,上游业务系统发生某种事件或者产生特定的数据,就需要调用下游业务系统进行后续的处理。如果采用串行调用方式,如图 4-12(a)所示,会导致上下游系统紧密耦合在一起相互影响,一个业务处理失败会产生连锁反应。

引入消息队列可以解除上下游系统之间的耦合关系,实现更为高效的异步通信。如图 4-12(b)所示,经过消息队列中转,设备故障处理现在只关注最重要的流程"更新设备状态"即可,后续的其他事情全部交给消息队列来通知下游业务系统。

同时,故障分级分类、通知检修部门、更新设备检修周期等业务都变成了异步执行,减少设备故障处理业务的响应时延,提高设备监控系统整体的吞吐量。

(a) 上下游业务系统串行调用,紧密耦合

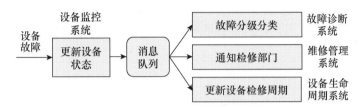

(b) 消息队列实现上下游业务系统解耦和异步通信

图 4-12　上下游业务系统紧密耦合

(2) 流量削峰:当大量的传感器数据在短时间内集中进入设备监控系统,导致并发访问量剧增,超出业务系统和数据库的负载能力。此时,可以引入消息队列,如图 4-13 所示,将瞬时的流量洪峰拦截下来,在出队时平滑地控制访问量,缓解短期高流量的压力。

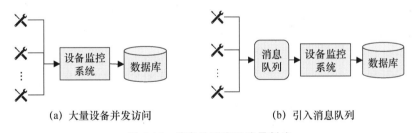

(a) 大量设备并发访问　　　　　　　　(b) 引入消息队列

图 4-13　消息队列实现流量削峰

4.3.2　Kafka 消息系统

开源社区有很多消息队列产品,如 ActiveMQ、RabbitMQ、RocketMQ、Kafka 等。其中,Kafka 是 LinkedIn 公司开源的基于发布-订阅的分布式消息系统,在实时性要求较高的大数据处理场景中普遍采用,如日志采集与处理。Kafka 集群具有如下特性:

(1) 性能:以 O(1)复杂度提供消息持久化能力,对 TB 级数据也能够保持常数时间复杂度的访问性能,毫秒级响应;对于消息的订阅和发布都具有很高的吞吐量。

(2) 可扩展性:支持在线的水平扩展,无须停机即可实现系统缩放。

(3) 可用性:一个数据分片有多个副本,少数节点宕机不影响可用性。

(4) 可靠性:通过提交日志使消息快速持久化到磁盘,零数据丢失。

（5）计算场景：同时支持离线处理和实时处理。

1. Kafka 集群架构

Kafka 集群（Kafka Cluster）由多个服务器节点（Broker）组成，生产者推送（Push）主题消息到 Kafka 集群，消费者从集群中拉取（Pull）主题消息进行消费。

在 Kafka 集群中，设计了如下一系列角色，如图 4-14 所示。

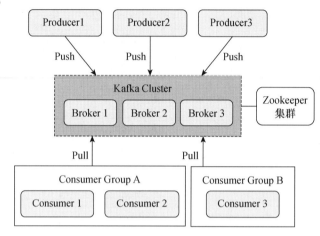

图 4-14　Kafka 集群架构

（1）集群中的服务器节点（Broker），多个 Broker 组成集群提供消息服务。

（2）生产者（Producer），使用 Push 模式将消息发布到集群的 Broker 上。

（3）消费者（Consumer），使用 Pull 模式从 Broker 订阅并消费消息。

（4）消费群组（Consumer Group），其中包含了一个或多个消费者。

2. 主题 Topic 与分片 Partition

在 Kafka 集群中，消息被逻辑地组织成一个个不同的主题（Topic），生产者发布到 Kafka 集群的消息必定都有一个主题，消费者可以订阅一个或多个主题的消息。

每个主题的消息会被物理上划分成一个或多个分片（或者分区，Partition），保存在多个不同的 Broker 上。每个分片就是实际存放消息的有序队列，分片中的每条消息都分配一个有序的唯一标识，称为偏移量（Offset）。如图 4-15 所示，主题 TopicA 被划分为三个分片：TopicA-Part1、TopicA-Part2、TopicA-Part3，分布在不同的 Broker 节点上。

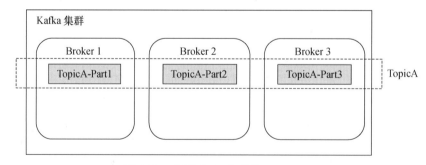

图 4-15　主题 Topic 与分片 Partition

发布到特定主题的消息,会根据规则选择存储到哪一个分片。如果规则设置合理,则消息就会比较均匀地分布在多个分片中,均衡集群节点负载,提高吞吐率。

另外,发布到特定 Partition 的消息,是以追加方式写到 Partition 尾部,如图 4-16 所示。这种顺序的磁盘写操作效率很高,是保证 Kafka 高吞吐率的重要原因。

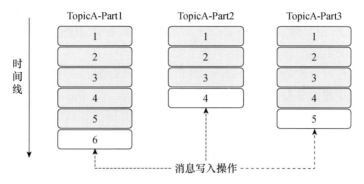

图 4-16　主题消息以追加方式写入分片

3. 分片的副本冗余

在 Kafka 集群中,一个 Partition 在不同的 Broker 上会有多个副本(Replication),如图 4-17 所示。其中只有一个副本是 Leader,其余副本都是 Follower。Leader 副本负责处理该分区的所有读写操作,Follower 副本只是被动地从 Leader 复制数据保持数据同步。当 Leader 副本发生故障时,通过 Zookeeper 集群选举一个合适的 Follower 成为 Leader。

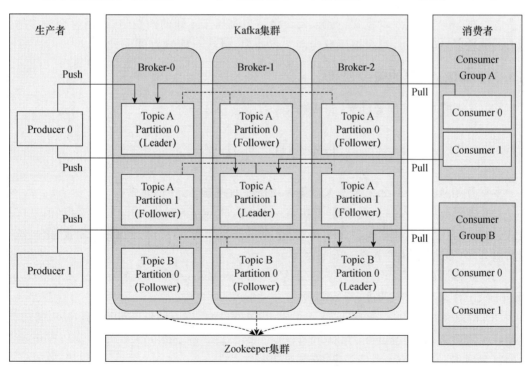

图 4-17　Topic 的分片与副本

在图 4-17 中,Topic A 主题有两个分片:Partition 0 和 Partition 1,每个分片有三个副本,一个是 Leader 副本(粗线方框),另外两个是 Follower 副本(细线方框)。

4. Producer 生产消息

当 Producer 生产出特定 Topic 的消息时,首先需要选定把哪条消息写入到该 Topic 的哪个 Partition 当中。注意,Kafka 要求只能从 Leader 副本进行消息的读写操作。

例如,在图 4-17 中,当生产者 Producer 0 生产出 Topic A 主题的消息时:

(1) 首先,要决定将消息写入主题的哪个 Partition 中。

(2) 其次,找到该分片的 Leader 副本,将消息 Push 给该 Leader 副本(图中带箭头的实线),由 Leader 副本将消息写入 Broker 的本地文件中。

(3) 然后,所有的 Follower 副本都从 Leader 副本复制数据(图中的不带箭头的虚线),保持与 Leader 的数据同步。

(4) 最后,消费者可以从 Leader 副本 Pull 出消息进行消费。

5. Consumer 消费消息

Kafka 集群采用发布-订阅模式,消费者主动从 Leader 副本 Pull 消息进行消费。消费者在消费过程中记录当下消息的偏移量,甚至可以控制偏移量,从一个旧偏移量开始重新处理过去的消息,或者跳过一些近期消息从最新的消息开始消费。

Kafka 集群将一个或多个消费者组成消费者组(Consumer Group),同组的消费者相互协调消费其订阅主题的所有分区,要求:一个 Partition 只能被同组中的一个消费者消费。

通过消费者组,Kafka 集群可以实现点对点模式和发布-订阅模式。如果所有消费者都归于同一个消费组,则所有的消息都会被均衡地投递给每一个消费者,每条消息只会被一个消费者处理,相当于点对点模式。如果每个消费者都属于不同的消费组,则消息会被广播给所有的消费者,即每条消息会被所有的消费者处理,相当于发布-订阅模式。

4.3.3 Kafka 集群的安装部署

Kafka 集群的安装部署过程,参见附录。

4.4 章 节 小 结

本章开始从术入器,介绍架构大数据系统的三种基础性工具,包括:

(1) 协同工具 Zookeeper:集群架构(Leader、Follower、Observer)、工作流程(消息广播模式、崩溃恢复模式)、数据模型(znode 树、节点操作及操作特性)、协同服务(配置管理、统一命名服务、分布式锁、集群管理)、安装部署。

(2) 资源调度工具 YARN:集群架构(ResourceManager、NodeManager、Application-Master)、工作流程、统一调度、安装部署。

(3) 消息系统 Kafka:消息队列(点对点、发布-订阅)、应用场景(应用解耦、异步通信、流量削峰)、集群架构(Producer、Consumer、Consumer Group、Broker)、Topic 与 Partition、分片的冗余副本、生产消息、消费消息、安装部署。

习　　题

（1）Zookeeper 是什么样的工具，在大数据系统架构中能用来做哪些事情？在 Zookeeper 的集群中有哪些角色，分别承担哪些职责，如何通过 ZAB 协议相互配合实现一致性协同工作，最终对外提供了什么样的性能保障？Zookeeper 通过副本维护了一个 znode 树，请简要说明 znode 节点的类型、可用的节点操作及操作特性。Zookeeper 如何利用 znode 节点操作特性实现了不同的协同服务？

（2）YARN 是什么样的工具，在大数据系统架构中承担何种职责？YARN 集群中有哪些角色，分别承担哪些职责，如何相互配合达成工作目标？

（3）Kafka 是什么样的工具，在大数据系统架构中能用来做哪些事情？在 Kafka 集群中有哪些角色，分别承担哪些职责，如何相互配合实现消息生产与消费？

（4）从基础概念和需求出发，使用思维导图或其他结构化方式概括本章的知识结构。

第5章 批处理框架 Hadoop

针对大规模历史数据的计算场景，Hadoop 是业界公认的批处理计算框架，它综合运用数据分片（分布式存储）、计算分片（分布式计算）和副本冗余等分布式技术方法，提供高性能、高可扩展、高可靠、高容错的大数据分布式处理能力。目前，围绕 Hadoop 已经发展出大量的开发工具、开源软件和技术服务等，构筑了成熟的 Hadoop 软件生态。

5.1 Hadoop 计算生态

Hadoop 是 Apache 软件基金会发布的开源分布式计算平台，为用户提供了底层细节透明的分布式计算框架，其核心组件是分布式文件系统（Hodoop Distributed File System，HDFS）、分布式计算 MapReduce 和资源调度框架 YARN。目前 Hadoop 已经发展形成丰富的开源生态系统，如图 5-1 所示。

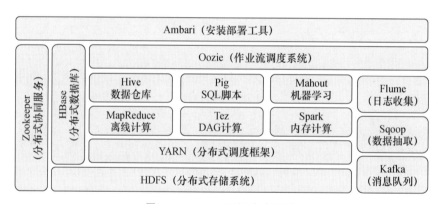

图 5-1　Hadoop 开源生态系统

（1）HDFS：分布式文件系统，用于大数据存储与访问。

（2）YARN：资源管理和任务调度工具。

（3）MapReduce：分布式并行计算框架

（4）Tez：运行在 YARN 之上的 Hadoop 查询处理框架，将一组 MapReduce 任务分析优化后构建一个有向无环图进行计算，提供更高的计算效率。

（5）Spark：类似于 Hadoop MapReduce 的通用并行计算框架，内存计算，效率更高。

（6）Zookeeper：提供分布式协同服务。

（7）HBase：Hadoop 上非关系型的分布式数据库。

（8）Hive：Hadoop 上的数据仓库。

（9）Pig：基于 Hadoop 的大数据分析平台，提供类 SQL 的查询语言 Pig Latin。

（10）Mahout：可扩展的机器学习和数据挖掘库。

（11）Kafka：一种高吞吐量的分布式发布-订阅-消息队列。

（12）Sqoop：用于在 Hadoop 与传统数据库之间进行数据抽取。

（13）Flume：一个高可用、高可靠的分布式海量日志收集、聚合和传输系统。

（14）Oozie：Hadoop 上的作业流调度系统。

（15）Ambari：Hadoop 集群安装部署、管理和监控工具。

5.2　分布式文件系统（HDFS）

HDFS 是 Hadoop 的分布式文件系统，可以把文件分布存储到多个节点上，构成分布式存储集群。HDFS 使用廉价的普通硬件，通过副本冗余提供高容错和高可用，通过分片提供任意的水平扩展能力，能够支持 TB 级甚至 PB 级数据处理，适用于响应要求不高的大规模历史数据的存储和访问。

但是 HDFS 不适合处理要求低延时的数据访问，无法高效地存储和管理大量的小文件，也不支持多用户并发写入及文件随机修改。

5.2.1　HDFS 集群架构

HDFS 集群采用了 Master/Slave 主从架构，集群中包含一个主节点（Master）和一组从节点（Slave），Client 访问主节点或者从节点获取文件内容，如图 5-2 所示。

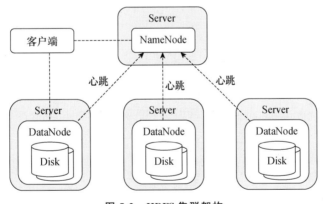

图 5-2　HDFS 集群架构

（1）Master 节点：又叫作名称节点（NameNode），运行 NameNode 进程，是 HDFS 集群的中心节点，负责管理文件系统的元数据信息，协调调度客户端对文件的访问。

（2）Slave 节点：又称数据节点（DataNode），每个 DataNode 都运行一个 DataNode 进程，负责处理客户端的读/写请求，在 NameNode 的统一调度下进行数据块的创建、删除和复制等操作。DataNode 上的数据块，实际上就保存在本地的 Linux 文件系统中。

DataNode 周期性地发送心跳包和块报告给 NameNode，表明自己工作正常。NameNode

会把最近没有心跳的 DataNode 标记为宕机,不再发给它们任何 I/O 请求。

5.2.2　HDFS 存储机制

HDFS 采用分片和副本进行数据存储,提供高性能、高可扩展、高可用和高容错。

1. 文件分片和副本

HDFS 基于数据量对一个文件进行分片,每个分片称为一个数据块(Block),以块为存储单位(Hadoop 2.7 之后默认一个块为 128MB)。一个大规模的文件会被拆分成若干个块,不同的块会被分发到不同的 DataNode 上存储。因此,一个文件的大小不受单个节点的存储容量的限制,可以远大于网络中任意节点的存储容量,支持任意水平扩展。

HDFS 为了保证数据的高可用和高容错,采用了多副本方式对数据块进行冗余存储。通常会为一个块建立多个副本块(默认 3 份),冗余存储到不同的 DataNode 上,可以提高数据访问速度,数据之间可以相互校验保证正确性。此外,如果有磁盘损坏或者某个 DataNode 服务器宕机的时候,就可以利用冗余的其他副本提供服务。

HDFS 对于多个数据块副本,采取不同的放置策略,如图 5-3 所示。其中,第一个副本,放置在上传文件的 DataNode,如果是从集群外提交,则随机挑选一个磁盘和 CPU 使用率较低的数据节点;第二个副本,放置在与第一个副本不同机架的数据节点上;第三个副本,放置在与第一个副本相同机架的其他数据节点上。更多副本则随机存放。

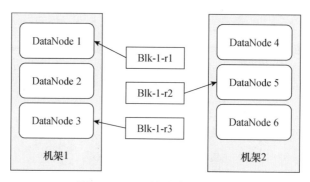

图 5-3　HDFS 的副本放置策略

2. NameNode 保存元数据

HDFS 集群中 DataNode 保存实际的数据块,而数据块、DataNode 和文件之间的映射关系等元数据(Metadata)信息则由专门的 NameNode 来管理和维护。

例如:在图 5-4 所示的 HDFS 集群中,NameNode 保存了文件系统的元数据。其中,文件/usr/local/file1 被拆分成 1、2、4 三个数据块,每个数据块有两个副本。数据块 1 存放在 A、C 上,数据块 2 存放在 A、B 上,数据块 4 存放在 A、C 上。

当客户端在读写文件的时候,需要首先从 NameNode 获得元数据,找到组成文件的数据块不同副本的位置列表,其中包含了所有副本所在的 DataNode。

如果存在一个数据块副本,与客户端位于相同的一个机架,则优先选择该副本读取数据。如果没有发现这样的副本,就随机选择一个副本读取数据。

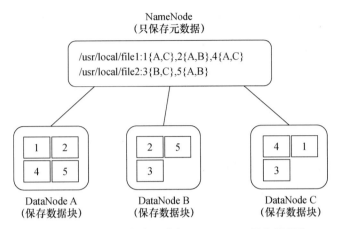

图 5-4　**NameNode 保存元数据 & DataNode 保存数据块**

5.2.3　数据错误与恢复

HDFS 具有较高的容错性。它把硬件出错视为常态,设计了相应的数据错误检测和自动恢复机制,涵盖了 NameNode、DataNode 和数据出错的情形。

1. NameNode 出错

NameNode 保存了整个分布式文件系统的元数据,如果出错则 HDFS 集群失效。为此,HDFS 设置了检查点机制,周期性地把元数据复制到备份服务器 SecondaryNameNode 上。当 NameNode 出错时,可以根据 SecondaryNameNode 恢复 NameNode 的元数据。

2. DataNode 出错

在 HDFS 集群正常运转过程中,每个 DataNode 会定期向 NameNode 发送心跳信息,报告自己的状态。如果某个 DataNode 发生故障或者网络断开,则 NameNode 就收不到该 DataNode 的心跳信息,于是就会把该 DataNode 标记为“宕机”,其上的所有数据都标记为“不可读”,NameNode 不会再给该 DataNode 发送任何文件读/写请求。

此外,NameNode 还会定期检查数据块的副本数量,如果发现某个数据块的副本数量小于冗余因子,就会启动数据冗余复制,为该数据块生成新的副本。

3. 数据出错

网络传输和磁盘错误等因素都会造成数据错误。客户端在读取到数据后,可以采用 MD5 和 SHA1 算法对数据块进行校验,以确定读到正确的数据。

5.2.4　HDFS 文件系统操作

HDFS 提供了两种文件系统操作方式:Java API 和命令行方式。

1. HDFS Java API

可以编写 Java 程序,调用 HDFS 的 Java API 进行文件创建、删除、读取等文件管理工作。HDFS 的 Java API 主要封装了一些类,用以简化文件操作,如表 5-1 所示。

表 5-1　HDFS 提供的主要 Java API

名称	功能
org. apache. hadoop. con. Configuration	封装客户端或者服务器的配置信息
org. apache. hadoop. fs. FileSystem	文件系统对象,对文件进行管理操作
org. apache. hadoop. fs. FileStatus	获得文件和目录的元数据,包括文件大小、块大小、副本信息、修改时间等
org. apache. hadoop. fs. FSDatalnputStream	输入流,用于读文件
org. apache. hadoop. fs. FSDataOutputStream	输出流,用于写文件
org. apache. hadoop. fs. Path	表示文件或者目录的路径

2. HDFS 命令行方式

HDFS 提供了命令行工具,可以在 Linux 命令行终端下,完成 HDFS 的文件上传、下载、复制、查看文件信息等文件管理操作。HDFS 命令行有三种命令模式:hadoop fs、hadoop dfs 和 hdfs dfs。其中,hadoop fs 适用于任何文件系统,包括本地文件系统和 HDFS 文件系统;而 hadoop dfs 和 hdfs dfs 则只适用于 HDFS 文件系统。

考虑适应性,这里使用统一的命令模式:hadoop fs －cmd <args>。例如,

(1) 在 HDFS 集群上创建用户目录。

```
$ hadoop fs － mkdir － p /usr/myhadoop
# － mkdir,make directory,创建目录的操作。
# － p,表示如果是多级目录,则父级目录也一并创建。
```

(2) 列出目录下的内容。

```
$ hadoop fs － ls /usr/myhadoop
$ hadoop fs － ls － R /usr/myhadoop
# － ls,list,列出目录内容。
# － R,递归列出目录包含的子目录。
```

(3) 上传本地文件到 HDFS 集群。

```
$ hadoop fs － put a.txt /usr/myhadoop
# － put,上传,后面跟上传的本地文件,再后面是 HDFS 目录路径。
$ hadoop fs － copyFromLocal readme.txt /usr/myhadoop
# － copyFromLocal,从本地拷贝文件到 HDFS,与 put 类似。
```

(4) 从 HDFS 集群下载文件到本地。

```
$ hadoop fs － get /usr/myhadoop /usr/local/
# － get,下载,后面是 HDFS 路径,再后面是本地路径。
$ hadoop fs － copyToLocal /usr/myhadoop /usr/local/
# － copyToLocal,从 HDFS 集群拷贝文件到本地,与 get 类似。
```

（5）拷贝、移动、删除 HDFS 文件。

```
$ hadoop fs – cp /usr/myhadoop/a.txt /usr/myhadoop/b.txt
＃ – cp,copy,拷贝,后面是源 HDFS 路径和目标 HDFS 路径。
$ hadoop fs – mv /usr/myhadoop/a.txt /
＃ – mv,move,移动,后面是源 HDFS 路径和目标 HDFS 路径。
＃ /,表示根目录路径
$ hadoop fs – rm /usr/myhadoop/b.txt
＃ – rm,remove,移除,后面是要移除的 HDFS 文件路径。
```

这里，罗列了一些主要的 HDFS 命令，与 Linux 文件操作命令非常类似，此外还有－cat、－text、－tail、－count、－df 等，细节请参阅 hadoop fs －help 命令输出。

5.3　分布式计算框架 MapReduce

在 Hadoop 核心组件中，HDFS 为大规模数据处理提供了分布式存储，MapReduce 则为大规模数据处理提供了分布式并行计算框架和编程模型，使我们可以轻松的编写出分布式并行程序，从而能够在大规模廉价集群上并行地处理 TB 级数据。

5.3.1　MapReduce 计算框架

MapReduce 是一个分布式并行计算的软件框架，采用了分片和副本的基本技术手段，能够自动地进行数据和计算任务的分片，自动地在集群中部署运行任务分片的多个副本，实现计算任务的并行化处理，获得大规模数据计算能力。此外，MapReduce 框架实现了分布式并行计算底层的数据存储、通信、任务调度、容错处理等基础技术问题，将软件开发人员从分布式并行计算复杂的技术细节中解放出来，专注于核心业务能力研发。

1. 计算任务的分片和副本

MapReduce 是一种抽象的并行计算模型，它把任何计算任务都抽象归纳为两个主要的任务分片：Map 任务和 Reduce 任务，而每个 Map 任务和 Reduce 任务都会在集群中运行多个任务副本，通过多副本并行计算获得大规模计算性能，如图 5-5 所示。

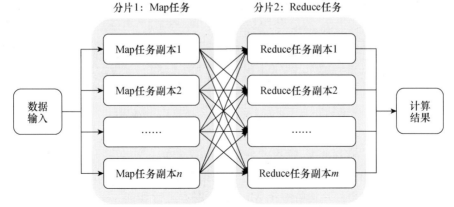

图 5-5　MapReduce 的任务分片和副本

（1）Map 任务：即映射任务，是指对一个＜key,value＞序列中的每个键值对元素，应用某种映射操作，产生一个新的＜key,value＞序列，如图 5-6 所示。

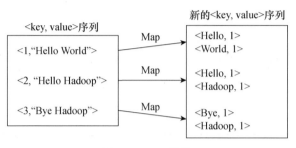

图 5-6　Map 任务

（2）Reduce 任务：即归约任务，是指对一个＜key,value＞序列中的键值对元素进行某种归并或约简操作（如求和、最大值、最小值、平均、计数等），产生一个规模更小的新的＜key,value＞序列，如图 5-7 所示。

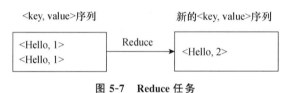

图 5-7　Reduce 任务

2. MapReduce 工作流程

客户端向 Hadoop 集群提交一个计算作业，则 MapReduce 框架首先会对数据和计算作业进行拆分，形成若干 Map 任务副本分配到不同的节点上去执行，每个 Map 任务副本处理一个数据分片。当 Map 任务完成后，将其产生的中间结果分发给一系列 Reduce 任务副本，进行归约计算，得到最终计算结果。如图 5-8 所示是统计文本单词数量的例子。

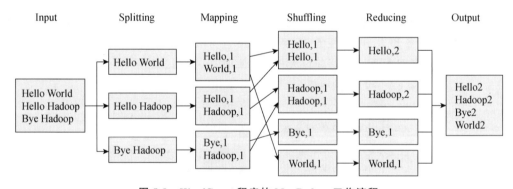

图 5-8　WordCount 程序的 MapReduce 工作流程

（1）输入（Input）：输入数据，这里就是待统计的文本。

（2）输入拆分（Splitting）：Hadoop 将输入数据切成若干分片（Split），如图 5-8 中的分片"Hello World"，对应每个分片运行一个 Map 任务副本进行处理。

（3）映射（Mapping）：Map 任务对分片数据进行单词切分和＜key,value＞对映射,得到一个键值对序列。例如,将"Hello World"映射为{＜Hello,1＞,＜World,1＞}序列。

（4）洗牌（Shuffling）：对 Mapping 结果按照键进行排序,使同键记录汇总到特定节点。

（5）归约（Reducing）：对洗牌产生的同键记录运行 Reduce 任务副本,进行汇总。

（6）输出（Output）：输出结果,这里就是给定文本中不同单词出现的次数统计。

3. MapReduce 集群结构

早期 MapReduce 1.0 集群,由客户端（Client）、JobTracker、TaskTracker 组成,如图 5-9 所示,在 NameNode 上运行 JobTracker 进程,在每个 DataNode 上运行 TaskTracker 进程。

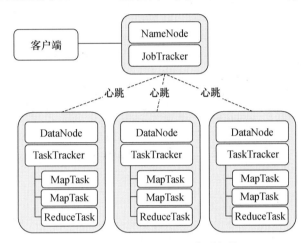

图 5-9　MapReduce 1.0 集群架构

（1）Client 负责把 MapReduce 程序提交给 JobTracker 节点。

（2）由 JobTracker 将作业分解成多个 MapTask 和 ReduceTask,并调度到集群的 Task-Tracker 节点上去运行。此后,JobTracker 监控所有 TaskTracker 与 Job 的健康状况,一旦发现失败,就将相应的任务转移到其他 TaskTracker 节点。

（3）TaskTracker 负责执行 JobTracker 指派的 MapTask 和 ReduceTask,并周期性地通过心跳向 JobTracker 汇报本节点的资源使用情况和任务运行进度。

通常,MapReduce 框架和 HDFS 文件系统部署运行在同一个集群上,TaskTracker 计算节点就部署在 DataNode 上,在作业调度时可以尽量把任务分配到有该任务计算所需数据的节点上,即"计算向数据移动",避免移动数据需要的大量网络传输开销。

MapReduce 1.0 同时负责计算和资源调度,有单点问题且调度效率不高。MapReduce 2.0 将 JobTracker 的资源调度功能剥离出来,形成专门的以容器为单位的资源调度框架 YARN,通过 YARN 集群对 MapReduce 进行资源管理与调度,如图 5-10 所示。

在图 5-10 中,一个 NameNode 和多个 DataNode 组成 HDFS 集群,一个 ResourceManager 和多个 NodeManager 组成 YARN 集群,ApplicationMaster 及其运行的容器构成 MapReduce 集群进行计算作业。计算集群的资源管理和调度统一由 YARN 负责。

（1）客户端提交一个 MapReduce 应用程序,创建一个 MapReduce 作业（Job）。

① Job 向 ResourceManager 请求分配一个作业 ID。此时,ResourceManager 会检查作

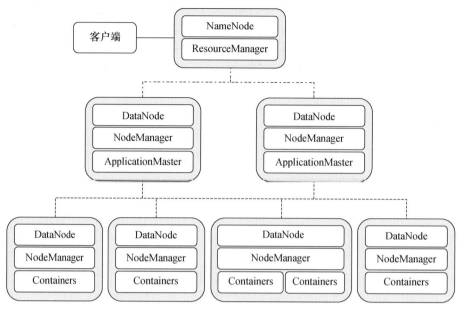

图 5-10　MapReduce 2.0 集群架构（HDFS＋YARN＋MapReduce）

业的输出配置并计算作业的输入分片。

② Job 将作业运行需要的资源，包括作业 Jar 文件、配置文件和计算所得的输入分片，复制到一个以作业 ID 命名的共享目录下，如 HDFS 目录。

③ Job 向 ResourceManager 提交作业。

（2）ResourceManager 收到作业提交，通过 Scheduler 为作业分配一个容器，并在容器中启动一个 ApplicationMaster 进程。然后，由 ApplicationMaster 接管作业运行。

① ApplicationMaster 初始化作业，检索输入分片，对每个分片创建一个 MapTask 以及若干 ReduceTask，并且向 ResourceManager 申请运行任务的容器资源。

② 获得 ResourceManager 为任务分配的容器，ApplicationMaster 就与容器所在节点的 NodeManager 通信以启动容器，运行 MapTask 或 ReduceTask。

5.3.2　MapReduce 编程模型

MapReduce 将任意计算任务抽象为 Map 和 Reduce 两个阶段的计算过程，简化了并行编程模型。并行编程中的分布式存储、任务调度、负载、容错、网络通信等复杂问题，均由 MapReduce 框架处理，程序员的主要工作是约定 Map 和 Reduce 的方式。

（1）Map 阶段：由若干 MapTask 任务组成。对于 MapTask 需要编程约定：

① 输入数据的格式，通过 InputFormat 组件约定。

② 输入数据如何处理，通过 Mapper 组件约定，是本阶段的主要工作。

③ 本地做简单归约，通过 Combiner 组件约定。

④ 结果如何交给 ReduceTask，通过 Partitioner 组件约定。

（2）Reduce 阶段：由若干的 ReduceTask 组成。对于 ReduceTask 需要编程约定：

①　数据如何进行归约,通过 Reducer 组件约定,是本阶段的主要工作。

②　数据输出格式,通过 OutputFormat 组件约定。

MapReduce 框架本身已经内置了常用的 InputFormat、Partitioner、OutputFormat,可以直接使用。因此,大部分情况下程序员只需编写 Mapper 和 Reducer 组件。

5.3.3　MapReduce 编程实践

1. 编程任务

MapReduce 计算框架提供了一个典型的 Java 例程 WordCount,用于统计给定文本文件中各个单词出现的频次。例如,对于如下一段输入文本:

```
China is my motherland
I love China
I am from China
```

经过 WordCount 程序处理之后,期望输出文本中各单词出现的次数:

```
I            2
is           1
China        3
my           1
love         1
am           1
from         1
motherland   1
```

2. 编写程序

WordCount 程序的编写主要有两项工作,其一是从 Mapper 类派生出 MyMapper 类,覆盖基类的 map 函数,定义数据映射处理的逻辑;其二是从 Reducer 类派生出 MyReducer 类,覆盖基类的 reduce 函数,约定数据归约处理的逻辑。此外的环节,都采用 MapReduce 框架默认的约定,例如默认采用 TextInputFormat 和 TextOutputFormat。

(1) 编写 map 函数:MapReduce 默认的 TextInputFormat 会将行号和每行文本组成<key, value>对,作为输入交给 map 函数处理。因此,map 函数输入的<key, value>类型为<Object, Text>,最终处理结果是单词及其出现的次数,即输出<key, value>类型为<Text,IntWritable>。

最终实现的 map 函数代码如下:

```
public static class MyMapper extends Mapper＜Object,Text,Text,In-
tWritable＞{
    private final static IntWritable one = new IntWritable(1);
    private Text word = new Text();
    public void map(Object key, Text value, Context context) //＜
    key,value＞是输入
                    throws IOException,InterruptedException{
        StringTokenizer itr = new StringTokenizer(value.toString
        ());  //分词器
        while (itr.hasMoreTokens()) {    //循环取得每一个单词
            word.set(itr.nextToken());  //设置单词内容
            context.write(word,one);    //设置单词出现一次
        }
    }
}
```

在 map 函数中执行了如下的处理逻辑。首先,从输入的＜key,value＞对中取出一行文本 value,利用字符串分词器 StringTokenizer 对该行文本进行分词处理;然后,循环取得每一个单词,构造结果键值对＜word,one＞;最后,通过 context 将结果写入本地。

(2) 编写 reduce 函数:在 Reduce 任务之前,MapReduce 框架会通过 Shuffle 阶段对Map 的结果进行整理,整理的结果是一组＜key,value＞对,其中 key 是单词,value 是数字序列,如下所示:

```
＜"I",＜1,1＞＞
＜"is",1＞
……
＜"from",1＞
＜"China",＜1,1,1＞＞
```

因此,reduce 函数输入的键值对数据类型为＜key,Iterable 容器＞,其中 key 就是单词,Iterable 容器中保存了一系列数字。reduce 函数需要对输入数字序列求和,最终统计出每个单词的出现次数,输出键值对的数据类型为＜Text,IntWritable＞。

最终实现的 reduce 函数代码如下:

```
public static class MyReducer extends Reducer＜Text,IntWritable,
Text,IntWritable＞{
    private IntWritable result = new IntWritable();
    public void reduce(Text key, Iterable＜IntWritable＞ values,
    Context context)
```

```
                          throws IOException,InterruptedException{
    int sum = 0;
    for (IntWritable val: values) { sum + = val.get(); }  //统
        计汇总
    result.set(sum); //设置单词出现次数
    context.write(key,result); //输出结果键值对<单词，次数>
    }
}
```

（3）编写 main 方法：在 main 函数中构造一个批处理任务 Job,提交运行 Job 得到结果。实现代码如下：

```
public static void main(String[] args) throws Exception{
    Configuration conf = new Configuration();  //程序运行时参数
    String[] otherArgs = new GenericOptionsParser(conf,args).ge-
    tRemainingArgs();
    if (otherArgs.length ! = 2)  {
        System.err.println("Usage: wordcount <in> <out>");
        System.exit(2);
    }

    Job job = new Job(conf,"word count");  //设置环境参数
    job.setJarByClass(WordCount.class);     //设置整个程序的类名
    job.setMapperClass(MyMapper.class);    //添加 MyMapper 类
    job.setReducerClass(MyReducer.class);   //添加 MyReducer 类
    job.setOutputKeyClass(Text.class);       //设置输出类型
    job.setOutputValueClass(IntWritable.class);  //设置输出类型
    FileInputFormat.addInputPath(job,new Path(otherArgs[0]));  //
    设置输入文件
    FileOutputFormat.setOutputPath(job,new Path(otherArgs[1]));
    //设置输出文件
    System.exit(job.waitForCompletion(true)? 0:1);  //提交 Job 并
    及时输出运行进度等
    }
```

（4）完整的程序代码：整理 map、reduce 和 main 函数的代码,最终形成如下完整的程序结构：

```java
import java.io.IOException;
import java.util.StringTokenizer;
import org.apache.hadoop.conf.Configuration;
import org.apache.hadoop.fs.Path;
import org.apache.hadoop.io.IntWritable;
import org.apache.hadoop.io.Text;
import org.apache.hadoop.mapreduce.Job;
import org.apache.hadoop.mapreduce.Mapper;
import org.apache.hadoop.mapreduce.Reducer;
import org.apache.hadoop.mapreduce.lib.input.FileInputFormat;
import org.apache.hadoop.mapreduce.lib.output.FileOutputFormat;
import org.apache.hadoop.util.GenericOptionsParser;

public class WordCount{
    public static class MyMapper extends Mapper<Object,Text,Text,
    IntWritable>{
        private final static IntWritable one = new IntWritable(1);
        private Text word = new Text();
        public void map(Object key, Text value, Context context)
                throws IOException,InterruptedException{ /* 略去
                */ }
    }
    public static class MyReducer extends Reducer<Text,IntWrit-
    able,Text,IntWritable>{
        private IntWritable result = new IntWritable();
        public void reduce(Text key, Iterable<IntWritable> val-
        ues, Context context)
                throws IOException,InterruptedException{ /* 略去
                */ }
    }
    public static void main(String[] args) throws Exception{ /* 略
    去 */ }
}
```

3. 编译打包及运行

使用 Java 编译器对 WordCount 程序代码进行编译和打包。对于 Hadoop 2.x 版本,程序编译和运行需要依赖多个 Jar 包,分布在 hadoop/share/hadoop 目录下。通过运行 hadoop classpath 命令可以得到运行 Hadoop 程序所需 Jar 包的全部 classpath 信息。因此,可以在编译打包之前把 hadoop classpath 信息加入环境变量,方便编译打包程序。

（1）添加环境变量。

编辑～/. bashrc 或/etc/profile 文件,将 hadoop classpath 信息加入 CLASSPATH 变量中。

```
export HADOOP_HOME = /usr/local/hadoop ♯将路径替换成你的 Hadoop 路径
export CLASSPATH = $ ( $ HADOOP_HOME/bin/hadoop classpath): $ CLASSPATH
♯结束编辑后,执行 source 命令启用环境变量。
$ source ～/.bashrc
```

（2）编译 WordCount.java,并将编译产生的.class 文件打包成 Jar 文件。

```
$ javac WordCount.java
$ jar – cvf WordCount.jar ./WordCount * .class
```

（3）将 Jar 文件提交到 Hadoop 集群运行。

```
$ hadoop jar WordCount.jar input output
```

在提交命令中,input 和 output 是指定的输入和输出目录,通常是 HDFS 路径。

4. 通过 Maven 构建项目

Maven 是 Apache 开源的一个项目管理工具,可以对 Java 项目进行构建和依赖管理。

（1）安装 Apache Maven。安装 Maven 之前,需安装 JDK1.8,设置环境变量 JAVA_HOME。

从官网 http://maven.apache.org/download.cgi 下载 Maven 安装包,假设下载了 apache-maven-3.6.3-bin.tar.gz;将其解压缩到给定的文件夹中,假设/usr/local 目录。

```
$ cd /usr/local
$ tar – zxvf apache-maven-3.6.3-bin.tar.gz
```

配置 Maven 仓库。找到 Maven 目录下的 conf 目录里面的 settings.xml 文件进行编辑,在 mirrors 节点中添加网络状况较好的镜像站点,如阿里云镜像仓库。

```
<mirror>
  <id>alimaven</id>
  <name>aliyun maven</name>
  <url>http://maven.aliyun.com/nexus/content/groups/public/</url>
  <mirrorOf>central</mirrorOf>
</mirror>
```

接下来,添加 Maven 环境变量。编辑～/. bashrc 文件（或者/etc/profile 文件）,在文件末尾添加 MAVEN_HOME 环境变量,例如:

```
export MAVEN_HOME = /usr/local/maven
export PATH = $ MAVEN_HOME/bin：$ PATH
```
＃结束编辑后,执行 source 命令启用环境变量。
```
$ source ~/.bashrc
$ mvn － version   ＃验证 Maven 是否正确安装
```

如果能够看到 Maven 的版本号,安装目录等信息,说明 Maven 安装部署成功。

（2）使用 Maven 创建 Java 项目。Maven 提供了一系列命令接口,可以用于创建 Maven 项目（mvn archetype:generate）、编译源代码（mvn compile）、发布项目（mvn deploy）、编译测试源代码（mvn test compile）、运行单元测试（mvn test）、构建打包项目（mvn package）等任务。

以下命令就通过 mvn archetype:generate 生成一个名为 WordCount 的 Java 项目。

```
$ mvn archetype:generate \
－DgroupId = cumt.edu.cn \
－DartifactId = WordCount \
－DarchetypeArtifactId = maven-archetype-quickstart \
－DinteractiveMode = false
```

其中,DgroupId 是项目的包名（project-package）,DartifactId 是项目名（project-name）,而 DarchetypeArtifactId 则指定创建 Java 项目的模板：maven-archetype-quickstart。

于是,Maven 就会在当前工作目录中产生一个新目录,目录名称是指定的项目 artifactId,即 WordCount。目录结构如图 5-11 所示。

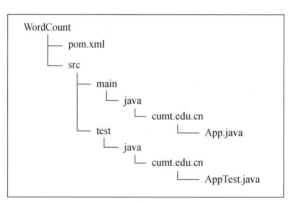

图 5-11　Maven 项目的目录结构

其中,pom.xml 文件是 Maven 工程的基本工作单元,文件内容包含了项目的基本信息,用于描述项目如何构建,声明项目之间的依赖关系等。在项目的 src 目录下包括了 main 和 test 两个目录,main 是程序代码目录,其中包含了一个程序入口文件 App.java；test 是测试代码目录,其中包含了一个用于测试的入口文件 AppTest.java。

此后,可以选择你喜欢的集成开发环境,如 Eclipse 或者 IntelliJ IDEA,将 Maven 项目导入 IDE,然后利用 IDE 强大的编程辅助功能,高效地进行应用程序开发和测试。

假设我们偏好 IDEA 开发环境。使用 IDEA 打开项目,配置 Hadoop 依赖。修改 pom.
xml 文件,并启用自动导入,导入项目依赖的 Hadoop Jar 包。

```
<project ... ...>
  ... ...
  <dependencies>
   <dependency>
     <groupId>org.apache.hadoop</groupId>
     <artifactId>hadoop-common</artifactId>
     <version>2.10.0</version>
   </dependency>
   <dependency>
     <groupId>org.apache.hadoop</groupId>
     <artifactId>hadoop-hdfs</artifactId>
     <version>2.10.0</version>
   </dependency>
   <dependency>
     <groupId>org.apache.hadoop</groupId>
     <artifactId>hadoop-client</artifactId>
     <version>2.10.0</version>
   </dependency>
   ... ...
  </dependencies>
</project>
```

接下来,如前文 WordCount 所示的那样,编写应用程序的业务逻辑代码。如果需要对
项目进行编译打包,就进入项目根目录,执行如下的命令:

```
$ mvn clean package
```

在项目的 target 目录下,可以找到打包好的 Jar 包:target/<artifact-id>-<version
>.jar。具体到这里,就是 WordCount-1.0-SNAPSHOT.jar。此外,也可以使用 IDEA 开发
环境提供的工具构建 Jar 包,具体方法请参考 IDEA 相关的使用说明。

最后,将程序提交到 Hadoop 集群运行,查看运行结果。

```
$ hadoop jar WordCount-1.0-SNAPSHOT.jar input output
```

5.4　Hadoop 安装部署

Hadoop 的安装部署过程,参见附录。

5.5 章 节 小 结

批处理计算框架 Hadoop,用于大规模历史数据的存储和离线计算场景,包括:

(1) Hadoop 分布式文件系统(HDFS):集群架构(NameNode、DataNode)、存储机制(分片和副本、元数据存储)、容错机制(NameNode/DataNode/数据出错)、文件系统操作。

(2) 分布式计算框架(MapReduce):计算任务的分片和副本机制、分布式计算流程、集群结构(早期结构、YARN 调度的集群结构)、编程模型和实践。

习　　题

(1) HDFS 是什么样的工具,在大数据系统架构中能用来做哪些事情? 在 HDFS 的集群中有哪些角色,分别承担哪些职责,如何相互配合实现分布式文件系统? HDFS 集群的容错能力是如何实现的? HDFS 集群提供了哪些文件系统操作?

(2) MapReduce 是什么样的工具,在大数据系统架构中能用来做哪些事情? 在 MapReduce 1.0 的集群中有哪些角色,分别承担哪些职责,如何相互配合实现分布式计算? 在此后的 MapReduce 2.0 的 YARN 集群中有哪些角色,分别承担哪些职责,如何相互配合实现分布式计算?

(3) MapReduce 建立了什么样的编程模型,程序员在编写程序时需要做哪些工作? Maven 组件在编写 MapReduce 程序的过程中有何作用? 针对电影评论数据集 IMDB(下载网址 https://datasets.imdbws.com/),尝试编写 MapReduce 程序做一些电影数据分析,例如查找一下票房最高的 20 部电影的导演都是谁。

(4) 从基础概念和需求出发,使用思维导图或其他结构化方式概括本章的知识结构。

第 6 章 批处理框架 Spark

Apache Spark 继承发展了 MapReduce 计算框架,利用内存计算极大地改善了迭代计算的性能,为大数据处理提供了一种低时延的批处理框架,同时支持接近实时的流式计算、交互式即席查询、机器学习和图计算等数据处理场景。在 Hadoop 生态中,Spark 已经发展成为完整而通用的软件技术栈,是构建大型低延迟数据分析应用程序的首选。

6.1 Spark 框架简介

Spark 最初是加州大学伯克利分校 AMPLab 的一个研究项目,专注于利用内存计算优化大数据并行计算性能。2013 年成为 ASF(Apache Software Foundation)孵化项目,2014年发展成为 Apache 顶级项目,目前已经是 ASF 最重要的分布式计算开源项目之一。

6.1.1 Spark 主要特点

Spark 运行速度快。Spark 利用内存保存中间计算结果,减少了迭代计算的磁盘 I/O;通过并行计算有向无环图(Directed Acyclic Graph,DAG)优化,减少了不同任务之间的依赖,降低了延迟等待时间。

早在 2014 年,Spark 就打破了 Hadoop 保持的基准排序纪录。对 100TB 的数据进行排序,Spark 在 206 个计算节点上运行了 23 分钟,而 Hadoop 则是在 2 000 个节点上运行了 72 分钟。Spark 用十分之一的计算资源,获得了比 Hadoop 快 3 倍的速度。

Spark 容易使用,对开发人员比较友好。Spark 支持使用 Java、Scala、R 和 Python 语言进行编程,通过高级语言 API 将复杂的分布式处理逻辑隐藏起来,减少代码量和编程人员的心智负担。此外,Spark 还支持通过 Spark Shell 进行交互式编程。

Spark 是通用框架,Spark 提供了完整的技术栈,支持一个平台运行多种工作负载,包括批处理迭代计算、实时分析、交互式查询、机器学习和图计算等。

Spark 运行模式多样,Spark 可以运行于独立集群模式,也可以运行于 YARN 集群上,同时亦可以运行于 Amazon EC2 等云环境中,并且支持访问 HDFS、Cassandra、HBase、Hive等众多的数据源。

如今,Spark 已经吸引了国内外各大公司的关注,亚马逊、腾讯、淘宝等公司在实际生产环境中均不同程度地使用了 Spark 构建大数据分析应用。

6.1.2 Spark 与 Hadoop

Hadoop 的 MapReduce 编程模型表达能力有限、磁盘 I/O 开销大、延迟高、任务之间的衔接涉及 I/O 开销。在前一个任务执行完成之前,其他任务就无法开始,难以胜任复杂、多

阶段的迭代计算任务。相比于 MapReduce,Spark 具有如下优点:

(1)Spark 的计算模式属于 MapReduce,但不局限于 Map 和 Reduce 操作,还提供了多种类型的数据操作,编程模型比 MapReduce 灵活,表达能力强。

(2)Spark 基于内存计算,将中间结果放在内存中,迭代计算可以直接使用内存中的中间结果,避免了从磁盘中频繁读取数据,计算效率更高,如图 6-1 所示。

(3)Spark 基于 DAG 进行任务调度执行,优于 MapReduce 的迭代执行机制。

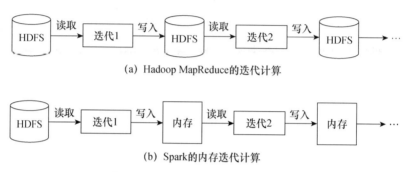

(a) Hadoop MapReduce的迭代计算

(b) Spark的内存迭代计算

图 6-1 Spark 和 Hadoop 的迭代计算

6.1.3 Spark 框架组成

Spark 框架由 Spark Core、Spark SQL、Spark Streaming、MLlib 和 GraphX 组成,支持内存迭代计算、交互式查询、实时分析、机器学习和图计算等多种计算场景,如表 6-1 所示,可以做到"一个软件栈满足多种应用场景",实现一站式大数据解决方案。

表 6-1 Spark 计算框架的组成、应用场景和类似框架

Spark 框架组件	应用场景	时间跨度	类似框架
Spark Core	复杂的批量数据处理	小时级	MapReduce、Hive
Spark SQL	面向历史数据的交互式查询	分钟/秒级	Impala、Dremel、Drill
Spark Streaming	面向流数据的实时数据处理	毫秒/秒级	Storm、S4、Flink
MLlib	数据挖掘和机器学习	—	Mahout
GraphX	图数据结构处理	—	Pregel、Hama

(1) Spark Core:Spark 平台的基础组件,负责内存管理、故障恢复、计划安排、作业分配与监控、与存储系统的交互等。可以通过 Java、Scala、Python 或 R 语言的 API 接口使用 Spark Core 进行迭代计算。

(2) Spark SQL:Spark 的交互式查询组件,提供低延迟的交互式查询引擎。可以使用标准 SQL、Hive 查询语言或者编程 API 查询数据,Spark SQL 通过代价优化器和列式存储,将 SQL 或 Hive 查询转换为 Spark Core 代码并运行之。Spark SQL 支持 JDBC、ODBC、JSON、HDFS、Hive 等数据源。

（3）Spark Streaming：Spark 的实时计算组件，提供利用 Spark Core 模拟流计算的实时组件。Spark Streaming 把数据流以时间片为单位切成一段段的 mini-batch，通过 Spark Core 进行批处理迭代计算，从而实现模仿的流计算。Spark Streaming 支持来自 Twitter、Kafka、Flume、HDFS 等的数据。

（4）MLlib：Spark 的机器学习组件，提供在大规模数据上进行机器学习的算法库，包含分类、回归、集群、协同过滤和模式挖掘等功能。用户可以使用 Spark 交互式地设计和运行机器学习任务。

（5）GraphX：Spark 的图计算组件，提供基于 Spark 的分布式图计算组件，包括 ETL、探索性分析和迭代图计算等模块。通过 GraphX，用户能够交互式地构建、转换大规模的图数据结构。

本书略过 MLlib 和 GraphX 组件，在流计算框架部分简要说明 Spark Streaming 组件，这里主要介绍基础的 Spark Core 组件和交互式查询组件 Spark SQL。

6.2　Spark 核心框架

Spark 核心框架继承发展了 MapReduce 框架，将计算抽象为 RDD 操作模型，采用计算分片和副本等技术手段，将用户应用程序（Application）拆解为一系列细小的基本执行单位——任务（Task），然后把任务调度到集群工作节点上去运行，得到结果。

6.2.1　RDD 操作模型

Spark 把计算统一抽象为对弹性分布式数据集（Resillient Distributed Dataset，RDD）进行的一系列处理操作，如 textFile、flatMap、map、saveAsTextFile 等。

如图 6-2 所示，从 HDFS 载入数据生成 RDD-0，对 RDD-0 进行 flatMap 操作产生 RDD-1，再对 RDD-1 进行 map 操作产生 RDD-2，继续对 RDD-2 进行 reduceByKey 操作产生 RDD-3，最后对 RDD-3 执行 saveAsTextFile 动作，产生最终结果保存到 HDFS。

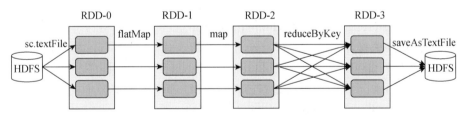

图 6-2　Spark 的 RDD 操作模型

1. RDD 的基本概念

弹性分布式数据集（RDD），是一种只读记录集合的抽象表示，其中包含了待处理的数据。RDD 使用分片技术，将数据集分成多个分片，每个分片称为一个分区（Partition）。如图 6-3 所示，每个 RDD 包含多个分区，每个分区是数据集的一个片段，一个 RDD 的不同分区保存在集群的不同节点上，从而可以在集群中的不同节点上并行计算。

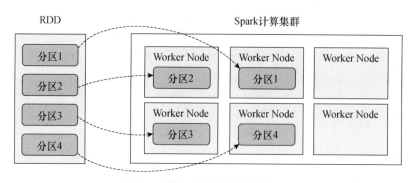

图 6-3　弹性分布式数据集(RDD)

RDD 是只读记录的分区集合,不能直接修改 RDD,只能基于稳定物理存储中的数据集创建 RDD,或者通过在其他 RDD 上执行确定的转换操作(如 flatMap、map、reduceByKey)创建出新的 RDD。所以说 Spark 计算作业就是对 RDD 的一系列操作过程,对于图 6-2 所示的 Spark 计算作业,可以表示为如下代码所示的一系列 RDD 操作过程:

```
    val RDD-0 = sc.textFile("hdfs://node01:8020/myfile.txt")    #
Scala 语言
    val RDD-1 = RDD-0.flatMap(x => x.split(" "))
    val RDD-2 = RDD-1.map(x => (x, 1))
    val RDD-3 = RDD-2.reduceByKey((a, b) => a + b)
    RDD-3.saveAsTextFile("results.txt")
```

RDD 从逻辑上提供了一种抽象的数据架构,使得我们不必担心底层数据的分布式特性,只需考虑如何把具体的应用逻辑表达为一系列的 RDD 操作。

2. RDD 上的操作算子

Spark 在 RDD 上提供了一组丰富的操作算子,用以支持常见的数据处理,包括两种类型的操作算子:动作(Action)和转换(Transformation)。

(1) Action:动作操作,表示"立即行动进行计算",对 RDD 执行计算得到结果,并将结果返回或写入外部存储。常用动作算子有 reduce、collect、saveAsTextFile 等。

(2) Transformation:转换操作,是对已有的 RDD 进行某种变换生成新的 RDD。常用转换算子包括 map、filter、flatMap、groupBy、join 等。

对于转换算子,Spark 采用了惰性计算机制(Lazy Evaluation),即只记录转换操作而不会立即执行。直到遇到 Action 操作的时候,才会真正启动一个作业(Job)执行之前的一系列操作,完成实际的计算过程。此时,Spark 还会根据多个转换操作之间的拓扑依赖关系进行计算优化,例如并行化和流水线(Pipeline)流水化等。

6.2.2　RDD 的血缘关系

Spark 根据 Action 操作触发作业,从而将应用程序切割成若干个作业(Job)。典型的作业执行过程如图 6-4 所示。首先,从外部数据源逻辑上创建 RDD;然后,RDD 经过一系列的转换操作,每次转换操作都会在逻辑上产生不同的 RDD,进而作为下一个转换操作的输入;最后一个 RDD 执行动作操作,获得计算结果并输出。

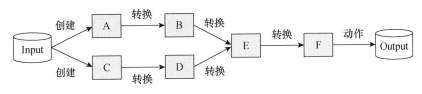

图 6-4　RDD 的典型作业执行过程

在 RDD 执行过程中,一个 RDD 从其他 RDD 计算得到,例如 B 和 D 转换生成 E,称为 E 依赖于 B 和 D,B 和 D 是 E 的父 RDD。所有 RDD 之间的依赖关系,可以表示为一个有向无环图(Directed Acyclic Graph,DAG),即 RDD 的血缘关系(Lineage)。

Spark 通过 DAG 图记录了 RDD 之间转换的血缘关系。此后,Spark 就可以从全局的角度,对计算作业进行更优化的任务拆分和调度,减少数据传输,实现多任务并行计算和 Pipeline 流水线计算,是 Spark 高性能运算的基础。此外,通过血缘关系,Spark 能够对任何出错的 RDD 分区进行重建,使 Spark 具有天然的故障容错能力。

1. 窄依赖和宽依赖

根据 RDD 的分区情况和 DAG 依赖图,可以将 RDD 之间的依赖关系分为:窄依赖(Narrow Dependencies)和宽依赖(Wide Dependencies)。其中,

(1)窄依赖:父 RDD 的一个分区对应于子 RDD 的一个分区,或者父 RDD 的多个分区对应于子 RDD 的一个分区,如图 6-5 所示。

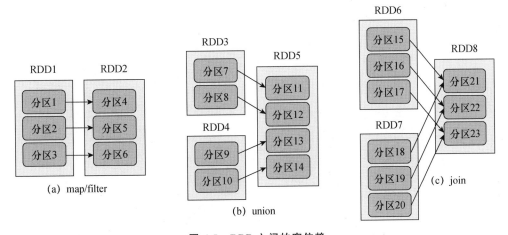

图 6-5　RDD 之间的窄依赖

(2)宽依赖:存在父 RDD 的一个分区对应于子 RDD 的多个分区。如图 6-6 所示,父 RDD 的分区数据划分到子 RDD 的多个分区,存在数据打乱重组的洗牌(Shuffle)过程。

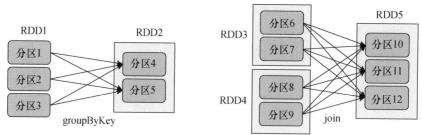

图 6-6　RDD 之间的宽依赖

Spark 将依赖关系区分为宽依赖和窄依赖,可以实现分区计算的调度优化和容错恢复。

在调度优化时,对于窄依赖,可以在分区之间进行并行流水化调度,即先计算完成的窄依赖算子(如 map)的分区,可以不需要等待其他分区,而直接进行下一个窄依赖算子(如 filter)的运算。与之相反,宽依赖则要求父 RDD 的所有分区都必须计算就绪,并进行跨节点的传输之后,才能进行计算,这类似于 MapReduce 中的 shuffle 操作。

在计算过程中,如果某个分区出现错误或丢失,窄依赖可以高效地实施恢复,因为依赖的父分区较少且可以并行恢复。而对于宽依赖,由于依赖复杂(子 RDD 的每个分区都会依赖父 RDD 的所有分区),任一分区丢失都会导致全盘的重新计算。

2. Job 的 Stage 拆分

当作业遇到 Action 操作时,Spark 就会根据 RDD 之间的 DAG 依赖图进行调度优化,将连续的窄依赖计算归并为一个阶段(Stage),用以实现流水计算。具体方法是:从 DAG 图反向解析,遇到宽依赖就断开,遇到窄依赖就将 RDD 加入当前的 Stage 中。

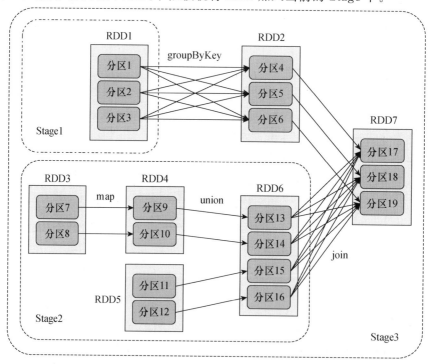

图 6-7　根据依赖关系将 Job 作业拆分成阶段

在如图 6-7 所示的 DAG 图中存在两个宽依赖,将整个作业划分成三个阶段:Stage1、Stage2 和 Stage3。Stage1 和 Stage2 之间没有依赖关系,可以并行执行。Stage3 依赖于 Stage1 和 Stage2,必须等待 Stage1 和 Stage2 执行结束后才可以启动执行。

在每个 Stage 内部,各个分区上的操作可以并行流水化执行。例如,Stage2 中从 map 到 union 操作就可以流水执行,分区 7 通过 map 操作生成的分区 9,可以直接进行后续的 union 操作,无须等待分区 8 到分区 10 的 map 操作的计算结果。

3. Stage 中的 Task

在每个 Stage 内部包含了很多个 Task,称为任务集(TaskSet),其中每个 Task 处理一个 RDD 分区上的操作。因此,Task 是 Spark 集群调度和执行的基本逻辑单元。

Spark 目前支持两种 Task:其一是 ShuffleMapTask,用于对 RDD 各个分区执行转换操作,得到一个目标 RDD 分区并保存;其二是 ResultTask,由作业的 Action 触发,计算作业最终结果并返回。对于图 6-7 所示的作业,在 Stage1 和 Stage2 中的任务都是 ShuffleMapTask;而 Stage3 作为 Job 的最后一个 Stage,则包含了一组 ResultTask。

在一个 Stage 内部只会存在同一种类型的 Task,它们针对不同的 RDD 分区执行相同的计算逻辑,RDD 的分区数量决定了 Task 的数量。

6.2.3　Spark 集群结构

Spark 集群采用 Master-Slave 架构,如图 6-8 所示。其中,Master 节点运行 Master 进程,又称 Cluster Manager;Slave 节点运行 Worker 进程,又称 Worker 节点。Driver 程序是应用程序的代理中心,控制 Spark 应用程序的执行过程。

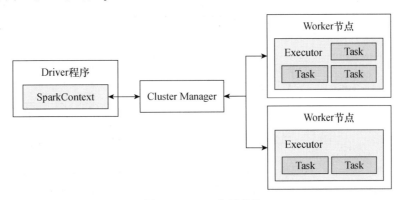

图 6-8　Spark 集群结构

(1) Driver 程序:Driver 程序是 Spark 应用程序的 main 函数,是应用程序执行的起点。Driver 程序会创建一个 SparkContext 对象,代表 Spark 应用程序的运行环境。此后,就由该 SparkContext 对象负责和 Cluster Manager 通信进行资源申请、Task 任务的分配和监控等。因此,Driver 程序可以看作是 Spark 应用程序的控制中心,主要负责两个方面的工作:

① 负责将应用程序的作业切割成一系列可执行的 Task,称为 DAGScheduler 组件。Task 是 Spark 可执行的基本单位,一个应用程序会启动运行非常多的独立 Task。

② 负责将 Task 任务调度分配到最合适的 Worker 节点上去运行,并监控和协调这些

Task 在 Worker 节点上运行完成,称为 TaskScheduler 组件。

当客户端提交一个 Spark 应用之后,便会启动一个与之对应的 Driver 程序。

(2) Cluster Manager:Spark 集群的资源管理器,负责统一管理整个集群的计算资源,并将资源合理地分配给用户应用程序。目前,Spark 支持四种类型的集群管理器:

① Spark Local:本地集群,无须资源调度,适合开发测试或者执行轻量作业。

② Spark Standalone:Spark 自身提供的一种简单的集群管理器。

③ Hadoop YARN:Hadoop 提供的统一资源调度框架 YARN。

④ Kubernetes:针对容器化应用的自动部署、自动伸缩和管理的平台。

如果仅运行 Spark 应用程序,则适合采用 Standalone 集群管理器;如果要在集群上同时运行 Spark 应用、MapReduce 应用以及其他应用,那么就应该选择使用 Hadoop YARN 或者 Kubernetes 集群管理器,以提供更高性能的资源管理服务。

(3) Worker 节点:Spark 集群的工作节点,负责实际执行作业各个阶段中包含的 Task。在运行 Task 之前,Spark 先在 Worker 节点上创建一个 Executor 进程,然后由 Executor 进程利用多线程机制执行 Task。因此,Worker 节点上的 Executor 进程是实际的 Task 执行者。

对于一个应用程序而言,Spark 会在一个或多个 Worker 节点上为其创建一组 Executor,每个 Executor 都封装了一定量的资源来运行分配给它的任务。

6.2.4 Spark 运行流程

一个 Spark 应用程序(Application)由一个 Driver 程序和若干个 Job 组成。对于每个 Job,Spark 根据 RDD 的依赖关系将其拆分成若干个 Stage,每个 Stage 包含若干个 Task。Task 数量由 RDD 分区数量决定,一个 Task 处理一个分区的数据,如图 6-9 所示。

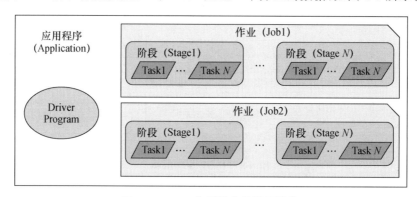

图 6-9 Spark 应用程序的运行结构

Spark 应用程序拆分、调度和执行的主要流程如图 6-10 所示。在 Spark 应用程序启动之后,首先会启动一个 Driver 进程用于驱动整个应用程序的执行。然后,

(1) 为应用构建基本的运行环境,即由 Driver 创建一个 SparkContext 对象,然后 SparkContext 向 Cluster Manager 注册并申请运行 Executor 所需的资源。

(2) Cluster Manager 为 Executor 在 Worker 节点上分配资源并启动 Executor 进程,此

后 Executor 通过心跳将自身的运行情况发送给 Cluster Manager。

（3）SparkContext 根据 RDD 的依赖关系构建 DAG 图，由 DAGScheduler 将 DAG 图解析成多个 Stage，然后把每个 Stage 中的 TaskSet 交给 TaskScheduler。

（4）Executor 向 SparkContext 申请 Task，由 TaskScheduler 根据资源使用情况将 Task 分配给 Executor 运行，同时 SparkContext 将应用程序代码发送给 Executor。

（5）Task 在 Executor 上运行，同时把执行结果反馈给 TaskScheduler 和 DAGScheduler。

（6）运行完毕后写入数据，SparkContext 注销并释放所有资源。

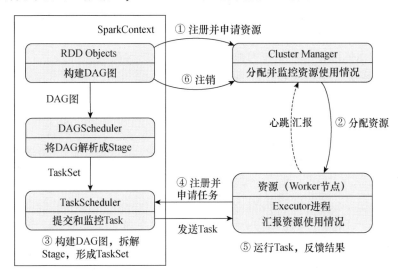

图 6-10　Spark 应用程序的运行流程

在 Spark 应用程序的运行流程中，每个 Application 都拥有自己专属的一组 Executor 进程，并且在应用程序执行期间一直驻留。Executor 进程以多线程的方式运行 Task，减少了多进程任务频繁的启动开销，使得任务执行更为高效和可靠。

Spark 应用程序的运行只要求能够获得 Executor 进程并保持通信即可，不需要与集群资源管理器紧密耦合，故 Spark 支持 YARN、Kubernetes 等多种资源管理器。

Spark 采用了数据本地化和推测执行等任务调度优化机制，其中，数据本地化是指尽量将计算移到数据所在的结点上进行，即"计算向数据靠拢"，避免大量数据传输的网络开销。推测执行是指找出运行缓慢的 Task，并在其他节点上重启这些 Task，最终谁先完成就用谁的计算结果，然后把未完成的 Task 杀死，从而加快任务处理速度。

6.3　Spark SQL

RDD 编程模型是一种通用的数据抽象，适用于结构化、半结构化和非结构化数据。Spark SQL 则是 Spark 的结构化数据处理组件，针对结构化数据进行了更高层次的抽象和优化，提供了更友好易用的 DataFrame 和 Dataset 编程模型以及 API 接口，能够为数据额外附加上更多的模式结构信息,使得用户可以利用标准 SQL 像操作传统关系数据库二维表那样操作结构化数据,或者使用面向对象的方式操作结构化的数据对象。例如,

```
results = spark.sql("SELECT * FROM Person")
Names = results.map(lambda p: p.name)
```

Spark SQL 将用户应用程序中的 DataFrame 和 Dataset 操作,经过解析、分析、逻辑优化和代价优化,最终转换为对 RDD 的实际操作,具有很高的执行效率。

Spark SQL 无缝整合了 SQL 查询和 Spark 编程,支持 Scala、Java、Python 和 R 语言以及 SQL-92 规范,允许用户使用标准 SQL 或者 DataFrame/Dataset API 在程序中查询结构化数据,像关系数据库那样对大规模的数据进行快速计算和分析。

Spark SQL 提供了统一的数据访问方式,用于连接和访问各种不同的数据源,包括 JSON 文件、CSV 文件、HDFS、Hive 表、JDBC 和 ODBC 等。

6.3.1 Spark SQL 编程模型

在通用的 RDD 编程模型基础上,Spark SQL 又提供了两种抽象层次更高的编程模型: DataFrame 和 Dataset,简化了 Spark 编程的复杂性,提高了用户的编码效率和程序的执行效率。如图 6-11 所示,用户可以使用 SQL 脚本或者编写程序(Scala、Java、Python、R 语言),调用 RDD、DataFrame 或者 Dataset API 实现自己的数据处理逻辑。这些数据处理逻辑,最终都会直接或间接地转化为对 RDD 的具体操作,提交到 Spark 集群运行。

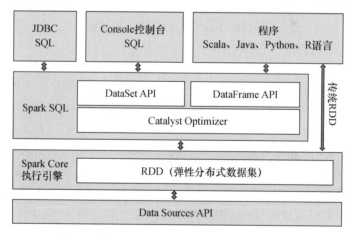

图 6-11　Spark SQL 编程接口

1. DataFrame

Spark 1.3 版本提供了 DataFrame 编程模型,模仿关系数据模型,为结构化数据附加上额外的列名及其数据类型信息,使其看起来就像是传统关系数据库中的二维表,如图 6-12(b)所示。相比之下,Spark 原生的 RDD 是通用的分布式数据集合,它不考虑数据内部有什么结构,一律都统一转化为由元素组成的集合,如图 6-12(a)所示。

姓名	年龄	身高
String	Int	Double
String	Int	Double
……	……	……
String	Int	Double

(a) RDD[Person]   (b) DataFrame

图 6-12 RDD 与 DataFrame

DataFrame 是一种分布式关系数据集,是具有列名模式的 RDD。通过 DataFrame, Spark SQL 可以获知数据包含哪些列,每个列的名称和类型是什么,从而有针对性地做出执行优化,提高运行效率;此外,DataFrame 提供了一套抽象层次更高的 API 编程接口,可以像操作二维表那样操作 DataFrame,比 RDD 的函数式 API 更友好易用。

2. Dataset

Spark 1.6 版本中又推出了 Dataset 编程模型,在 DataFrame 基础上进一步模仿面向对象操作方式,不仅为数据附加了列模式信息,还为在行上附加了数据类型信息。

例如,在图 6-13(b)中,Dataset 不仅有列名及其数据类型,而且一行记录也被视为一个 Person 类型的对象,记作 Dataset[Person],表示这是一个 Person 类型的数据集,每个 Person 具有姓名(String)、年龄(Int)、身高(Double)这些属性。

姓名	年龄	身高	
String	Int	Double	Row对象
String	Int	Double	Row对象
……	……	……	
String	Int	Double	Row对象

姓名	年龄	身高	
String	Int	Double	Person对象
String	Int	Double	Person对象
……	……	……	
String	Int	Double	Person对象

(a) DataFrame=DataSet[Row]   (b) DataSet[Person]

图 6-13 DataFrame 与 Dataset

可以看出,RDD 单纯就是一个元素集合,DataFrame 则为数据附加了列信息,Dataset 进一步为数据附加了行和列两方面的信息。因此,RDD 是一种分布式数据集,DataFrame 是一种分布式关系数据集,Dataset 则是一种强类型的分布式关系数据集。

实际上,DataFrame 是 Dataset 的特殊情况。在 Spark 2.0 版本之后,DataFrame 已经演变成类型为 Row 的 Dataset,即 DataFrame = Dataset[Row],如图 6-13(a)所示。这里 Row 是一种通用的数据类型,任何行都可以表示为 Row 类型的对象。

3. Spark 编程示例(Scala 语言)

Spark 2.0 以前,要与 Spark 进行交互需要先创建 SparkContext 对象,Spark SQL 则需要创建 SQLContext 对象。Spark 2.0 引入了一个统一的接入对象:SparkSession 对象,通

过该对象可以访问 Spark 的所有功能,包括使用 DataFrame 和 Dataset。

```
import org.apache.spark.sql.SparkSession;

//1. 获取 SparkSession 对象:spark
val spark = SparkSession.builder().appName("Spark SQL 例程").ge-
tOrCreate()

//通过隐式转换,允许将 RDD 操作添加到 DataFrame 和 Dataset 上
import spark.implicits._

//2. 创建 DataFrame 对象
//通过 SparkSession 对象 spark,可以从现有的 RDD 或者 Spark 数据源创
建 DataFrame 对象
//从 JSON 数据源创建 DataFrame 对象 df
val df = spark.read.json("data/people.json")
//显示 DataFrame 的数据内容
df.show()

//3. 操作 DataFrame
df.printSchema()       //打印模式信息
df.select($"name", $"age" + 1).show()       //显示所有的姓名和年龄
加 1
df.filter($"age" > 21).show()            //查询年龄大于 21 的人
df.groupBy("age").count().show()         //按年龄分组统计人数

//4. 在 DataFrame 上执行 SQL 查询
df.createOrReplaceTempView("people");  //将 DataFrame 注册为 SQL 临
时视图 people
val sqlDF = spark.sql("SELECT * FROM people").show()

//5. 创建 Dataset 对象
case class Person(id: String, name: String, age: Long)     //注册一
个样例类(case class)
val peopleDS = spark.read.json("data/people.json").as[Person]
peopleDS.show()
peopleDS.filter(_.age > 21).show()       //查询年龄大于 21 的人
```

RDD、DataFrame 和 Dataset 都是 Spark 的弹性分布式数据集,都使用惰性计算机制,都支持非常多的操作算子。但是,RDD 不支持 Spark SQL 操作,DataFrame 和 Dataset 支持 Spark SQL 操作(如 select、groupBy),还支持注册临时表和视图进行 SQL 操作。

Dataset 和 DataFrame 拥有完全相同的成员函数,区别在于 Dataset 可以感知每一行的具体数据类型,如 Person。而 DataFrame 则默认每一行的数据类型为 Row,因此无法直接感知数据的内部结构,需要通过解析才能访问数据的内部属性值。

RDD、DataFrame 和 Dataset 之间可以相互转换,如图 6-14 所示。

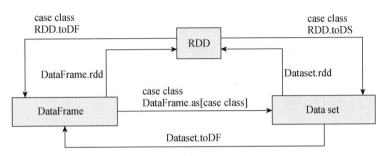

图 6-14　RDD/DataFrame/Dataset 之间的转换

6.3.2　Spark SQL 执行架构

Spark SQL 通过 Catalyst 查询编译器,将用户程序中的 SQL/Dataset/DataFrame 经过一系列处理,转化为 Spark 原生的 RDD 操作,如图 6-15 所示。

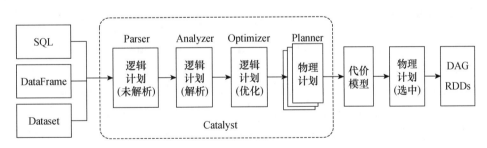

图 6-15　Spark SQL 的 Catalyst 查询编译器

(1)语法生成器(Parser):用于将 SQL/Dataset/DataFrame 转化成一棵未经解析的语法树,称为逻辑计划(Logical Plan),转化过程兼容 SQL 2003 标准和 HiveQL。

(2)解析器(Analyzer):用于对 Parser 生成的语法树进行解析,如解析 SQL 语句中的表名、列名等,并判断它们是否存在。通过 Analyzer,得到解析的逻辑计划。

(3)优化器(Optimizer):用于对解析的逻辑计划进行结构优化,以获得更高的执行效率。依赖于一组优化规则,如谓词下推(Predicate Pushdown)、列裁剪(Column Pruning)、连接重排(Join Reordering)等。通过优化器,得到优化的逻辑计划。

(4)计划器(Planner):用于将优化的逻辑计划转化为多个物理执行计划(Physical

Plan)。转化的过程依据一系列转换策略,将逻辑算子转化成物理执行算子,最终转换成
RDD 的具体操作。注意,计划器的转化可能是一对多的,因此,还需要通过一个代价模型从
多个物理执行计划中选择出最终的物理计划。

通过上述一系列过程,就将用户程序中的 SQL 语句或者 DataFrame/Dataset,转换为
Spark 原生的 RDD 操作逻辑,支持高性能的结构化查询。

6.4　Spark 安装部署

使用不同的集群管理器,Spark 能够支持不同类型的部署方式,包括 Local(本地模式)、
Standalone 模式、Spark on YARN 以及 Spark on Kubernetes 模式。各种模式下的安装部署
细节,请参见附录。这里重点讨论一下常用的 Spark on YARN 模式。

6.4.1　Spark on YARN 简介

Spark on YARN 模式使用 YARN 集群管理调度资源,可以充分利用集群资源,自动化
处理 Failover 容错,是企业生产环境的常用选择。我们已经知道,在 Spark 集群上运行程
序,需要启动一个 Driver 进程作为该应用程序的控制中心,负责资源申请、Task 任务的分配
和监控。而在 YARN 集群中,每个应用程序都会启动一个 ApplicationMaster 进程,负责和
ResourceManager 沟通并申请资源,获得资源后告诉 NodeManager 启动 Container。

根据 Spark 的 Driver 进程和 YARN 的 ApplicationMaster 进程之间的关系,把 Spark
on YARN 分成两种运行模式:YARN-Client 和 YARN-Cluster 模式。

6.4.2　YARN-Client 模式

在 YARN-Client 模式下,Spark 的 Driver 进程和 ApplicationMaster 进程是分离的,如
图 6-16 所示。Driver 进程运行在客户端进程中,ApplicationMaster 进程运行在 YARN 集
群的容器中;Driver 进程仅仅借助 ApplicationMaster 向 YARN 请求 Container 资源并运行
Executor,此后 Driver 就全面接管工作,负责与 Executor 容器进行交互并汇总结果。

因此,在应用程序运行期间,客户端进程是不能关闭的。因为在关闭客户端进程的同
时,也就杀死了 Driver 进程,从而也就终止了 Spark 应用程序。

可以通过 spark-submit 命令向 YARN 集群提交应用程序的 jar 包,并要求在 YARN-
Client 模式下运行作业,具体命令如下:

```
$ export HADOOP_CONF_DIR = /usr/local/hadoop/etc/hadoop
$ ./bin/spark-submit \
  - - class org. apache. spark. examples. SparkPi \        #运行程序的 main 类
  - - master yarn \                    #运行在 YARN 集群上
  - - deploy-mode client \              #部署模式 client
  /path/to/examples. jar \             #待运行的应用程序 Jar 包
  1000                                 #程序输入参数
```

YARN-Client 模式适合于开发、交互和调试的场合。在 YARN-Client 模式下,Driver 运行在客户端,如果应用程序很多且 Driver 和 Worker 之间需要进行大量通信的时候,会导致网络 I/O 的急剧增加。同时,运行很多 Dirver 会对客户端资源造成压力。

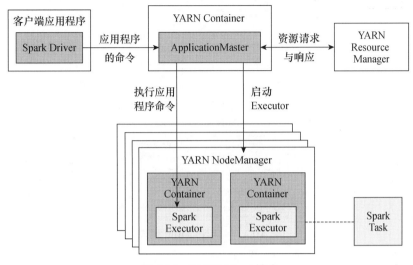

图 6-16　YARN-Client 模式

在 YARN-Client 模式下,Spark 应用程序的执行过程如下:

(1) 客户端向 YARN 集群提交应用程序,首先向 YARN 集群的 ResourceManager 申请启动 ApplicationMaster。然后,在客户端运行 Driver 进程,包括初始化 SparkContext,创建 DAGScheduler 和 TaskScheduler 等。

(2) 然后,YARN ResourceManager 收到请求后,在集群中选择一个 NodeManager,为该应用程序分配第一个 Container,并在其中启动应用程序的 ApplicationMaster。

(3) 客户端节点上初始化完毕的 SparkContext,会与 ApplicationMaster 建立通信连接,并通过 ApplicationMaster 根据作业信息向 ResourceManager 申请容器资源。

(4) ApplicationMaster 申请到容器资源,便命令对应的 NodeManager 在容器中启动 Executor 进程;然后,Executor 向客户端的 SparkContext 注册并申请 Task。

(5) 客户端的 SparkContext 分配 Task 给 Executor。Executor 执行 Task 并向 Driver 汇报运行状态和进度,使客户端随时掌握任务的运行状态,如果失败则重启任务。

(6) 应用程序运行完成之后,客户端向 ResourceManager 申请注销并关闭自己。

6.4.3　YARN-Cluster 模式

在 YARN-Cluster 模式下,Spark 的 Driver 进程和 ApplicationMaster 进程是合体的,如图 6-17 所示。Driver 程序运行在 ApplicationMaster 中,负责向 YARN 申请资源,并监督作业的运行状况。因此,用户在提交作业后就可以关闭客户端,不影响作业运行。

可以通过 spark-submit 命令向 YARN 集群提交应用程序的 jar 包,并要求在 YARN-Cluster 模式下运行作业,具体命令如下:

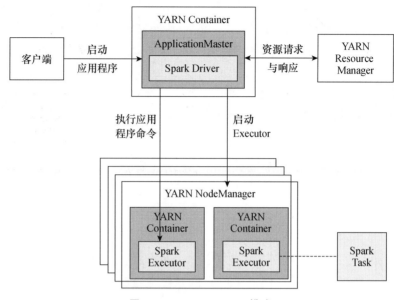

图 6-17　YARN-Cluster 模式

```
$ export HADOOP_CONF_DIR = /usr/local/hadoop/etc/hadoop
$ ./bin/spark-submit \
  --class org.apache.spark.examples.SparkPi \        #运行程序的 main 类
  --master yarn \                #运行在 YARN 集群上
  --deploy-mode cluster \            #部署模式 cluster
  /path/to/examples.jar \           #待运行的应用程序 Jar 包
  1000                    #程序输入参数
```

YARN-Cluster 模式下,Driver 分布运行在 YARN 集群节点中,有效避免了 YARN-Client 模式的资源压力问题,适合生产环境,不适合开发、交互、调试的场合。

在 YARN-Cluster 模式下,Spark 应用程序的执行过程如下:

(1) 客户端向 YARN 集群提交应用程序。

(2) YARN ResourceManager 收到请求后,在集群中选择一个 NodeManager,为该应用程序分配第一个 Container,并在其中运行 Driver 作为启动应用程序的 ApplicationMaster,包括初始化 SparkContext,创建 DAGScheduler 和 TaskScheduler 等。

(3) ApplicationMaster 向 ResourceManager 注册,然后为各个任务申请容器资源,并监控其运行状态直到运行结束。

(4) ApplicationMaster 申请到容器资源,便命令对应的 NodeManager 在容器中启动 Executor 进程;然后,Executor 向 ApplicationMaster 中的 SparkContext 注册并申请 Task。

(5) ApplicationMaster 中的 SparkContext 分配 Task 给 Executor。Executor 执行 Task 并向 ApplicationMaster 汇报运行的状态和进度,使 ApplicationMaster 随时掌握各个任务的运行状态,从而可以在任务执行失败的时候重启任务。

(6) 应用程序完成之后,ApplicationMaster 向 ResourceManager 申请注销并关闭自己。

6.5　Spark 编程实践

学习和实践 Spark 编程，可以利用 Java、Scala 和 Python 语言编写并构建出独立的程序，然后通过 spark-submit 命令将其提交到 Spark 集群上运行。但是，更直接易用的方式是使用 Spark Shell，可以在命令行环境下编写一行代码，立刻执行一行代码，及时观察代码的执行结果，通过交互式编程进行数据分析，体会和理解 Spark API 的使用方法。

6.5.1　Spark Shell 交互式编程

Spark Shell 是 Spark 提供的一个强大的交互式数据分析工具，是我们学习 Spark API 最便捷的利器，支持使用 Scala 和 Python 语言编写数据处理的脚本程序。

1. 启动 Spark Shell

进入 Spark 安装目录，运行如下的脚本命令，启动 Spark Shell 的 Scala 环境：

```
$ ./bin/spark-shell      ♯启动本地 Spark Shell
$ ./bin/spark-shell － －master local          ♯启动本地 Spark Shell，单线程，无并
                                                行计算
$ ./bin/spark-shell － －master local[4]        ♯启动本地 Spark Shell，并行 4 个线
                                                程计算
$ ./bin/spark-shell － －master local[ ＊ ]      ♯启动本地 Spark Shell，CPU 多核并
                                                行计算
$ ./bin/spark-shell － master spark://hostname:port      ♯启动 Standalone 集群
                                                        Spark Shell
$ ./bin/spark-shell － －master yarn      ♯启动 YARN 集群 Spark Shell
```

启动 Spark Shell 成功后，在输出信息的最后就可以看到"scala ＞"的命令提示符。在命令提示符之后，可以输入我们编写的脚本，回车执行，观察执行结果。

本节选择使用 Scala 语言编写 Spark Shell 的交互脚本。如果想要使用 Python 语言编写脚本，则可以运行如下脚本命令，启动 Spark Shell 的 Python 环境：

```
$ ./bin/pyspark      ♯启动本地 Spark Shell
```

与 Spark 集群编程交互时，首先需要创建一个交互的入口类。早期版本的 Spark，使用的是 SparkContext、SQLContext。到了 Spark 2.0 之后，把交互入口统一成 SparkSession，所有的操作都可以通过 SparkSession 提供的 API 来完成。

Spark Shell 在启动的时候，会创建一个 SparkSession 对象和一个 SparkContext 对象。其中，SparkSession 对象叫作 spark，SparkContext 对象叫作 sc。

2. Spark RDD 基本操作

通过 SparkContext 对象 sc，可以创建和操作 RDD。例如，可以使用如下代码，把 Spark 安装目录中的"README. md"文件作为数据源新建一个 RDD。

```
scala> val textFile = sc.textFile("/apps/spark/README.md")
```

有了 textFile 这个 RDD 之后,就可以在其上执行各种 RDD 操作。在表 6-2 中,给出了 Spark 常用的 Action 和 Transformation 操作算子,详细的 API 说明可查阅官方文档。

表 6-2　Spark 常用的操作算子(Action 和 Transformation)

Action API	操作算子说明
count()	返回 RDD 中的元素个数
collect()	以数组的形式返回 RDD 中的所有元素
first()	返回 RDD 中的第一个元素
take(n)	以数组的形式返回 RDD 中的前 n 个元素
reduce(func)	通过函数 func 聚合 RDD 中的元素
foreach(func)	将 RDD 中的每个元素传递给函数 func 运行
Transformation API	操作算子说明
filter(func)	筛选出满足谓词函数 func 的元素,并返回一个新的 RDD
map(func)	将每个元素传递给函数 func,将结果返回为一个新的 RDD
flatMap(func)	与 map 相似,但每个输入元素都映射到 0 或多个输出结果
groupByKey()	应用于(K,V)键值对的 RDD,返回一个新的(K, Iterable<V>)形式的 RDD
reduceByKey(func)	应用于(K,V)键值对的 RDD,返回一个新的(K, V)形式的 RDD,其中每个值是将相同 Key 传递给函数 func 进行聚合

例如,使用 Action API — count()可以统计 textFile 中的文本行数。

```
scala> textFile.count()
```

输出结果 Long = 108,表示该文件共有 108 行文本。使用 Transformation API — filter()可以筛选出包含单词 Spark 的文本行,返回一个新的 RDD,叫作 linesWithSpark;然后,通过 Action API — count()统计并返回包含 Spark 单词的文本行数量。

```
scala> val linesWithSpark = textFile.filter(line = > line.con-
tains("Spark"))
scala> linesWithSpark.count()
```

输出结果 Long = 19,表示该文件共有 19 行,文本中包含 Spark 这个单词。

可以在一条代码中连续使用多个 API 进行运算,称为链式操作。使用链式操作,可以使 Spark 代码更加简洁,优化计算过程。上述两行代码可合并为如下一行代码:

```
scala> val linesCountWithSpark = textFile.filter(line => line.
contains("Spark")).count()
```

输出结果 Long = 19,表示该文件共有 19 行,文本中包含 Spark 这个单词。

Spark 可以实现 MapReduce 的计算流程。如单词统计可以使用如下的代码实现:

```
scala> val wordCounts = textFile.flatMap(line => line.split
(" "))
.map(word => (word, 1))
.reduceByKey((a, b) => a + b)
scala> wordCounts.collect()    //以数组形式输出单词统计结果
//Array[(String, Int)] = Array((pySpark,1), (online,1), (graphs,
1), …)
```

这里,首先使用 flatMap()将每一行文本通过空格划分为单词;然后,再使用 map()将单词映射为(K,V)的键值对,其中 K 为单词,V 为 1;使用 reduceByKey()将相同单词的计数相加,得到该单词出现的总次数;最后使用 collect()计算并返回结果。

可以把需要经常访问的热点 RDD 数据缓存到 Spark 集群内存中,提高访问效率。

```
scala> linesWithSpark.cache()
```

3. DataFrame/Dataset 基本操作

假设存在如下的 JSON 文件,文件名 people.json,可以读入该文件并进行一些操作。

```
[{"id":"1201","name":"satish","age":25},{"id":"1202","name":"
krishna","age":28},
{"id":"1203","name":"amith","age":39},{"id":"1204","name":"
javed","age":23},
{"id":"1205","name":"prudvi","age":23}]
```

利用 SparkSession 对象读取 JSON 文件可以创建并操作 DataFrame。例如,如下代码将产生一个叫作 dfs 的 DataFrame,返回的数据包含 age、id、name 三个字段。

```
scala> val dfs = spark.read.json("/data/people.json")
dfs: org.apache.spark.sql.DataFrame = [age: bigint, id: string,
name: string]
scala> dfs.show()    //以表格形式显示数据
```

```
scala> dfs.printSchema()     //使用 printSchema 方法查看 DataFrame
的数据模式
scala> dfs.select("name").show()     //使用 select 函数查看 name 列
的数据
scala> dfs.filter(dfs("age")>23).show()     //使用 filter 函数查
找年龄大于 23(age>23)的人群
scala> dfs.groupBy("age").count().show()     //使用 groupBy 计算相
同年龄的人数
scala> dfs.cache()     //缓存数据
```

使用 SparkSession 对象读取 JSON 文件创建 Dataset 并进行类似操作。在创建 Dataset 对象之前,首先要定义一个样例类(case class)来表示集合的元素类型。

```
scala> case class Person(id: String, name: String, age: Long)     //
定义样例类 Person
scala> val peopleDS = spark.read.json("/data/people.json").as
[Person]
peopleDS: org.apache.spark.sql.Dataset[Person] = [age: bigint, id:
string, name: string]
scala> peopleDS.show()
scala> peopleDS.select("name").show()     //使用 select 函数查看
name 列的数据
scala> peopleDS.filter(peopleDS("age")>23).show()
//使用 filter 函数查找年龄大于 23(age>23)的人群
scala> peopleDS.groupBy("age").count().show()     //使用 groupBy
计算相同年龄的人数
scala> peopleDS.cache()     //缓存数据
```

通过 Dataset 同样可以实现 MapReduce 的计算流程,如单词数量统计的代码如下:

```
scala> val textFile = spark.read.textFile("/apps/spark/README.
md")
textFile: org.apache.spark.sql.Dataset[String] = [value: string]
scala> val wordCounts = textFile.flatMap(line => line.split("
")).groupByKey(identity).count()
wordCounts: org.apache.spark.sql.Dataset[(String, Long)] = [key:
string, count(1): bigint]
scala> wordCounts.collect()
```

6.5.2　Spark 应用程序

在 Spark Shell 中编写代码调试方便,但需要逐行输入、逐行运行。一般情况下,会选择将调试后的代码打包成独立的 Spark 应用程序,提交到 Spark 集群运行。

对于 Scala 语言编写的 Spark 应用程序,需要使用打包工具 SBT(Simple Build Tool);Java 语言编写的 Spark 应用程序,可以使用 Maven 构建工具;Python 语言编写的 Spark 应用程序则需要使用 pip 包管理工具。本节使用 Scala 语言编写程序。

1. 编程任务

在 Spark 框架中提供了一个典型的分布式计算例程 SparkPi,用于通过蒙特卡洛方法计算圆周率 π,如图 6-18 所示。基本思路是在一个正方形区域内随机生成 N 个均匀分布的点,然后观察有多少点落入正方形的内切圆中(假设为 M)。如果试验次数足够大,则落入内切圆的点数 M 与总点数 N 之比,就可以近似为内切圆与正方形面积之比,即:

$$\frac{M}{N} = \frac{\pi r^2}{(2r)^2} = \frac{\pi}{4} => \pi = \frac{4M}{N}$$

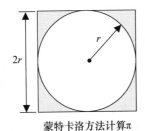

蒙特卡洛方法计算π

图 6-18　蒙特卡洛法方计算 π

2. 编写程序

编写程序之前,首先建立程序所在的目录,并创建程序所需的文件夹结构。

```
$ mkdir ~/calcPi      ♯程序所在的根目录
$ mkdir -p ~/calcPi/src/main/scala      ♯程序所需的文件夹结构
```

然后,在创建的 scala 文件夹下编写如下的程序文件 SparkPi. scala。

```scala
import scala.math.random
import org.apache.spark.sql.SparkSession
/** 近似计算圆周率 pi */
object SparkPi {
  def main(args: Array[String]): Unit = {    //main 函数
    val spark = SparkSession. builder. appName ("Spark Pi"). ge-
    tOrCreate()    //1
```

```
    val slices = if (args.length > 0) args(0).toInt else 2
          //2
    val n = math.min(100000L * slices, Int.MaxValue).toInt //避免
    溢出    //3
    val count = spark.sparkContext.parallelize(1 until n, slices).
    map { i => //4
      val x = random * 2 - 1
      val y = random * 2 - 1
      if (x * x + y * y <= 1) 1 else 0
    }.reduce(_ + _)
    println(s"Pi 约等于 ${4.0 * count / (n - 1)}")
        //5
    spark.stop()
        //6
  }
}
```

在 main 函数中,第 1 行代码构建了一个叫作 spark 的 SparkSession 对象。

第 2 行代码获取命令行参数并转换为整数,表示把试验划分为多少个并行分片 (slices),每个分片包含 100 000 次试验;如果没有指定参数,则默认并行 2 个分片。

第 3 行代码,计算总的试验次数($n-1$),为了避免数据溢出,在"100000L * slices"和最大的整数值之间取得较小值。

第 4 行代码,表达了计算 Pi 值的核心业务逻辑。在 Scala 语言中,代码"1 until n"会返回一个不包含区间上限 n 的数组:Range(1, 2, ⋯, $n-1$)。

然后,通过 parallelize 函数根据数组 Range(1, 2, ⋯, $n-1$)创建出一个分布式数据集 RDD,其中包含 slices 个分区,不同分区之间可以并行操作。

然后,通过 map 函数将该 RDD 映射为新的 RDD,映射的方式通过花括号中的 random 函数指定。该 random 函数表示:对于数组中的每个元素 i,随机产生[−1.0,1.0]范围内的坐标(x,y),然后根据"x * x + y * y <= 1"判断(x,y)是否在内切圆中,若在则返回 1,否则返回 0。总结起来,就相当于做一次试验,返回是否在内切圆中。

最后,通过 reduce 函数把 map 函数返回的 0 或 1 累加起来,就得到了落入内切圆的点数 count。reduce 函数用于对 RDD 中所有元素进行指定的归约操作:(_+_)。

在归约操作中,下画线是占位符,分别表示当前归约值和下一个元素,下画线之间是操作符,表示对当前归约值和下一个元素做加法操作。初始归约值是第一个元素。

这里的 reduce 函数会对每个元素迭代执行归约操作,直至最后一个元素,从而得到一个最终的归约值。归约操作也可以写成:reduce$((x,y) => x+y)$,更容易理解。

第 5 行代码,计算圆周率"4.0 * count / (n−1)",并输出计算结果。

第 6 行代码,关闭 SparkSession 会话。

3. 构建打包和运行

程序编写完成,需要利用 SBT 构建打包。安装配置 SBT 的具体步骤如下:

(1) 下载 sbt-1.3.13.tgz。

```
$ tar -zxvf sbt-1.3.13.tgz - C /usr/local      ♯ 解压缩 SBT 到安装目录,假设/
                                               usr/local
$ mv stb-1.3.13 sbt
```

(2) 默认情况下,sbt 使用的是国外的仓库地址,打包编译较慢。

```
♯   为了加快打包编译速度,建议更换仓库地址。
$ mkdir ~/.sbt
$ cd ~/.sbt
$ vim repositories      ♯ 编辑仓库配置文件,配置成华为云仓库
[repositories]
local
huaweicloud-maven: https://repo.huaweicloud.com/repository/maven/
maven-central: https://repo1.maven.org/maven2/
sbt-plugin-repo: https://repo.scala-sbt.org/scalasbt/sbt-plugin-releases, [or-
ganization]/[mod
ule]/(scala_[scalaVersion]/)(sbt_[sbtVersion]/)[revision]/[type]s/[arti-
fact](-[classifier]).[ext]
```

(3) 修改 SBT 配置文件。打开 conf 目录下的 sbtopts 文件,在末尾增加一行:

```
- Dsbt.override.build.repos = true
```

(4) 配置环境变量。

```
$ vim /etc/profile
export SBT_HOME = /usr/local/sbt
export PATH = $ SBT_HOME/bin: $ PATH
$ source /etc/profile
```

然后,在程序所在的根目录(~/calcPi)下创建一个 SparkPi.sbt 文件,声明应用程序的信息以及 Spark 依赖关系,内容如下(注意调整相应的 Scala 和 Spark 版本):

```
name : = "SparkPi"
version : = "1.0"
scalaVersion : = "2.12.10"
libraryDependencies + = "org.apache.spark" % % "spark-sql" % "3.
0.0"
```

然后,进入程序根目录,使用 SBT 对应用程序进行构建打包,脚本命令如下:

```
$ cd ~/calcPi
$ sbt package
```

如果打包成功,就会输出程序 Jar 包的位置以及"Done Packaging"提示。

最后,通过 spark-submit 将生成的程序 Jar 包提交到 Spark 集群运行,命令如下:

```
$ ./bin/spark-submit --class "SparkPi" ~/calcPi/target/scala-2.12/spark-pi
_2.12-1.0.jar
```

执行完成后,得到类似的执行结果: Pi 约等于 3.140315701578508。

6.6　章 节 小 结

Spark 框架由 Spark Core、Spark SQL、Spark Streaming、MLlib 和 GraphX 组成,支持内存迭代计算、交互式查询、实时分析、机器学习和图计算等多种计算场景。

(1) Spark 核心框架:RDD 操作模型、RDD 之间的血缘关系(窄依赖和宽依赖、Job 拆分为 Stage、Stage 包含 Task)、Spark 集群结构(Driver、Cluster Manager、Worker)、Spark 程序的运行流程。

(2) Spark SQL:SQL 编程模型(DataFrame、Dataset)、Spark SQL 执行架构。

(3) Spark 安装部署和编程实践(Spark Shell、Spark 应用程序)。

习　　题

(1) Spark 计算框架包括了哪些组件,能用来做哪些事情,支持哪些计算场景?

(2) 简要说明 Spark 的 RDD、DataFrame、Dataset 三种编程模型的概念及相互关系,Spark 在 RDD、DataFrame 和 Dataset 上提供了哪些操作算子? Spark 如何通过 RDD 的血缘关系将 Job 拆分成 Stage 并进而生成一系列并行 Task。综合阐述 Spark 是如何运用分片或者副本等技术提高性能,又是如何解决容错问题的?

(3) Spark 集群有哪些角色,分别承担哪些职责,如何相互配合实现分布式计算? Spark 提供了哪些的安装部署方式,其中的 Spark on YARN 又包括了哪两种运行模式,请说明在这两种运行模式下 Spark 应用程序是如何执行的?

(4) 针对电影评论数据集 IMDB(下载网址 https://datasets.imdbws.com/),编写 Spark 程序做一些电影数据分析,例如查找票房最高的 20 部电影的导演都是谁,再例如查找不同国家的电影产量,产量最大的国家占多少份额。

(5) 从基础概念和需求出发,使用思维导图或其他结构化方式总结本章的知识结构。

第7章　流计算框架 Flink

传统的大数据离线计算场景,响应时延长,分析结果的时效性不高。在现代 Web 应用、网络监控、传感器监测等系统中,数据往往随着时间持续、快速到达(即流数据),需要在短时间内实时处理并实时响应(即实时计算)。Flink 是目前业界推荐的流数据实时计算框架,兼具流批计算功能,支持每秒百万级流事件的高吞吐、低延迟处理。

7.1　流计算概述

7.1.1　流数据与流计算

在网络监控、传感器网络、气象测控和金融服务等领域,数据经常是以大量、快速、随时间变化的流形式持续到达,例如网络监控日志、PM2.5 监测数据、电子商务网站的用户点击率、股票价格变化数据等。这一类数据往往具有如下一些共性特征:

(1) 数据持续、快速、实时到达,源源不断,没有尽头。

(2) 数据来源众多,由成千上万的大量数据源持续产生。

(3) 不关注数据存储,数据一经处理,即可丢弃或归档。

(4) 关注数据的实时变化,数据价值随着时间逐渐流逝。

(5) 数据到达的顺序可能会颠倒,不受应用系统的控制。

流数据,可以定义为一组顺序、大量、快速、持续到达的数据序列,是一个随时间延续而无限增长的动态数据集合,可以表达无界的持续事件流。

流数据的处理,要求毫秒级或者秒级响应地实时计算,批处理通常无法满足要求,需要引入流计算处理模式,要求数据随到随算,单次计算的数据量不大,高效响应(毫秒级到秒级)。流计算是一种常驻的、由事件被动触发的、持续的计算服务。

流计算通常适用于实时计算场景,尤其是数据价值随时间推移而流失的业务,例如实时推荐和在线监控等任务,要求对数据的变化及时做出响应。流计算也适合于事件驱动的数据流,随着事件的发生持续计算,迅速更新计算结果,保证处理的时效性。

例如百度、淘宝等大型网站,每天都会产生大量流数据,包括用户的搜索内容、用户的浏览记录等数据。采用流计算进行实时数据分析,可以了解每个时刻的流量变化情况,甚至可以分析用户的实时浏览轨迹,从而进行实时个性化内容推荐。

再例如交通路线导航,借助于流计算的实时特性,获取和利用海量的历史和实时交通数据,不仅可以根据交通情况制定导航路线,而且在行驶过程中,也可以根据交通情况的变化实时更新路线,始终为用户建议最佳的行驶路线。

7.1.2　流计算处理流程

传统的数据处理流程,需要采集数据并存储在关系数据库等数据管理系统中,然后由用户通过查询与数据管理系统进行交互。而流计算处理流程则是数据随到随算、随时查询,通常包含三个阶段:数据实时采集、数据实时计算、实时查询服务,如图 7-1 所示。

图 7-1　流计算处理流程

在数据实时采集阶段,采集多个数据源的大量数据,需要保证实时性、低延迟与稳定可靠。以日志数据为例,在大规模的分布式集群中,日志数据分散存储在不同的机器上,需要实时汇总不同机器上的日志数据。目前,已经有许多互联网公司开源发布了分布式日志采集系统,均可满足每秒数百 MB 的数据采集和传输需求,如 Kafka、Flume 等。

在数据实时计算阶段,对采集的数据进行实时的分析和计算,并实时反馈计算结果。经过流计算系统处理后的数据,可视情况存储或归档,以便之后再做分析计算。在时效性较高的场景中,处理之后的数据甚至会直接丢弃。

实时查询服务,对流计算实时反馈的计算结果进行存储、展示和实时查询。传统的数据处理流程中,需要用户主动发出查询才能获得想要的结果。而在流计算处理流程中,实时查询服务可以注册查询并不断更新结果,将用户所需的结果实时推送给用户。

7.1.3　流计算框架

流计算实时获取来自不同数据源的数据,经过实时计算,获得有价值的信息,同样需要一个低延迟、可扩展、高可靠的处理引擎,以满足如下的需求:

(1) 高性能:处理大数据的基本要求,如每秒处理几十万条数据。

(2) 海量性:支持 TB 级甚至是 PB 级的数据规模。

(3) 实时性:保证较低的延迟时间,达到秒级,甚至毫秒级。

(4) 分布式:支持大数据的基本架构,必须能够平滑扩展。

(5) 可靠性:能高可靠、高可用地处理流数据。

(6) 易用性:能够快速进行开发和部署。

1. Spark Streaming

Hadoop 擅长批处理,不适合流计算。Hadoop MapReduce 是面向大规模静态数据做批量处理的,多台机器并行运行 MapReduce 任务,最后对结果进行汇总输出,其内部实现机制为批处理做了高度优化,不适合处理持续到达的动态数据。

Spark 提供了 Spark Streaming 流处理引擎,基本思路是把数据流以时间片(如 1 秒)为单位切成一段段的离散化数据流(Discretized Stream,DStream),进行 mini-batch 处理。把每一段 DStream 都转化为 RDD,对 DStream 的操作最终都转换为对相应 RDD 的操作,由 Spark 批处理引擎去执行,如图 7-2 所示,从而模拟出流计算的效果。

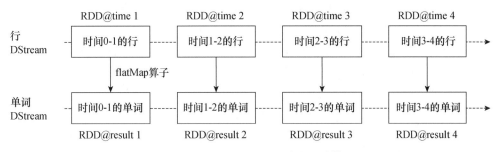

图 7-2　Spark Streaming 流处理引擎

Spark Streaming 构建在 Spark 核心引擎之上,原因在于 Spark 通过内存计算可以实现低延迟的实时计算(100 毫秒),而且 RDD 也便于实现高效的容错处理。

Spark Streaming 采用的 mini-batch 小批量处理方式,使其可以兼具批量和实时数据处理能力,非常适合需要历史和实时数据联合分析的特定应用场合。Spark Streaming 能够达到秒级响应,无法实现毫秒级响应,对于实时性要求更高的应用无能为力。

2. 其他流处理框架

除了 Spark Streaming 之外,业界还有很多专门的流数据实时计算框架。商业级的有 IBM 公司的 InfoSphere Streams 和 StreamBase,开源框架有 Apache Storm 和 Apache Flink。

其中,Apache Flink 是业界主推的第三代流处理引擎,能够帮助用户实现有状态的流处理应用程序,是本章主要介绍的流计算框架。

7.2　Flink 框架简介

Flink 是新一代流计算框架和分布式处理引擎,用于对无界和有界数据流进行有状态的分布式计算,兼具流计算、批处理等多种计算功能,如图 7-3 所示。Flink,在德语中表示快速和灵巧。Flink 起源于 2010—2014 年柏林大学和欧洲一些大学共同研究的 Stroatosphere 项目,2014 年捐献给 Apache 基金会,此后迅速发展成为 Apache 顶级项目。

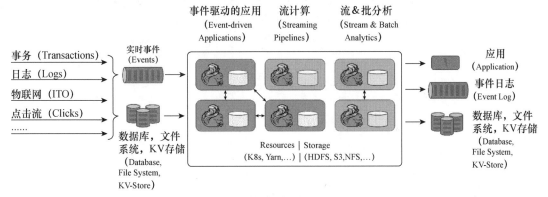

图 7-3　Flink 流计算框架

Flink 流计算框架支持高吞吐、低延迟的高性能分布式流处理。每秒可以处理数百万个事件,毫秒级延迟,应用可以扩展在数千个核上运行。能够支持多种计算场景,兼具事件驱动、批处理和流计算等功能。提供了丰富的窗口操作。支持精确一次(Exactly-once)的一致性语义。此外,还基于轻量级分布式快照提供了高可用的容错处理。

Flink 根据抽象程度提供了不同层次的编程 API,每一种 API 在简洁性和表达能力上有不同的侧重,能够应对批处理、流计算以及表操作等不同的应用场景。

7.3 Flink 流计算框架

Flink 流计算框架借鉴 Google 的 DataFlow 模型,将流计算抽象为数据流(DataStream)在各种操作算子上的流动,利用数据和计算的分片、副本等技术手段,将用户应用程序拆解为一系列可并行任务,然后把任务调度到集群上去运行,得到结果。

7.3.1 Flink 流计算特性

1. 一切皆流的世界

在 Flink 的世界中,一切数据都被抽象为流(DataStream),离线数据是有时间界限的流(称为有界流),实时数据是没有时间界限的流(称为无界流)。

其中,无界流的输入没有终止边界,无法等待所有数据都到达,往往要求在获取到单条或少量数据之后就立即触发计算,以获得更具时效的计算结果。处理无界流通常要以特定顺序(如事件发生顺序)获取事件,以便推断结果的完整性。

有界流则有明确定义的开始和结束,在计算之前可以获得所有数据。有界流无须有序获取,因为可以随时对其进行排序,有界流适合于批处理。

Flink 追求流计算和批处理一体化(流批一体),即通过同一套流计算的处理机制和编程框架,同时应对流计算和批处理的计算场景。

2. 数据流的时间语义

分布式环境没有全局一致的时钟,存在网络延迟和异常等问题,导致事件会延迟或者乱序到达,事件进入系统的处理时间与事件实际发生的时间差别很大。为此,Flink 提供了丰富的时间语义,如图 7-4 所示,可以处理实际的发生时间(即事件时间)、事件进入系统的时间(即摄入时间)以及事件在系统中进行计算的时间(即处理时间)。

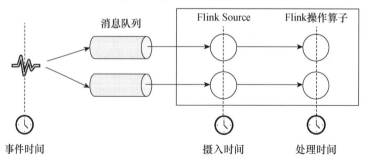

图 7-4 Flink 提供的时间语义场景

（1）事件时间（Event Time）与水位线：事件时间是事件实际发生的时间，通常在事件数据中会包含事件时间戳。事件时间，能够如实反映事情是如何发生、发展的，即使是在事件乱序、延迟或者备份数据回放等情况下，事件时间都能给出正确的计算结果，但是会产生一定的延迟。

分布式系统中网络传输延迟是不确定的，导致实际的数据流会延迟或者乱序。例如，08:59:59 时刻设备发生压力故障的事件，传输到流处理系统可能已经延迟到 09:00:02；或者在 08:59:58 和 08:59:59 先后发生的两个事件 E1 和 E2，结果事件 E2 却在 09:00:01 先到达了流处理系统，而事件 E1 在 09:00:02 才到达流处理系统，即事件乱序到达。

因此，虽然使用事件时间更符合实际的业务计算逻辑，但是在数据到达后却不能立即进行计算，需要等待一段时间再计算。例如，统计 8:59—9:00 时间窗口内发生的事件，不能在 9:00 就进行计算，因为可能还有一些发生在 8:59—9:00 窗口中的事件还没有到达，必须等待一段时间，才能把该窗口发生的所有事件都收集起来，获得正确的计算结果。

那么，究竟要等待多长时间才能保证所有事件都已经到达呢？在分布式环境下无法预先知道，也不可能无限期的等待。Flink 引入了水位线（Watermark）机制，用于衡量事件时间的当前进度，避免时间窗口操作无限期地等待下去。

水位线（Watermark），是 Flink 根据特定规则向数据流中插入的单调递增的事件时间戳，且跟事件一样随着流而传输。如图 7-5 所示，图中的方框是数据流事件，方框中的数字是事件时间戳；圆形框是 Watermark，其中的数字是水位线时间戳。

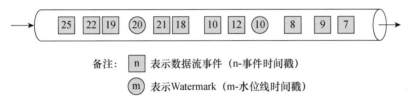

备注： ☐n☐ 表示数据流事件（n-事件时间戳）

　　　 ⓜ 表示Watermark（m-水位线时间戳）

图 7-5   Flink 引入的水位线（Watermark）机制

Watermark 携带的时间戳，表示事件时间当前已经进展到该时间戳，此后到达的事件不会早于该时间戳。Flink 在等待一个时间窗口内全部事件的过程当中，如果接收到一个 Watermark，并且该 Watermark 的时间戳大于等于窗口的结束时间，就可以认定不会再有早于该 Watermark 时间戳的事件到来了，也就是说，可以认定该时间窗口内所有的事件都已到达，可以触发针对该窗口的计算了，即使实际上还有部分事件没有到达。

Flink 引入水位线，意味着针对一个时间窗口，流计算不会无限等待，而是延迟一个有限时间。因此，水位线是在时间延迟和结果完整性之间的平衡手段。在现实应用中，需要仔细分析理解数据产生和处理需求，估算延迟上限，设置合理的水位线。

如果水位线过于贴近时间窗口边界，则流计算结果的延迟很小，但是可能有很多的窗口数据没有收集到，计算结果的完整性会比较差。如果水位线设置得很松弛，可以收集到尽量多的窗口事件，但是，水位线大大落后于处理时间，计算延迟大。

（2）处理时间（Processing Time）：处理时间是当前机器处理该事件的本地时钟时间（即进入某个算子时的系统时间），利用处理时间可以获得高性能和低延迟。处理时间非常简单，数据到达立即处理，性能最高且延迟最低。然而，在分布式环境下受数据到达和流动速度的影响，处理时间与事件实际发生的时间可能相距甚远，不能保证提供完整且确定的计算结果。

（3）摄入时间（Ingestion Time）：摄入时间是数据进入流处理系统的时间。利用摄入时间，就是把数据进入流计算系统的时间，当作数据的产生时间添加到数据里，相当于事件时间和处理时间的一个中和。摄入时间可以保证比较好的正确性，同时不会引入太大的延迟。

Flink 早期版本默认使用处理时间语义。从 1.12 版本开始，Flink 已经把实际应用更广泛的事件时间作为默认的时间语义。

3. 数据流的窗口操作

对于无界的数据流，不可能等到所有数据都到达再处理，通常是定义一个窗口并针对窗口内的数据做计算，称为窗口操作（Window）。例如，在过去的 2 分钟出现的所有元素的总和是多少，如图 7-6 所示，每经过 2 分钟就触发一次 sum 计算。

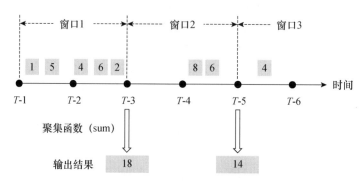

图 7-6　Flink 窗口操作示例（过去 2 分钟的元素总和）

Flink 通过窗口操作把无界数据流切割为有限数据块，并且将离线数据认为是流数据的一种特例。在 Flink 底层只有一个流式处理引擎，支撑流批一体处理。

窗口可以根据事件时间或者处理时间进行分组（如每 2 分钟），称为时间窗口（Time Window）；也可以根据计数分组（如每 5 个元素），称为计数窗口（Count Window）。此外，Flink 还支持滚动窗口、滑动窗口、会话窗口、全局窗口，如图 7-7 所示。

（1）滚动窗口（Tumbling Window）：是在数据流中创建的不重叠的相邻窗口，窗口长度固定且没有重叠。滚动窗口可以根据固定的计数长度进行分组，例如每 3 个元素一组做一个窗口；或者根据时间长度进行分组，例如每 4 分钟的元素一组做一个窗口。

（2）滑动窗口（Sliding Window）：与滚动窗口类似，窗口长度固定，但是窗口之间有重叠。例如，滑动窗口可以根据固定的计数长度进行分组，例如计算最近 3 个元素之和，每 2 个元素计算一次；或者根据固定的时间长度进行分组，例如，计算每 4 分钟的窗口元素，但要求每 3 分钟计算一次。

（3）会话窗口（Session Window）：把时间上接近的元素分到同一组的窗口中。会话窗口由会话间隙配置，表示在会话窗口关闭之前需要等待多久时间。

（4）全局窗口（Global Window）：将所有元素放到一个窗口中。全局窗口没有自然的窗口结束时间，需要自己指定如何触发计算。

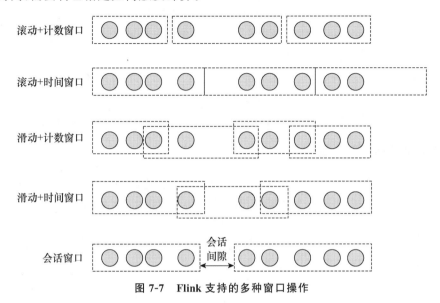

图 7-7　Flink 支持的多种窗口操作

4. 数据流的状态特性

流计算通常是有状态的，在计算过程中需要维护一些中间信息（如当前计算结果），称为状态（State），后续计算需结合最新数据和状态来进行，如图 7-8 所示。

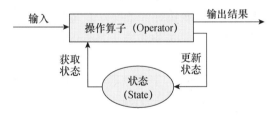

图 7-8　有状态的流计算操作算子

例如，在数据流上进行 sum 求和运算，就需要维护当前数据流的总和这一状态，不妨记作 currentSum。当新数据 newData 到来时，就用如下逻辑更新当前总和：

```
currentSum = currentSum + newData;
```

流计算中状态往往需要持久化。在流数据的增量计算场景中，数据逐条处理且每次计算都是在上一次计算结果之上进行，故需要持久存储当前的计算结果。更重要的是，当机器故障或者网络异常导致任务运行失败时，重启任务就要把所有状态恢复到某个时间点的一致状态，然后从该时间点重启任务执行，故容错恢复同样需要状态持久化。

5. 流计算一致性语义

流计算处理需要保证某种程度的数据一致性，即故障的发生和恢复是否不影响流计算的结果。流计算的一致性语义有：最多一次、至少一次和精确一次。

（1）最多一次（At-most-once）：应用程序中的所有算子都保证数据或事件最多处理一次。如果数据在被流处理完成之前发生丢失，不会重试或者重新发送。

（2）至少一次（At-least-once）：应用程序中的所有算子都保证数据或事件至少被处理一次。如果事件在被流完全处理之前丢失，则将从源头重放或重新传输事件。由于事件可以被重传，因此一个事件有时会被处理多次。

（3）精确一次（Exactly-once）：在各种故障的情况下，所有算子都保证数据或事件只会被恰好处理一次。故障的发生和恢复不影响流计算结果。

Flink 通过分布式快照进行状态持久和容错恢复，支持精确一次的流计算语义。

7.3.2 Flink 流计算模型

Flink 把流计算统一抽象为数据在一系列操作算子上的流动过程。其中，在一系列操作算子之间流动的数据，形象地称为数据流（DataStream），如图 7-9 所示。

图 7-9 Flink 应用的编程模型

操作算子（Operator）是对数据流进行的加工处理操作。其中，Source 算子用于创建或加载数据源从而产生数据流，Transformation 算子用于对数据流进行加工处理并生成新的数据流，Sink 算子用于将数据流输出或者存储起来。

在具体执行的时候，Flink 会将同一个操作算子复制到多个工作节点上，建立该算子的多个副本。当数据流过算子副本时，就执行算子操作。通过这种方式，Flink 就把一个算子任务拆解成多个并行的子任务（Subtask），在集群上并行运行。

1. 数据流（DataStream）

DataStream，是 Flink 分布式数据流，字面意思就是流动的数据。但是，数据流的本质含义其实是数据流动的通道。具体到 Flink 上，DataStream 的本质含义是从一个算子到另一个算子之间数据流动的一个或多个并行管道，如图 7-10 所示。

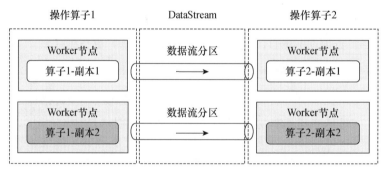

图 7-10 数据流（DataStream）

在图 7-10 中，操作算子 1 和操作算子 2 之间的 DataStream 数据流，拥有两个并行管道，约定了上下游算子-副本之间的数据流动通道。因此,数据流,就是约定算子-副本之间数据流动方式的一组并行管道,每个管道术语称为一个数据流分区(Partition)。

与 Spark RDD 类似,Flink 的 DataStream 也是不可变的,一经创建就不能向其中添加或删除元素,只能通过操作算子生成或转换产生新的 DataStream。

2. 操作算子

数据流上的操作算子有三类:Source、Transformation 和 Sink。其中,Source 算子,负责读取数据源创建 DataStream;Transformation 是转换算子(如 map、filter 等),负责对 DataStream 进行处理加工,生成新的 DataStream;Sink 算子负责输出。

(1) Source 算子:Flink 提供了文件数据源、Socket 数据源、集合数据源以及丰富的外部数据源连接器(如 Kafka、HDFS 等),还可以定义自己的数据源连接器。

(2) Transformation 算子:常用转换操作有 map / flatMap / filter / keyBy / reduce / fold / aggregations / window / windowAll / union / join / split / select 等。

(3) Sink 算子:常见的 Sink 算子有打印输出、写入文件、写入 Socket、自定义 Sink。

3. 标准 Flink 程序结构

标准的 Flink 程序始于 Source 算子(加载/创建初始数据),终结于 Sink 算子(指定输出位置),中间是一系列 Transformation 算子,例如下面一段 Java 代码:

```
StreamExecutionEnvironment env = StreamExecutionEnvironment. ge-
tExecutionEnvironment();
DataStream<String> lines = env. readTextFile("file:///path/to/
file");    //Source(源算子)
DataStream<Event> events = lines. map((line) - > parse(line));
  //Transformation(转换算子)
DataStream<Statistics> stats = events. keyBy("id")
//Transformation(转换算子)
. timeWindow(Time. seconds(10))
. apply(new MyWindowAggregationFunction());
stats. addSink(new BucketingSink(hdfs_path));
  //Sink(接收器算子)
env. execute("Flink application");
```

第一行获得流执行环境,然后按部就班地编写三类算子。

第二行代码,通过 Source 算子,读取本地文件,生成 DataStream 数据流 lines。

第三行和第四行代码,是 Transformation 算子:其中,第三行代码,通过转换算子 map 将每一行数据映射为事件 Event,得到事件数据流 events;第四行代码,通过转换算子 keyBy 对 events 事件流按 id 键进行分组,并且通过转换算子 timeWindow 和 apply 对不同分组的事件以 10 秒为窗口进行分组聚合统计,得到统计结果的数据流。

第五行代码,通过 Sink 算子,将统计结果以分桶方式写入 HDFS。

编写完成 Source->Transformations->Sink 三类算子,只是定义好了作业需执行的所有操作,此时并没有真正处理数据,因为数据还没有到来。Flink 的流计算是由事件驱动的,只有等数据实际地流经过,才会触发真正的计算,即延迟执行(Lazy Execution)。

要让程序定义的作业运行起来,需要显式地调用执行环境的 execute()函数,触发程序执行。execute()函数会一直等待作业完成,返回执行结果。

7.3.3　Flink 数据流图

如图 7-11 所示,用户编写的 Flink 应用程序,在执行时会被解析映射成一个逻辑数据流图(StreamGraph),表示了程序中流和操作算子形成的拓扑结构;然后,对 StreamGraph 进行算子链合并的优化,生成作业图(JobGraph);进而,根据 JobGraph 产生并行化的作业图,称为执行图(ExecutionGraph);最后,根据执行图在集群节点上部署运行任务,形成一个实际的运行结构就是物理执行图(PhysicalGraph)。

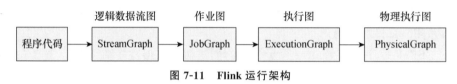

图 7-11　Flink 运行架构

1. 逻辑数据流图(StreamGraph)

Flink 程序在执行时会被解析映射成一个有向无环的逻辑数据流图(StreamGraph),开始于 Source 算子,经过一系列 Transformation 算子,终结于 Sink 算子。例如,上文的程序代码,经过解析映射生成了一个逻辑数据流图,如图 7-12 所示。

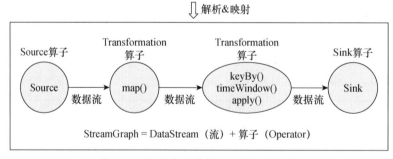

图 7-12　程序代码映射为逻辑数据流图

2. 算子链与作业图(JobGraph)

对于逻辑数据流图,Flink 会将其中一些算子合并优化成单一的算子,如图 7-13 所示,称为算子链(Operator Chain)。经过合并优化的数据流图,称为作业图(JobGraph)。

在具体执行时,一个算子链对应于一个执行链,每个执行链将作为独立的 Task 任务在一个或多个独立线程中执行。根据算子链生成 Task 任务，可以减少线程之间的切换，减少缓存区之间的数据交换，减少消息的序列化和反序列化。

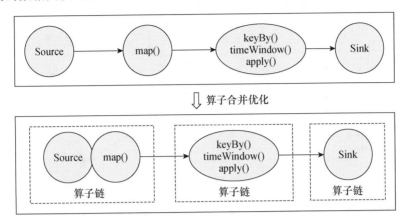

图 7-13　逻辑数据流图优化生成作业图

Flink 中上游算子和下游算子之间存在两种数据转发模式：一对一和重分区。如果上下游算子，都是一对一模式的算子，则可以考虑合并优化为算子链。

（1）一对一模式（One-to-one，Forwarding）：在一对一模式下，DataStream 保持分区以及元素顺序，类似于 Spark 的窄依赖。例如，在图 7-13 中，Source 算子读取数据之后，一对一直接发送给 map 算子处理，数据没有重新分区或者调整顺序。map、filter、flatMap 等都是一对一模式的算子。

（2）重分区模式（Redistributing）：在重分区模式下，DataStream 分区会发生变化，数据的顺序会打乱，类似于 Spark 的宽依赖。例如，keyBy 分组算子会根据 Key 进行哈希重分区。另外，如果算子之间的任务并行度不同，则数据就要重新平衡，以便把数据均匀地分发给下游任务。

3. 执行图（ExecutionGraph）

Flink 在收到 JobGraph 后，会根据它生成执行图，其实就是并行化版本的 JobGraph，如图 7-14 所示。Flink 的并行，从数据分布的角度，表现为一个 DataStream 具有一个或多个流分区（Partition）；从计算并行的角度，表现为副本算子（Replica）。

Flink 将一个算子操作复制到多个节点，建立多个副本算子。当数据流的分区到达后，就可以选择到任意一个副本算子去执行。通过这种方式，Flink 就把一个任务拆解成多个并行的 subtask 子任务，子任务之间彼此独立，在集群上并行运行。

（1）算子的并行度：一个算子的子任务个数，称为该算子的并行度（Parallelism）。一个程序中，不同的算子可以有不同的并行度。在图 7-14 中，Source&map 算子链是一个独立的任务，被复制为两个副本算子，运行两个子任务，故其算子并行度为 2。keyBy/timeWindow/apply 算子链，同样被复制为两个副本算子，运行两个子任务，并行度为 2。Sink 算子只有一个副本，并行度为 1。整个作业的并行度，通常认为是所有算子的最大并行度。

（2）数据流重分区：对于一个并行度为 n 的算子，会运行 n 个并行的子任务。为了适配上下游算子，必要的时候需要对数据流进行重分区。常用的重分区策略如图 7-15 所示。

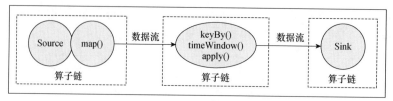

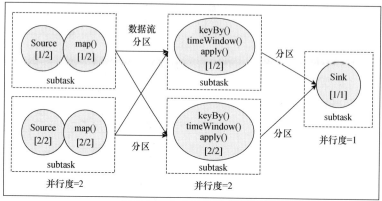

图 7-14　作业图生成执行图

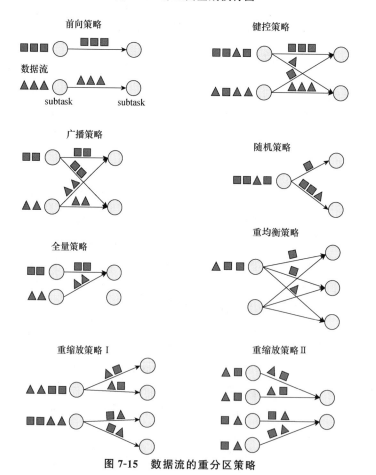

图 7-15　数据流的重分区策略

（1）前向策略（ForwardPartitioner）：就是一对一保持分区的模式，如果上下游算子都是一对一模式且算子并行度相同，则无须重分区。

（2）键控策略（KeyGroupStreamPartitioner）：根据 Key 对数据流进行重新分区，将相同 Key 的数据分发给下游算子的同一个子任务处理。

（3）广播策略（BroadcastPartitioner）：将所有数据发送到下游算子所有的子任务上。这种策略会大量复制数据且涉及网络通信，代价相当昂贵。

（4）随机策略（ShufflePartitioner）：将数据随机分发给下游算子的某个子任务处理。

（5）全量策略（GlobalPartitioner）：将全部数据发给下游算子第一个子任务处理。

（6）重均衡策略（RebalancePartitioner）：以循环方式将数据依次发送到下游算子所有的子任务，使数据在所有下游算子的子任务上均衡分布。

（7）重缩放策略（RescalePartitioner）：根据上下游算子的并行度，将数据以循环方式发送到下游算子的子任务。例如，上游算子并行度为 2 而下游为 4，则 1 个上游分区对应 2 个下游分区；若上游为 4 而下游为 2，则 2 个上游分区对应 1 个下游分区。

4．物理执行图（PhysicalGraph）

Flink 根据执行图在集群上调度部署任务，最终的物理执行过程也构成图，称为物理执行图（PhysicalGraph）。物理图只存在于具体执行层面，不是实际的数据结构。

7.3.4　Flink 集群结构

Flink 集群采用 Master-Slave 架构，如图 7-16 所示。其中，Master 节点运行 JobManager 进程，负责资源的管理、任务的调度和分配等；一个或多个 Slave 节点（Worker 节点）运行 TaskManager 工作进程，用于具体执行 JobManager 分配来的任务。

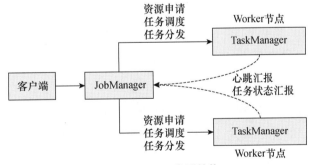

图 7-16　Flink 集群结构

客户端（Client）负责编译优化程序，生成 JobGraph 并发送给 JobManager。此后，客户端就可以断开连接（称为分离模式，Detached Mode），或者保持连接并获取任务运行报告（称为附加模式，Attached Mode）。客户端可以内置在 Java 或者 Scala 编写的 Flink 应用程序中，作为程序的一部分运行，也可以在命令行进程 ./bin/flink run …中运行。

JobManager 是作业管理器，负责资源申请和任务协调。TaskManager 是任务管理器，负责执行算子任务，同时与 JobManager 保持心跳沟通并汇报任务运行状态。

客户端将 Flink 应用程序编译打包，提交到 JobManager；然后，JobManager 根据已注册的 TaskManager 的资源使用情况，将任务分配给有资源的 TaskManager 节点，启动并运行任务;TaskManager 从 JobManager 接收到任务,启动并运行任务。

1. JobManager

JobManager 是 Flink 集群的中央控制核心,一个 Flink 集群中只能存在一个正在运行的 JobManager,负责控制应用程序执行的资源分配、任务调度和状态报告。具体地,Job-Manager 实际上包含了三个组件:ResourceManager、Dispatcher 和 JobMaster。

(1) ResourceManager(资源管理器):负责 Flink 集群资源的分配、回收和供给。Flink 提供了多种 ResourceManager 实现,可以连接不同的集群资源管理工具,如 Standalone、YARN 或者 Kubernetes 等。

在 Flink 集群中,资源指的是 TaskManager 节点上可用于执行任务的计算资源。为了便于管理和分配,将计算资源分割成一个个固定的资源子集,每个资源子集称为一个 task slot(任务槽),是资源调度的基本单位,任务需要分配到 task slot 上去执行。

(2) Dispatcher 组件:提供 REST 访问接口,用于提交 Flink 应用程序,并为每个作业启动一个 JobMaster。此外,提供 Flink WebUI 用于访问作业执行信息。

(3) JobMaster 组件:JobMaster 是 JobManager 最核心的组件,负责处理单独的 Job 作业。JobMaster 与 Job 一一对应,一个 Flink 集群可以运行很多 Job,每个 Job 都有自己的 JobMaster。

在作业提交的时候,JobMaster 已经接收到了要执行的应用,包括应用程序的 Jar 包、逻辑数据流图和作业图;然后,JobMaster 根据作业图生成执行图,其中包含了所有需要并发执行的 subtask(子任务),如图 7-14 所示。

进而,JobMaster 向 ResourceManager 申请执行任务所需的 task slot 资源。当获得了足够的 task slot 资源后,JobMaster 就将任务交给 task slot 去运行,也就是把执行图发给具体执行的 TaskManager,命令 TaskManager 启动并运行任务,如图 7-17 所示。

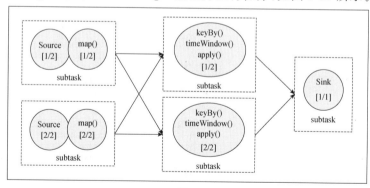

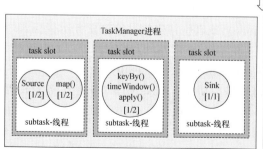
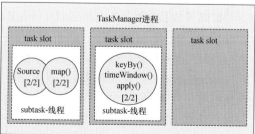

图 7-17　JobMaster 将并行任务调度到 TaskManager

2. TaskManager

TaskManager 是作业任务的实际执行者,并且缓存和交换数据流,一个 Flink 集群至少要有一个 TaskManager。JobManager 将任务分配给有 task slot 资源的 TaskManager,然后 TaskManager 进程在 task slot 中启动独立的线程并运行任务。如图 7-17 所示,对于执行图中的每个 subtask,分配相应的 task slot,在其中启动线程运行任务。

(1) task slot(任务槽)。task slot 是 TaskManager 资源管理的最小单位,它代表了 TaskManager 上一个固定的资源子集,在其中可以启动线程运行一个或多个算子。每个 TaskManager 至少要有一个 task slot,可以更多。通常将 slot 数量设置为 CPU 核数,8 核 CPU 就配置 8 个 slot。

TaskManager 会将其托管的资源平均分配给所有的 task slot。例如,在图 7-17 中,每个 TaskManager 有 3 个 task slot,则每个 task slot 会占用其 1/3 的托管内存。

一个 TaskManager 上有多少个 task slot,就表示该 TaskManager 最多可以接受的任务数量。因此,Flink 集群的最大并行度,就是所有 TaskManager 中的 task slot 数量。

(2) task slot 可以共享。Flink 默认允许多个 subtask 共享同一个 task slot,只要它们都来自于同一个作业。允许共享 task slot,可以提高集群的资源利用率。

倘若不允许共享 task slot,如图 7-17 所示的那样,则那些比较轻量的计算任务(如 source/ map),与计算密集的任务(如 timeWindow)会占有同样多的资源,从而造成资源利用不充分。

因此,把图 7-17 中执行图的基本并行度从 2 增加到 6,则通过 task slot 共享,可以平衡轻量任务和繁重任务之间的资源消耗,提高资源利用率,如图 7-18 所示。

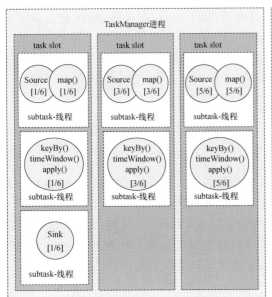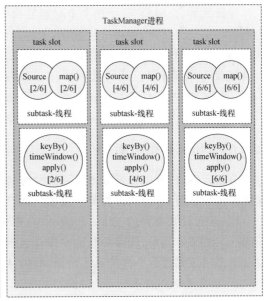

图 7-18　共享 task slot 平衡不同任务的资源消耗(并行度=6)

7.3.5　Flink 运行流程

在 Flink 的集群结构下,运行应用程序的主要流程,如图 7-19 所示。

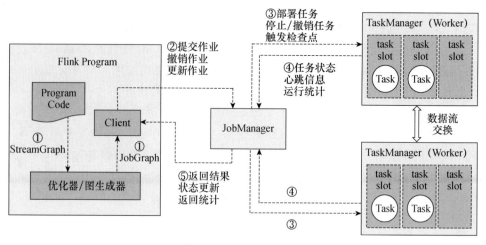

图 7-19　Flink 运行流程

（1）首先，根据程序代码生成逻辑数据流（StreamGraph），然后由优化器和图生成器生成作业图（JobGraph）。

（2）客户端提交作业，将逻辑数据流图和作业图发给 JobManager。

（3）JobManager 根据 JobGraph 生成执行图，然后通过调度器将执行图中的子任务调度部署到 TaskManager。JobManager 不断接受 TaskManager 的心跳信息，因而 JobManager 能够及时获取 TaskManager 的资源使用情况，进行合理的调度。

除此之外，JobManager 还会定时触发检查点事件，命令所有 TaskManager 把任务运行的当前结果记录下来，保存成快照，用于容错恢复。

（4）TaskManager 接收到 JobManager 调度来的子任务，就在 task slot 中启动独立的线程并加载运行子任务。运行过程中，TaskManager 不断向 JobManager 汇报任务状态。在程序运行过程中，子任务与子任务之间可以进行数据流交换。

（5）任务运行结束，JobManager 收到通知，发送执行结果 Client。

7.3.6　Flink 容错机制

分布式系统，发生机器故障或网络分区等异常是常态。因此，Flink 需要容错机制，以确保在发生异常时，可以快速恢复并且依然能产生准确的流计算结果。

Flink 通过状态快照（State Snapshot）和流重放（Stream Replay）机制，实现容错恢复和精确一次语义。其中，快照不断地将作业运行的中间状态保存起来。当遇到错误时，则将作业状态都回滚到最近一次的状态快照，然后从该状态重新回放数据流。

1. 检查点和保存点

Flink 通过检查点（Checkpoint）和保存点（Savepoint）实现状态持久化，把任务运行的中间结果、数据流当前位置等状态信息记录下来，形成一致性的状态快照。

（1）Checkpoint：Checkpoint 提供了定期对状态进行快照备份和恢复的能力。检查点生成的快照，是所有任务的状态在某个时间点的一份拷贝，要求这个时间点是所有任务恰好都处理完一个相同的输入数据的时刻，称为状态一致的检查点，会产生状态一致快照。

如图 7-20 所示的数据流处理任务。Source 任务,消费一个递增的数字流(1,2,3,…);然后,数字流被分区为一个奇数流和一个偶数流,分别交给累加偶数(sum_even)和累加奇数(sum_odd)两个求和任务,计算偶数和奇数的累加和。

因此,需要持久化的状态包括:

① 数据流的当前状态:Source 任务中输入流的当前偏移量;

② 算子任务的中间结果:sum_odd 和 sum_even 任务中当前的累加和。

如果在输入偏移量为 5 的时候,Flink 触发了一个检查点,sum_odd 和 sum_even 任务的状态为 6 和 9,此时把状态[5,6,9]保存起来,就是一个状态一致快照。

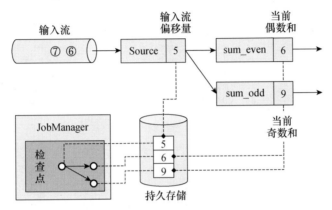

图 7-20　计算偶数和奇数累加和的检查点

(2) Savepoint:Flink 还提供了保存点(Savepoint)机制,与检查点非常类似。实际上,Savepoint 就是程序员手动触发的 Checkpoint,对作业任务进行快照并将其写入状态后端。

当用户在更新应用程序的时候,需要先停掉应用,然后更新应用,之后再重启应用。此时,就可以手动触发 Savepoint 生成快照,然后再进行应用程序的更新活动。更新完成之后,利用 Savepoint 可以恢复应用程序停机时的状态,并从该状态重启应用程序。

2. Flink 容错恢复

通过 Checkpoint 和 Savepoint 机制,Flink 对数据流不断地做快照,可以进行容错恢复,尤其是 Flink 的恢复可以达到精确一次的流处理一致性要求。

Flink 利用定时触发的检查点,将数据流运行状态整体记录并存储下来,形成状态一致性快照。当发生故障时,Flink 作业会自动执行容错恢复,将作业状态回滚到最近一次检查点保存的全局状态一致快照,并从该时间点开始重放数据流,执行流计算。因此,Flink 的容错机制结合了检查点和流重放,确保实现 Exaclty-once 语义。

7.4　Flink 安装部署

Flink 可以支持多种不同的集群资源管理器,从而形成不同的安装部署方案,包括 Local 本地模式、Standalone 集群模式、Flink on YARN 模式以及 Flink on Kubernetes 容器集群模式。各种模式下 Flink 的安装部署细节,请参见附录。

7.4.1 Flink 集群部署模式

根据集群生命周期和资源隔离程度,还可以把 Flink 集群部署为常驻运行的 Flink Session 集群、作业专用的 Flink Job 集群以及应用专用的 Flink Application 集群,不同的集群部署方式,对应地称为 Session 模式、Per-Job 模式和 Application 模式,如图 7-21 所示。

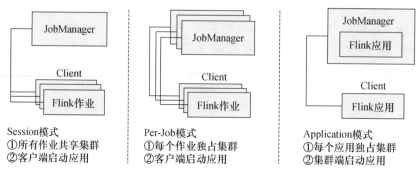

图 7-21　Flink 集群的三种部署模式

1. Session 模式

Session 模式,指的是预先建立一个常驻运行的集群,即 Flink Session 集群,客户端连接到集群,可以反复提交很多作业。即使所有作业完成,集群及其 JobManager 仍继续运行直到手动停止。因此,Flink Session 集群的生命周期与 Flink 作业无关。

在 Session 模式下提交作业,由 ResourceManager 从 TaskManager 分配出执行任务的 task slot,作业完成后释放任务槽。可以看出,Session 模式下所有作业共享集群资源(任务槽和网络带宽等),因此作业之间存在资源竞争关系。

此外,在 Flink Session 集群中,如果 TaskManager 崩溃,则在该 TaskManager 上运行任务的所有作业都会失败。如果 JobManager 错误,则会影响正在运行的所有作业。

Flink Session 集群是常驻运行的,因而节省了申请资源和启动 TaskManager 的大量时间。对于执行时间很短的作业,能够避免因为启动时间长而影响用户体验。如果集群需要执行大量的短小作业或者交互式查询,适合使用 Flink Session 集群。

2. Per-Job 模式

Per-Job 模式,指的是对每个作业都部署一个新的集群,称为 Flink Job 集群,该集群只能用于该作业。当用户提交一个作业,客户端首先通过集群资源管理组件(如 YARN)申请资源并启动 JobManager,然后把作业提交给 JobManager。进而,JobManager 根据作业的资源需求分配 TaskManager。一旦作业完成,Flink Job 集群就被拆除。

Per-Job 模式下每个作业独占一个集群,JobManager 发生错误仅影响其中运行的一个作业,资源隔离程度高。由于每个作业都要部署一个集群,ResourceManager 需要申请资源、启动 JobManager 和 TaskManager 进程,会消耗较长的时间。因此,Flink Job 集群适合少量的、运行时间较长且对启动时间不敏感的大型作业。

3. Application 模式

在 Application 模式下,对每个提交的应用程序(包含一个或多个作业)创建一个独立的集群,称为 Flink Application 集群,该集群只能用于该应用的作业,应用执行完成后拆除集群。因此,Flink Application 集群的生命与 Flink 应用程序同始同终。

此外,在 Session 模式和 Per-Job 模式下,客户端会启动 Flink 应用程序并完成一些作业,包括下载应用依赖包、执行 main 函数导出数据流图、把依赖包和 JobGraph 发送到集群等,这些作业需要消耗大量的计算和网络带宽资源。如果是很多用户共享一个客户端的话,则会给客户端的机器资源造成很大的压力,影响作业吞吐量。

Flink 提供 Application 这种部署模式,把客户端的作业转移到集群上去运行,由集群的 JobManager 启动 Flink 应用并完成客户端原来的作业。

Flink Application 集群只用于单一的 Flink 应用程序,比 Flink Session 集群有更好的隔离性,比 Flink Job 集群有更高的共享性,而且比二者都节省客户端资源。Flink 从版本 1.15 开始已经废弃 Per-Job 模式,推荐使用 Application 模式替代。

7.4.2　客户端操作模式

在 Session 模式和 Per-Job 模式下,Flink 作业通过客户端提交。根据作业提交后客户端的运行状态,存在两种客户端操作模式:附加模式和分离模式。

(1) 附加模式(Attached Mode):客户端在提交作业后保持运行,持续跟踪集群的运行状态,直到作业运行结束客户端才会退出。在作业运行过程中,不能关闭客户端,如果关闭客户端则集群也会关闭。Session 和 Per-Job 模式下默认使用附加模式。

(2) 分离模式(Detached Mode):客户端提交作业后立即返回,不再与 Flink 集群保持连接。Session 和 Per-Job 模式通过参数-d 或者-detached 使用分离模式。

7.4.3　Flink on YARN

Flink on YARN 是在 YARN 上部署 Flink 集群,如图 7-22 所示。此后,集群资源由 YARN 统一按需调度管理,最大化利用集群资源,是企业级生产环境的常用选择。

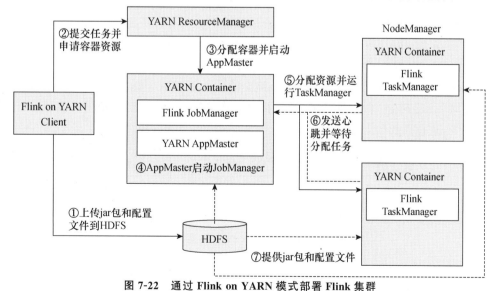

图 7-22　通过 Flink on YARN 模式部署 Flink 集群

Flink on YARN 可以利用 YARN 自动处理 Failover 容错。在 Flink on YARN 集群上，由 YARN NodeManager 监控 Flink 集群的 JobManager 进程和 TaskManager 进程。如果 JobManager 进程异常退出，则 YARN ResourceManager 会重新调度 JobManager 到其他节点；如果 TaskManager 进程异常退出，则 JobManager 向 YARN ResourceManager 申请资源，重启 TaskManager。与 Flink 的集群部署模式相对应，Flink on YARN 实现并提供了三种运行模式：Session 模式、Per-Job 模式和 Application 模式。

1. Flink on YARN Session 模式

Flink on YARN Session 模式，在 YARN 集群上部署一个常驻运行的 Flink 集群，通过 YARN Session 客户端接收 Flink 作业，如图 7-23 所示。适合于大量小作业。

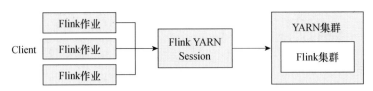

图 7-23 Flink YARN Session 运行模式

使用步骤非常简单，首先启动一个长期运行的 yarn-session 并部署常驻集群，然后通过 flink run 提交作业到 yarn-session。例如，

♯1. 在 flink 目录下启动 YARN-session。

$ ./bin/yarn-session.sh　－jm 1024m －tm 4096m

♯ －jm，jobmanager 分配 1GB 内存。

♯ －tm，taskmanager 分配 4GB 内存。

♯2. 使用 flink run 提交任务。

$ ./bin/flink run examples/batch/WordCount.jar

运行时可以使用 YARN Web 界面查看集群情况。所有任务完成，如果希望拆除集群，可以使用 yarn application －kill application_id 命令手动杀死 Flink 集群。

2. Flink on YARN Pre-Job 模式

Flink on YARN Pre-Job 模式，为每个提交的作业部署一个集群，作业运行完成拆除集群。使用时，通过 Flink YARN-Session 直接提交作业到 YARN 集群，如图 7-24 所示。适用于作业量少，运行期长的大型作业。

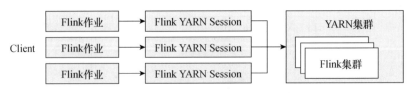

图 7-24 Flink YARN Per-Job 运行模式

使用 YARN Pre-Job 模式非常简单，通过 flink run 直接提交任务，设置－t 参数指定

Per-Job 部署模式(-t yarn-per-job)。例如,

```
$ ./bin/flink run - t yarn-per-job ./examples/batch/WordCount.jar
```

3. Flink YARN Application 模式

Flink YARN Application 模式,如图 7-25 所示,为每个应用程序部署一个集群,应用程序可以包含多个作业,应用运行完成拆除集群。此外,在 Flink YARN Application 模式下,原来需要客户端启动运行的工作,移到集群端启动运行,客户端只负责上传应用程序。

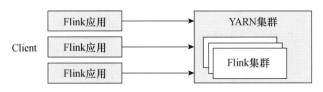

图 7-25 Flink YARN Application 模式

Flink1.11 之后可以使用 Flink YARN Application 模式,通过 flink run-application 直接提交作业,设置-t 参数指定部署在 YARN 上(-t yarn-application)。例如,

```
$ ./bin/flink run-application - t yarn-application ./exapmles/batch/World-
Count.jar
```

7.5 Flink 编程基础

学习和实践 Flink 编程,可以利用 Java 或者 Scala 语言编写构建出独立的程序,然后将其提交到 Flink 集群上去运行。此外,还有一种更直接易用的方式是使用 Flink Shell,在命令行环境下编写一行代码,立刻执行一行代码,即时观察代码的执行结果,通过交互式编程进行数据分析,深入验证、体会和理解 Flink API 的使用方法。

7.5.1 Flink 编程接口

Flink 根据抽象程度提供了三种不同层次的 API。每一种 API 在简洁性和表达能力上有不同的侧重,针对不同的应用场景。

(1)事件驱动的有状态流 API:提供最底层 API 用于事件驱动的有状态数据流处理,可以将 ProcessFunction 插入到数据流处理过程中,允许用户自由定制流事件的处理方式、操作状态、时间、事件等底层数据,实现复杂的数据处理逻辑,并保持一致容错的状态。

(2)流批数据处理 API:提供 DataStream API 和 DataSet API,是 Flink 的核心 API。其中,DataSet API 处理有界的数据集(批处理),DataStream API 处理有界或者无界的数据流。用户可以通过各种方法(map / flatmap / window / keyby / sum / max / min / avg / join 等)对数据进行转换。

(3)高级分析 API:提供遵循关系模型的 SQL 和 Table API,其中,Table API 是以表为中心的声明式领域特定语言(Domain-Specific Language,DSL),提供了 select、project、join、group-by、aggregate 等操作,用户只需要声明业务需求即可,无须描述业务处理过程。

SQL 接口是 Flink 提供的最高层次的抽象,在语法和表达能力上与 Table API 非常类似,但是以 SQL 查询表达式的形式提供,程序员无须过多投入即可掌握。SQL 抽象与 Table API 交互密切,同时 SQL 查询可以直接在 Table API 定义的表上执行。

SQL、Table API 以及 DataStream/DataSet API 之间可以混合使用,无缝切换。

7.5.2　Flink 程序结构

Flink 程序结构比较固定,如图 7-26 所示,通常包含五个步骤:① 获取 Flink 执行环境;② 加载/创建初始数据(Source 算子);③ 数据转换(Transformation 算子)处理;④ 计算结果放输出(Sink 算子);⑤ 触发程序执行。

图 7-26　Flink 程序的基本结构

7.6　Flink Shell 交互式编程

Flink Shell 是 Flink 提供的交互式数据分析工具,支持在本地和集群使用,是我们学习 Flink API 最便捷的利器,支持使用 Scala 语言编写数据处理的脚本程序。

7.6.1　启动 Flink Shell

进入 Flink 安装目录,运行如下的脚本命令,启动 Flink 附带的 Scala Shell 环境:

```
$ ./bin/start-scala-shell.sh local      ♯启动本地 Flink Shell
$ ./bin/start-scala-shell.sh remote ＜hostname＞ ＜port＞      ♯启动 Flink
Shell 连接远程集群
$ ./bin/start-scala-shell.sh yarn －n 2      ♯启动 Flink Shell 连接 Flink on YARN
Session 集群
```

启动 Flink Shell 成功后,在输出信息的最后可以看到“scala＞”的命令提示符。在命令提示符之后,可以输入编写的脚本,回车执行,观察结果。

Flink Shell 支持使用 DataSet/DataStream API、Table API 和 SQL。在 Shell 启动时,会预先创建一些对象绑定相应的执行环境,无须再获取执行环境,只要以这些对象作为访问入口,我们就可以编写脚本进行集群交互,实现数据分析任务。有四种执行环境及其绑定对象,其中 benv 对象绑定了批处理执行环境;senv 对象绑定了流处理执行环境;btenv 对象绑定了批处理的表式执行环境;stenv 对象绑定了流处理的表式执行环境。

以下就以典型的词频统计程序 WordCount 为例,说明 Flink Shell 的用法。

7.6.2　使用 DataSet API

这里使用 DataSet API,以批处理的方式统计《哈姆雷特》生存还是毁灭一段经典独白文

本中单词出现的次数,具体代码如下(scala 代码默认缩进 2 个空格):

```scala
scala> val text = benv.fromElements("To be, or not to be, - - that
is the question: - -",
  "Whether 'tis nobler in the mind to suffer", "The slings and arrows
  of outrageous fortune",
  "Or to take arms against a sea of troubles,")
scala> val counts = text.flatMap { _.toLowerCase.split("\\W+") }
    .map { (_, 1) }.groupBy(0).sum(1)
scala> counts.print()
```

第一行,通过 benv 执行环境,使用 Source 算子加载初始数据,得到 DataSet 数据集 text。

第二行,对 text 数据集应用一系列转换算子(flatMap、map、groupBy、sum),计算得到每个单词的出现次数。这里的下划线是输入参数的占位符。其中,

(1) flatMap 算子通过花括号中的 Lambda 函数,对于每个输入字符串(即代码中的下划线占位符),先将其转换为小写字符串(toLowerCase),然后以非单词符号(如空格、标点等,正则表达式 W+)为标志将字符串分割成单词(split)。

图 7-27　flatMap 算子

(2) map 算子,继续对 flatMap 的计算结果进行转换,将每个输入单词映射为元组的形式:(单词,1)。

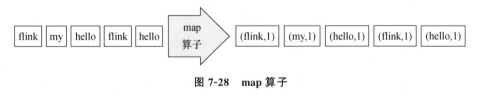

图 7-28　map 算子

(3) groupBy 算子进而将 map 算子的结果进行分组,分组的依据是每个输入元组的第 0 个字段,也就是单词,即单词相同的所有元组分为一组。

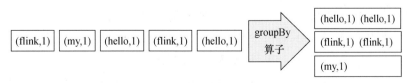

图 7-29　groupBy 算子

（4）sum 算子对 groupBy 产生的每个分组进行汇总，将输入的第 1 个字段（即数字 1）都加起来，得到所有单词出现的次数。

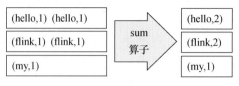

图 7-30   sum 算子

由于 Flink 使用了惰性计算机制，到目前为止，Flink 集群并没有实际执行任务。

第三行，通过 Sink 算子 print 指定计算结果输出在显示器。同时触发执行，将整个作业发送到 Flink 集群去运行，计算结果在屏幕显示出来。也可以通过 Sink 算子将计算结果写入文件，此时需要调用 execute 函数触发程序的运行。

7.6.3   使用 DataStream API

与上面的批处理程序类似，可以使用 DataStream API 编写流处理程序。代码如下：

```
scala> val textStreaming = senv.fromElements("To be, or not to be,
--that is the question:--",
  "Whether 'tis nobler in the mind to suffer", "The slings and arrows
  of outrageous fortune",
  "Or to take arms against a sea of troubles,")
scala> val countsStreaming = textStreaming.flatMap { _.toLower-
Case.split("\\W+") }
    .map { (_, 1) }.keyBy(._1).sum(1)
scala> countsStreaming.print()
scala> senv.execute("Streaming Wordcount")
```

第一行，通过 senv 执行环境，使用 Source 算子加载初始数据，得到 DataStream 数据流 textStreaming。

第二行，对 textStreaming 数据流应用一系列转换算子（flatMap、map、keyBy、sum），计算得到每个单词的出现次数。flatMap、map、sum 算子的含义与上文相同。

区别在于这里用的是 keyBy 算子，其功能与批处理的 groupBy 类似，但是作用的对象是数据流，表示对数据流以单词为 key 进行重新分区，得到一组 keyedStream。sum 算子应用在相同单词的数据流分区上，即可统计得到相同单词出现的次数。

keyBy 算子中，下画线表示输入参数，"_._1"表示输入参数元组的第一个字段。由于 map 算子的输出形式为：（单词，1），所以第一个字段就是单词。

第三行，通过 Sink 算子 print 指定计算结果输出在显示器。注意，在流处理环境下，print 算子不会触发执行，最后还需调用 execute 函数。

7.6.4 使用 Table API

类似地，可以使用 Table API 编写词频统计程序 WordCount。代码如下：

```scala
scala> import org.apache.flink.table.functions.TableFunction
scala> val textSource = stenv.fromDataStream(
  senv.fromElements("To be, or not to be, - - that is the question: -
- ",
    "Whether 'tis nobler in the mind to suffer",
    "The slings and arrows of outrageous fortune",
    "Or to take arms against a sea of troubles,"), 'text)
scala> class $Split extends TableFunction[String] {
    def eval(s: String): Unit = { s.toLowerCase.split("\\W+").fo-
reach(collect) }
    }
scala> val split = new $Split
scala> textSource.joinLateral(split('text) as 'word).groupBy('word)
  .select('word, 'word.count as 'count)
  .toRetractStream[(String, Long)].print
scala> senv.execute("Table Wordcount")
```

第一行，import 导入类型包 org.apache.flink.table.functions.TableFunction。

第二行，通过 StreamTableEnvironment 从数据流设置数据，得到 Table 对象 text-Source，并且用符号常量 text 来标识该表的列名。

第三行，定义了一个 TableFunction 类型的表函数 Split，用于约定字符串文本的处理方式：将每个字符串分割成一个个单词，然后收集(collect)形成一个表。

第四行，产生了一个 Split 表函数的对象 split。

第五行，对 textSource 表对象应用一系列转换算子(joinLateral、groupBy、select、toRe-tractStream 和 Sink 算子 print)。其中：

(1) joinLateral 算子：将 textSource 表中的每一行与该行经过 Split 函数分割出的每个单词连接起来，得到一个 Table 对象，并且用符号常量 word 标识单词列(图 7-31)。

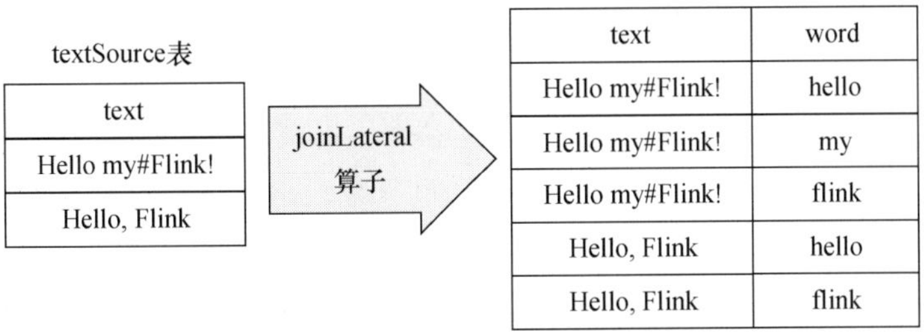

图 7-31　joinLateral 算子

（2）groupBy 算子：以 word 列为依据进行分组，相同的 word 分为一组（图 7-32）。

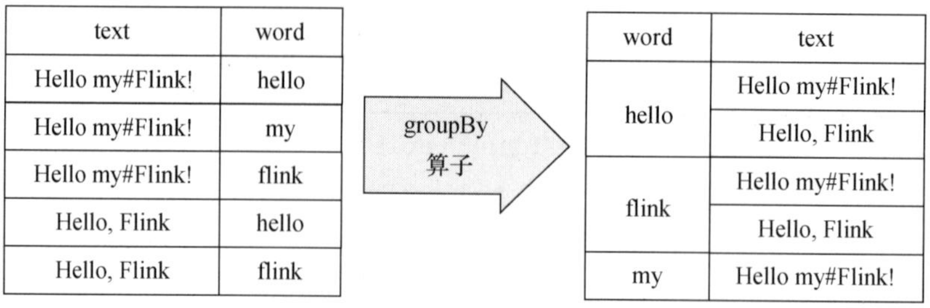

text	word
Hello my#Flink!	hello
Hello my#Flink!	my
Hello my#Flink!	flink
Hello, Flink	hello
Hello, Flink	flink

groupBy 算子

word	text
hello	Hello my#Flink!
hello	Hello, Flink
flink	Hello my#Flink!
flink	Hello, Flink
my	Hello my#Flink!

图 7-32　groupBy 算子

（3）select 算子：对分组的结果进行分组计数和投影，得到 word 列和 count 列，其中符号常量 count 作为列名用于标识计数得到的结果列（图 7-33）。

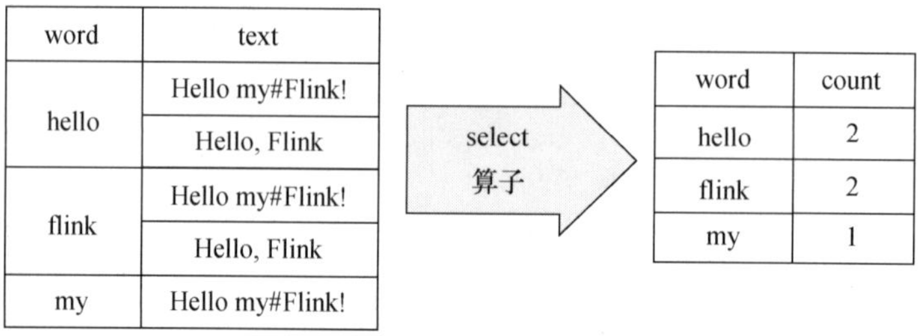

word	text
hello	Hello my#Flink!
hello	Hello, Flink
flink	Hello my#Flink!
flink	Hello, Flink
my	Hello my#Flink!

select 算子

word	count
hello	2
flink	2
my	1

图 7-33　select 算子

（4）toRetractStream 算子：将投影计数结果表重新转换为数据流。

（5）print 算子：设定结果输出到显示器。

第六行，调用 execute 函数，触发执行。

7.6.5　使用 SQL

还可以在 Table 上使用 SQL 编写词频统计程序 WordCount。代码如下：

```
scala> import org.apache.flink.table.functions.TableFunction
scala> val textSource = stenv.fromDataStream(
  senv.fromElements("To be, or not to be, - - that is the question: -
  -",
    "Whether 'tis nobler in the mind to suffer",
    "The slings and arrows of outrageous fortune",
    "Or to take arms against a sea of troubles,"), 'text)
scala> stenv.createTemporaryView("text_source", textSource)
scala> class $Split extends TableFunction[String] {
    def eval(s: String): Unit = { s.toLowerCase.split("\\W +").fo-
    reach(collect) }
```

```
    }
scala> stenv.registerFunction("split", new $ Split)
scala> val result = stenv.sqlQuery("""SELECT T.word, count(T.
word) AS count
    FROM text_source JOIN LATERAL table(split(text)) AS T(word)
    ON TRUE
    GROUP BY T.word""")
scala> result.toRetractStream[(String, Long)].print
scala> senv.execute("SQL Wordcount")
```

第一行,import 导入类型包 org. apache. flink. table. functions. TableFunction。

第二行,通过 StreamTableEnvironment 从数据流设置数据,得到 Table 对象 text-Source,并且用符号常量 text 来标识该表的列名。

第三行,通过 createTemporaryView 从 textSource 创建一个临时视图,视图名 textSource。

第四行,定义了一个 TableFunction 类型的表函数 Split,用于约定字符串文本的处理方式:将字符串分割成一个个单词,然后收集(collect)形成一个表。

第五行,在表处理环境中注册一个 Split 类型的表处理函数 split。

第六行,使用 SQL 查询语句,通过 join lateral、group by 和投影运算,原理与 Table API 类似,查询结果就是每个单词的出现次数统计。

第七行,将查询结果表转换为数据流,并设置结果输出到显示器。

第八行,调用 execute 函数,触发执行。

7.7　编写 Flink 独立应用程序

在 Flink Shell 中编程代码调试方便,但需要逐行输入、逐行运行。一般情况下,会选择将调试后的代码打包成独立的 Flink 应用程序,提交到集群运行。在具体编写 Flink 应用程序之前,首先需要做一些准备工作,如开发环境、项目管理等。

7.7.1　准备开发环境

Flink 支持 Java 和 Scala 语言编程。Flink 程序要求运行在 Linux 操作系统上,但是,开发环境可以是 Windows 或者其他操作系统。以下是我们选择的开发环境:

(1) Flink 编程语言:Java 语言,Java 开发和运行版本 JDK1.8;

(2) 操作系统:Windows 10/11 操作系统;

(3) Java IDE 集成开发环境:IntelliJ IDEA 2022.2 社区版(简称 IDEA);

(4) 构建和包管理工具:Maven。

7.7.2　管理 Flink 项目

1. 创建 Flink 项目

可以先使用 Maven 快速生成 Flink 应用程序的基本框架,然后将其导入到 IDEA 中进一步开发。实际上,IDEA 已经集成了 Maven 模块,可以直接创建 Maven 项目。

这里选择在 IDEA 中利用 Maven 进行 Flink 应用开发。打开 IDEA,单击【New Project】按钮,在 Generators(生成器)下面选择【Maven Archetype】选项,创建一个 Maven 工程,如图 7-34 所示。然后根据提示填写如下的信息:

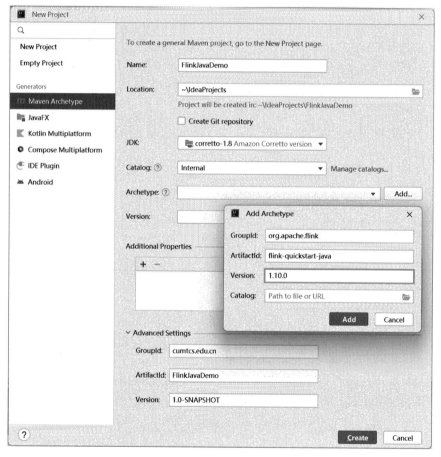

图 7-34　IntelliJ IDEA 创建一个 Maven 工程

(1) Name:填入项目的名称,这里是"FlinkJavaDemo"。

(2) Location:设置项目保存的目录,这里就使用默认的"~\IdeaProjects"。

(3) JDK:选择你机器上安装的 Java 1.8,这里使用了"Corretto-1.8 Amazon Corretto version"。

(4) Catalog:使用默认的"Internal",设置使用内部 catalog。可以选择 Default Local 从本地读取 archetype-catalog.xml 文件;或者选择 Maven Central,从网络 Maven 仓库下载 archetype-catalog.xml 文件,如果网络条件不好,创建 Maven 项目会非常缓慢。

（5）Archetype：设置项目模板，Flink Java 应用的项目模板为"flink-quickstart-java"。但是，在这里的列表中默认没有 flink-quickstart-java 的 archetype，需要单独添加。单击【Add...】按钮在 Add Archetype 界面中填写如下信息并【Add】。

```
GroupId：org.apache.flink
ArtifactId：flink-quickstart-java
Version：1.10.0
```

（6）Advanced Setting：填写如下信息：

```
GroupId：cumtcs.edu.cn
ArtifactId：FlinkJavaDemo
Version：1.0-SNAPSHOT
```

完成上述配置过程，点击按钮【Create】，如果网络情况良好的话，等待片刻，就可以看到期待的 FlinkJavaDemo 项目已经创建完成。

2. 项目目录结构

在创建完成的 FlinkJavaDemo 项目中，可以看到如图 7-35 所示的项目目录结构。

在 src/main/java/cumtcs/edu/cn 目录下包含了两个 Java 源代码文件：BatchJob.java 和 StreamingJob.java，分别给出了 DataSet 批处理和 DataStream 流处理程序的基本框架。

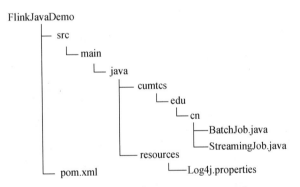

图 7-35　FlinkJavaDemo 项目的目录结构

pom.xml 文件是 Maven 工程的基本工作单元，其中包含了项目的基本信息，用于描述项目如何构建，声明项目的依赖包及其关系等。在 Flink 应用程序中，需要依赖的组件包括：flink-java 和 flink-streaming-java。FlinkJavaDemo 的 pom 文件内容如下：

```xml
<project ... ...>
  <groupId>cumtcs.edu.cn</groupId>
  <artifactId>FlinkJavaDemo</artifactId>
  <version>1.0-SNAPSHOT</version>
  <packaging>jar</packaging>
```

```
... ...
  <dependencies>
    <dependency>
      <groupId>org.apache.flink</groupId>
      <artifactId>flink-java</artifactId>
      <version>1.10.0</version>
      <scope>provided</scope>
    </dependency>
    <dependency>
      <groupId>org.apache.flink</groupId>
      <artifactId>flink-streaming-java_2.11</artifactId>
      <version>1.10.0</version>
      <scope>provided</scope>
    </dependency>
    ... ...
  </dependencies>
</project>
```

至此,项目编程准备工作已经完成,之后就可以在 BatchJob.java 或者 StreamingJob.java 文件中,或者我们自己添加的源文件中,编写程序表达数据处理逻辑。

3. IDEA 构建和运行项目

程序编写完成之后,可以在 IntelliJ IDEA 集成开发环境中编译、构建和执行。

首先,选择菜单【Build / Build Project】或者"Ctrl+F9",编译构建项目。观察到提示信息"Build completed successfully",表示项目编译构建成功完成。此时,会在项目所在的 target 目录下编译生成字节码程序:BatchJob.class、BatchJob $ LineSplitter.class。

然后,选择菜单【Run 'BatchJob'】或者"Shift+F10",执行程序。此时,IntelliJ IDEA 会启动一个本地的 Flink MiniCluster,并将编译构建的程序提交到集群去运行。如无意外,应该可以在 IntelliJ IDEA 自带的控制台中观察到输出的词频统计结果。

注意,如果在执行程序时,出现如下找不到类定义的错误提示:

java.lang.NoClassDefFoundError：org/apache/flink/api/common/functions/FlatMapFunction

这是因为在 pom 文件中 Flink 相关的依赖组件,其 scope 范围都设置为 provided,表示运行的目标环境(如 Flink 集群)会提供这些依赖组件。在生产环境中,运行环境都已经安装部署完整,这样设置当然是没有问题的。但是,现在是在 IntelliJ IDEA 集成开发环境下,这一假设并不成立,IntelliJ IDEA 在默认情况下是不会加载 provided 依赖组件的,因此,在调试和执行程序的时候会找不到 Flink 相关的依赖组件。

解决办法非常简单,或者把 pom 文件中的"<scope>provided</scope>"删掉,又或者在项目【Run/Debug Configurations】界面中，如图 7-36 所示，点击【Modify options】，在出现的下拉列表中勾选【Include dependencies with "provided" scope】。

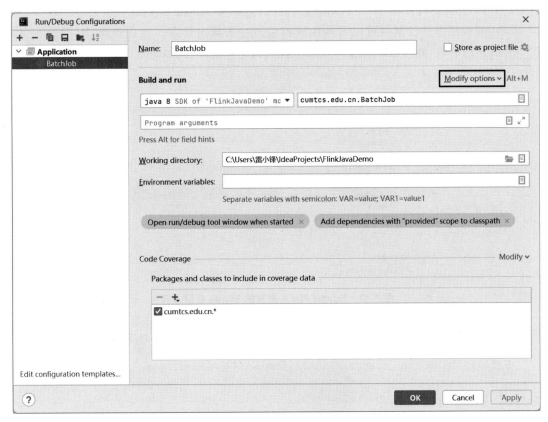

图 7-36　IntelliJ IDEA 的【Run/Debug Configurations】界面

4. Maven 构建和打包项目

更多情况下，我们需要利用 Maven 工具对项目进行编译、构建和打包，然后将其提交到 Flink 集群去运行。如果对 Maven 本身很熟悉，并且已经在 Windows 操作系统中成功安装配置好 Maven，则只需要在命令行环境下进入项目根目录，执行如下命令：

```
$ mvn clean package
```

然后，就可以在项目所在根目录下的 target 目录中，找到编译、构建且打包好的 Jar 程序包，在这里就是：FlinkJavaDemo-1.0-SNAPSHOT.jar。

注意，在 flink-quickstart-java 模板创建的项目中，默认的执行入口类是 StreamingJob。在项目的 pom.xml 文件中查找 mainClass 可以观察到这一点。

```
<mainClass>cumtcs.edu.cn.StreamingJob</mainClass>
```

如果我们的项目使用了其他类作为入口类，建议在 pom.xml 文件中将 mainClass 配置改成实际的入口类。这样在提交集群运行的时候就不用特意指定入口类了。

当然,可以使用 IntelliJ IDEA 内置的 Maven 工具,构建打包程序。在 IntelliJ IDEA 界面的侧边栏(默认右边)找到 Maven 窗口,如图 7-37 所示。在窗口中找到【Lifecycle】下的【package】,右键选择【Run Maven Build】按钮,就会触发 Maven 的构建打包过程。在 IntelliJ IDEA 界面底部的控制台可以看到构建打包过程的输出日志。当观察到"BUILD SUCCESS"消息的时候,就可以在 target 目录下找到构建打包好的 Jar 包。

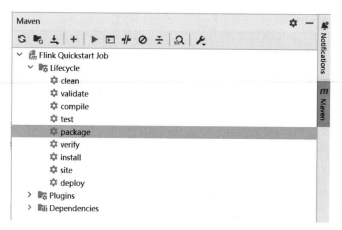

图 7-37　IntelliJ IDEA 内置的 Maven 窗口界面

最后,就是将打包生成的 Jar 包上传到集群客户端,提交给集群去运行。例如,

```
$ ./bin/flink run /myapps/FlinkJavaDemo-1.0-SNAPSHOT.jar
```

7.7.3　Flink 批处理程序

Flink 使用 DataSet API 编写批处理程序。但是,从 Flink 1.13 版本之后,Flink 已经实现了 DataStream API 流批一体化,即 DataStream API 同时支持流处理和批处理编程。目前用于批处理的 DataSet API 已经是历史遗留。这里对 DataSet API 只做简单介绍。

在 DataSet API 中,提供了常用的 Source 算子、Transformation 算子和 Sink 算子。算子的具体含义和使用方法,这里不做赘述,有需要可以查阅 Flink 相关的帮助文档。使用这些算子,可以很容易地实现词频统计程序 Word Count,代码如下:

```
public class BatchJob {
  public static void main(String[] args) throws Exception {
    // 获取一个执行环境
    final ExecutionEnvironment env = ExecutionEnvironment.getExecutionEnvironment();
    // 加载或创建初始数据
    DataSource<String> text = env.fromElements("I love you", "I hate you");
```

```
    // 指定对该数据的转换
    DataSet < Tuple2 < String, Integer >> ds = text. flatMap (new
    LineSplitter()). groupBy(0). sum(1);
    // 输出数据到目的端
    ds. print();
    // 触发程序执行(ds. print()时已触发执行,故注释掉)
    //env. execute("Batch Word Count");
}
static class LineSplitter implements FlatMapFunction<String, Tu-
ple2<String, Integer>> {
  @Override
  public void flatMap(String line, Collector<Tuple2<String, In-
  teger>> ctr) throws Exception {
      for (String word: line. split(" ")) {
          ctr. collect(new Tuple2<>(word, 1));
      }
    }
  }
}
```

7.7.4　Flink 流处理程序

DataStream API 是 Flink 提供的流处理编程接口。在 Flink 世界中,把一切都视为数据流,批处理视为有界数据流,流处理视为无界数据流,由数据到达或者满足窗口条件等事件触发流计算,返回计算结果。此外,在编程接口抽象上,Flink 也在追求流批处理一体化,从 Flink 1.13 版本实现了流批编程融为一体。本节重点介绍 DataStream API。

1. WordCount 例程

通过 DataStream API 可以很容易地实现词频统计 WordCount 的流处理过程。代码如下:

```
public class StreamingJob {
  public static void main(String[] args) throws Exception {
    // 获取流执行环境
    final StreamExecutionEnvironment env =
        StreamExecutionEnvironment. getExecutionEnvironment();
    //创建源数据流(Socket 连接本地 9999 端口获取数据,若端口被占,
      换一个端口)
```

```
DataStream text = env.socketTextStream("localhost", 9999, "\
n");
DataStream<Tuple2<String, Integer>> windowCounts = text
  .flatMap(new FlatMapFunction<String, Tuple2<String, Inte-
  ger>>() {
      @Override
      public void flatMap(String value, Collector<Tuple2<
      String, Integer>> out) {
       for (String word:value.split("\\s")) { out.collect(Tu-
       ple2.of(word, 1)); }
      }
  }).keyBy(0)
  .timeWindow(Time.seconds(5))   // 5秒的滚动窗口
  .sum(1);
// 指定计算结果放在哪里(将结果打印到控制台)
windowCounts.print();
// 触发程序执行
env.execute("Socket Window WordCount");
   }
 }
```

第一行,通过 getExecutionEnvironment 获取流处理的执行环境 env。

第二行,通过 env 执行环境,使用 Source 算子 socketTextStream 连接本地 Socket 端口 (9999)获取数据,也可以通过 IP 地址从远程网络获取数据流 text。

第三行,对 text 数据流应用一系列转换算子(flatMap、keyBy、timeWindow、sum),将数据流分割成每 5 秒一个时间窗口,统计每个时间窗口中各个单词的出现次数。

第四行,通过 Sink 算子 print 指定计算结果输出在显示器。

第五行,调用 execute 函数,触发执行。

由于我们的 WordCount 程序需要通过 Socket 连接本地 9999 端口,获取文本数据流。

```
DataStream text = env.socketTextStream("localhost", 9999, "\n");
```

所以,在执行程序之前,首先需要从本地 9999 端口启动一个文本输入流。可以使用一款经典的网络工具 netcat(工具的下载、安装和使用方法请查阅相关的网络资料)。在本地机器安装配置好 netcat 工具之后,打开命令行工具,在其中执行如下命令:

```
nc -l -p 9999
```

表示运行 nc 命令,启动一个端口 9999 的监听窗口。此后,就可以在该窗口中输入任意文本,这些文本都会传递给连接本地 9999 端口的程序,比如 WordCount 程序。

通过 nc 启动一个文本输入流窗口,然后运行 WordCount 程序。在输入流窗口中输入任意文本字符,就可以观察到 WordCount 程序的输出。不妨,重复多次输入一个相同的单词,WordCount 程序会输出你在 5 秒内输入该单词的次数。

可以看出,DataStream API 同样也提供了常用的 Source 算子、Transformation 算子和 Sink 算子,利用这些算子可以很容易地实现数据流处理逻辑。

2. Source 算子

Flink 通过预定义的 Source 算子支持从文件、Socket、集合中读取数据,同时提供了一些接口类和抽象类用于自定义 Source。Flink Source 算子分为四类:

① 基于集合的 Source(Collection-based Source);

② 基于文件的 Source(File-based Source);

③ 基于 Socket 的 Source (Socket-based Source);

④ 自定义的 Source(Custom Source)。

(1) 基于集合的 Source:基于集合的 Source,可以从本地集合、迭代器、序列数据上构建数据源,在学习和测试程序时能够非常方便地构造出满足要求的数据流。

① fromCollection(Collection):从 Java. util. Collection 数据结构创建数据流,要求集合中的元素都属于同一种数据类型。

② fromCollection(Iterator, Class):从迭代器创建数据流,其中 Class 参数指定迭代器返回的元素的数据类型。

③ fromParallelCollection(SplittableIterator, Class):从迭代器并行创建数据流,其中 Class 参数指定迭代器返回元素的数据类型。

④ fromElements(T ...):从给定的对象序列创建数据流,要求所有的对象属于同一类型。

⑤ generateSequence(from, to):基于给定间隔内的数字序列并行生成数据流。

使用基于集合的 Source 创建数据流,如下是一些示例代码:

```
StreamExecutionEnvironment env = StreamExecutionEnvironment. ge-
tExecutionEnvironment();
//从字符串集合中创建数据流
DataStream<String> ds1 = env. fromCollection(Arrays. asList("ha-
doop", "spark", "flink"));
//从数字迭代器创建数据流
DataStreamSource<Long> ds2 = env. fromCollection(
                              new NumberSequenceIterator(1L, 20L),
                              Long. class);
//从数字迭代器并行创建数据流
DataStreamSource<Long> ds3 = env. fromParallelCollection(
                              new NumberSequenceIterator(1L, 20L),
                              Long. class);
```

```
//从字符串序列中创建数据流
DataStream<String> ds4 = env.fromElements("hadoop", "spark", "
flink");
//产生 1—10 的数字序列
DataStream<Long> ds5 = env.generateSequence(1, 10);
```

（2）基于文件的 Source：基于文件的 Source 使用指定的 FileInputFormat 格式读取数据，可以指定 TextInputFormat、CsvInputFormat、BinaryInputFormat 等格式。主要包括：

① readTextFile(path)：以 TextInputFormat 格式逐行读取文本文件，并返回字符串。

② readFile(fileInputFormat, path)：按指定的文件格式（fileInputFormat）读取文件。

③ readFile(fileInputFormat, path, watchType, interval, pathFilter, typeInfo)：按指定的文件格式（fileInputFormat）读取路径 path 上的文件。根据 watchType 参数的不同，Source 会定期（interval）监控 path 路径上的文件变化数据，或者只读取一次文件数据就退出。此外，通过 pathFilter 参数，可以进一步排除路径上不满足条件的文件。

使用基于文件的 Source 创建数据流，如下是一些示例代码：

```
StreamExecutionEnvironment env = StreamExecutionEnvironment.ge-
tExecutionEnvironment();
String path = "file:///filepath ";
//读取 path 路径上的所有文本文件一次
DataStream<String> text = env.readTextFile(path);
//读取 path 路径上的所有文本文件，同时一直监听该路径下的文件变化，2
秒一次
DataStream< String > lines = env.readFile(new TextInputFormat
(null), path,
        FileProcessingMode.PROCESS_CONTINUOUSLY, 2000);
```

（3）基于 Socket 的 Source：基于 Socket 的 Source，通过 Socket 从指定的 host 和端口监听数据，获取数据流。

使用基于文件的 Source 获取数据流，如下是一些示例代码：

```
StreamExecutionEnvironment env = StreamExecutionEnvironment.ge-
tExecutionEnvironment();
DataStream< String > text = env.socketTextStream("localhost",
9999);
```

在 Linux 或 Windows 操作系统下，可以使用 netcat 向主机的指定端口发数据。

```
nc - l - p 9999        ♯ Windows 操作系统,向端口 9999 发数据
nc - lk 9999           ♯ Linux 操作系统,向端口 9999 发数据
```

（4）自定义的 Source：Flink 提供了多种数据源接口,可以实现自定义数据源,不同的接口有不同的功能。

① SourceFunction：非并行数据源,并行度＝1。

② RichSourceFunction：多功能非并行数据源,并行度＝1。

③ ParallelSourceFunction：并行数据源,并行度＞＝1。

④ RichParallelSourceFunction：多功能并行数据源,并行度＞＝1。

如下代码,就通过扩展 RichParallelSourceFunction 接口,实现了接口的 run 方法和 cancel 方法,从而定义了一个我们自己的并行数据源 MyParallelSource。其中,run 方法定义数据获取或者产生的逻辑,cancel 方法使数据源算子停止运行。

```java
public class MyParallelSource extends RichParallelSourceFunction<
String> {
    private int i = 1; //数据从 1 开始
    private boolean flag = true; //flag 标志数据源的运行 true 和停
    止 false
    //run 方法就是用来读取外部的数据或产生数据的逻辑
    @Override
    public void run(SourceContext<String> ctx) throws Exception {
        while (i <= 10 && flag) {
            Thread.sleep(1000); //每 1 秒间隔产生一个数据
            ctx.collect("data:" + i++); //通过 SourceContext 收
            集数据
        }
    }
    @Override
    public void cancel() { flag = false; }  //将 flag 设置成 false,
即停止 Source
    }
```

使用自定义的 Source 获取数据流,通过 addSource 添加即可,代码如下：

```java
StreamExecutionEnvironment env = StreamExecutionEnvironment.ge-
tExecutionEnvironment();
DataStreamSource < String > ds = env.addSource(new MyParallel-
Source());
```

（5）第三方 Connector Source：在实际的生产环境，往往是从第三方系统中获取数据，此时可以使用第三方提供的 Connector Source，例如 Apache Kafka、Amazon Kinesis Streams、RabbitMQ、Twitter Streaming API 等。使用这些第三方 Source，需要引入对应消息中间件的 Jar 依赖包。

例如，使用 Apache Kafka 作为数据源，首先需要在 pom. xml 文件中引入依赖。

```
<dependency>
  <groupId>org.apache.flink</groupId>
  <artifactId>flink-connector-kafka_ ${scala.binary.version}</
  artifactId>
  <version>${flink.version}</version>
</dependency>
```

然后，就可以配置 Kafka 连接器，使用 addSource 添加 kafkaConsumer 数据源。

```
//设置 Kafka 相关参数
Properties properties = new Properties();
properties.setProperty("bootstrap.servers", "node-1:9092");  //
设置 Kafka 的地址和端口
properties.setProperty("group.id", "g1");  //设置消费者组 ID
//创建 FlinkKafkaConsumer 并传入相关参数
FlinkKafkaConsumer<String> kafkaConsumer = new FlinkKafkaConsum-
er<String>(
    "test_topic", //要读取数据的 Topic
    new SimpleStringSchema(), //读取文件的反序列化 Schema
    properties //传入 Kafka 的参数
);
//使用 addSource 添加 kafkaConsumer 为数据源
DataStreamSource<String> lines = env.addSource(kafkaConsumer);
```

3. Sink 算子

Flink 通过 Sink 算子，指定数据流计算结果如何输出或存储起来，常用的 print 实际上就是一个典型的 Sink 算子，指示将结果输出到显示器。此外，通过 Sink 算子，还可以将计算结果输出到文件、Socket 套接字、消息中间件或者其他的外部系统。

Flink 数据流经过一系列 Transformation 算子操作后，最后一定要调用 Sink 算子，才能形成完整的数据流处理拓扑，从而触发计算最终产生计算结果。

（1）预定义 Sink 算子：Flink 提供了多种预定义 Sink 算子，可以将数据输出到显示器、文件、Socket。

①　print()：在标准输出流上打印每个元素的 toString()值。此外，还有 printToErr()
在标准错误流上打印每个元素的 toString()值。

②　writeAsText()和 writeAsCsv()：以 TextOutputFormat/CsvOutputFormat 格式将
元素的字符串写入文件。元素的字符串，通过调用元素的 toString()方法获得。

③　writeUsingOutputFormat()：以指定的 FileOutputFormat 格式输出元素到文件，输
出格式可以通过 OutputFormat 接口来指定，该接口有很多预先定义的实现类，也可以根据
自己的需求实现。writeAsText 和 writeAsCsv 底层调用了 writeUsingOutputFormat。

④　writeToSocket：将数据输出到指定的 Socket 网络地址端口。该方法有三个参数，第
一个参数为主机名或 IP 地址，第二个参数是端口号，第三个参数是数据输出的序列化格式
SerializationSchema。在输出之前，指定的网络端口服务必须已经启动。

```
StreamExecutionEnvironment env = StreamExecutionEnvironment. ge-
tExecutionEnvironment();
DataStream<String> text = env. readTextFile("file:///path/to/in-
file");
DataStream< Tuple2 < String, Integer >> result = text. flatMap
......;  //经过系列转换操作
result. print();
result. writeAsText("file:///path/to/outfile1");
result. writeAsCsv("file:///path/to/outfile2");
String path = "file:///path/to/outfile3";
result. writeUsingOutputFormat(new TextOutputFormat<>(new Path
(path));
result. writeToSocket("localhost", 9999, new SimpleStringSchema());
```

（2）自定义 Sink 算子：Flink 提供了接口类和抽象类，用于自定义 Sink 算子。其中，最
基础的是 SinkFunction 接口，通过实现该接口的 invoke 方法，就可以定义算子的具体输出
行为。但是，一般情况下，自定义 Sink 算子并不直接实现 SinkFunction 接口，而是扩展
RichSinkFunction 抽象类，因为 RichSinkFunction 比 SinkFunction 额外提供了资源生命周
期管理的相关方法。

对于完成自定义的 Sink 算子，此后就可以调用 addSink 使用该 Sink 算子。

实际生产环境往往是向第三方系统输出数据，可以使用第三方提供的 Connector Sink，
例如 Apache Kafka、Amazon Kinesis Streams、RabbitMQ、Twitter Streaming API 等。注
意，使用这些第三方 Connector Sink，需要引入对应的 Jar 依赖包。

4. Transformation 算子

转换算子，用于将一个或多个 DataStream 转换成新的 DataStream。利用转换算子的操
作，可以实现丰富的业务处理逻辑。Flink 提供了一系列基本的数据流转换。

（1）map：DataStream→DataStream。map 映射算子，将一个数据流映射为一个新的数据流，采取的方式是每消费一个元素就产出一个元素。以下 map 算子将输入流的元素加倍：

```
DataStream<Integer> dataStream = //...
dataStream.map(new MapFunction<Integer, Integer>() {
    @Override
    public Integer map(Integer value) throws Exception { return 2 *
    value; }
});
```

（2）flatMap：DataStream→DataStream。flatMap 扁平映射算子，每消费一个输入元素同时产生零个、一个或多个输出元素。下面是将句子拆分为单词的 flatMap 算子：

```
dataStream.flatMap(new FlatMapFunction<String, String>() {
    @Override
    public void flatMap(String value, Collector<String> out)
    throws Exception {
        for(String word: value.split(" ")){ out.collect(word); }
    }
});
```

（3）filter：DataStream→DataStream。filter 过滤算子，对输入流的每个元素执行一个布尔函数，并保留结果为 true 的元素。下面是过滤掉零元素的 filter 算子：

```
dataStream.filter(new FilterFunction<Integer>() {
    @Override
    public boolean filter(Integer value) throws Exception {
        return value ! = 0;
    }
});
```

（4）keyBy：DataStream→keyedStream。keyBy 键控分区算子，从逻辑上将数据流划分为不相交的分区，具有相同 key 的记录分配到同一个分区。keyBy 算子最终返回一个keyedStream。

```
dataStream.keyBy(value - > value.getSomeKey());  //根据指定 key
进行分区
dataStream.keyBy(value - > value.f0);  //根据元组首元素进行 key
分区
```

在实现内部,keyBy 算子是通过哈希分区实现的。因此,一个简单的 Java 类(POJO 类)需要重写 hashCode 方法,以提供哈希分区方式。

(5) 滚动聚合:keyedStream→DataStream。在键控分区的数据流 keyedStream 上,可以进行各种聚合操作。Flink 提供了一些内置的聚合计算 API,主要有:sum、min、max、minBy、maxBy。

① sum():对输入流指定的字段做累加求和。

② min()/max():对输入流指定的字段求最小值/最大值。

③ minBy()/maxBy():与 min()/max()非常类似,都是在输入流上针对指定字段求最小值/最大值。但是,min()/max()只计算指定字段的最小值/最大值,而 minBy()/maxBy()会返回包含字段最小值/最大值的整个数据记录。

reduce 归约算子是更一般的滚动聚合算子,用于对已有的键控分区数据进行自定义的归约处理。下面是创建局部求和的归约算子:

```
keyedStream.reduce(new ReduceFunction<Integer>() {
    @Override
    public Integer reduce(Integer value1, Integer value2) throws Exception {
        return value1 + value2;
    }
});
```

(6) window:keyedStream→windowedStream。window 窗口算子,在已分区的 keyedStream 上定义窗口,根据某些特征(如最近 5 秒内的数据)对每个分区数据流进行分组。

```
dataStream
    .keyBy(value -> value.f0)
    .window(TumblingEventTimeWindows.of(Time.seconds(5)));
```

(7) windowAll:DataStream→allWindowedStream。windowAll 算子,在普通的 DataStream 上定义窗口,根据某些特征(如最近 5 秒内的数据)对所有流进行分组。windowAll 会将所有记录都收集到该算子任务中。

```
dataStream.windowAll(TumblingEventTimeWindows.of(Time.seconds(5)));
```

(8) window apply:windowedStream/allwindowedStream→DataStream。apply 算子,将一个指定的窗口函数应用于数据流的每个窗口。在分区的 windowedStream 上需要使用 WindowFunction,在非分区的 allWindowedStream 上使用 AllWindowFunction。例如,下

面通过自定义的窗口函数,对窗口内的元素求和:

```
windowedStream.apply(new WindowFunction<Tuple2<String,Integer
>, Integer, Tuple, Window>() {
    public void apply (Tuple tuple, Window window,
            Iterable<Tuple2<String, Integer>> values,
            Collector<Integer> out) throws Exception {
        int sum = 0;
        for (value t: values) {  sum + = t.f1;  }
        out.collect (new Integer(sum));
    }
});
// 在 non-keyed 窗口流上应用 AllWindowFunction
allWindowedStream.apply (new AllWindowFunction<Tuple2<String,In-
teger>, Integer, Window>() {
    public void apply (Window window,
            Iterable<Tuple2<String, Integer>> values,
            Collector<Integer> out) throws Exception {
        int sum = 0;
        for (value t: values) {  sum + = t.f1;  }
        out.collect (new Integer(sum));
    }
});
```

(9) window reduce:windowedStream→DataStream。对分区 windowedStream 上的窗口应用 reduce 函数并返回 reduce 后的值。每次 reduce 操作针对同一个窗口内同一个 key 的数据进行计算。

```
windowedStream.reduce (new ReduceFunction<Tuple2<String,Integer
>>() {
    public Tuple2<String, Integer> reduce(Tuple2<String, Inte-
    ger> value1,
            Tuple2<String, Integer> value2) throws Exception {
        return new Tuple2<String,Integer>(value1.f0, value1.f1
        + value2.f1);
    }
});
```

(10) union:DataStream→DataStream。将两个或多个同类型的数据流联合起来创建一个包含所有流的新流。注意：如果一个数据流和自身进行联合，这个流中的每个数据将在合并后的流中出现两次。

```
dataStream.union(otherStream1, otherStream2, ...);
```

（11）window join：DataStream，DataStream→DataStream。根据指定的 key 和窗口，连接（join）两个数据流。窗口可以是滚动窗口、滑动窗口或者会话窗口。执行窗口连接时，具有公共 key 且位于同一窗口的所有元素都以成对组合的形式进行连接，并传递给 Join-Function 或 FlatJoinFunction 函数。

```
dataStream.join(otherStream)
    .where(<key selector>).equalTo(<key selector>)
    .window(TumblingEventTimeWindows.of(Time.seconds(3)))
    .apply (new JoinFunction () {...});
```

（12）intervalJoin：keyedStream，keyedStream→DataStream。根据 key 相等且满足指定时间范围（e1.timestamp + lowerBound <= e2.timestamp <= e1.timestamp + upperBound）的条件将分属两个 keyedStream 的元素 e1 和 e2 连接起来。

类似于 window join，但是 window join 针对两个数据流上的公共窗口做连接，而 intervalJoin 则不要求统一步调的公共窗口，只要时间满足指定上下界即可。

```
// 连接两个数据流,满足条件: key1 == key2 && leftTs - 2 < rightTs
< leftTs + 2
keyedStream.intervalJoin(otherKeyedStream)
    .between(Time.milliseconds(-2), Time.milliseconds(2)) // lower and upper bound
    .upperBoundExclusive(true) // optional
    .lowerBoundExclusive(true) // optional
    .process(new intervalJoinFunction() {...});
```

（13）Window CoGroup：keyedStream，keyedStream→DataStream。根据指定的 key 和窗口将两个数据流组合在一起。类似于 window join，不同之处是 CoGroupFunction 比 JoinFunction 更加灵活，可以按照用户指定的逻辑匹配左数据流或右数据流的数据并输出，从而实现左外连接、右外连接或者全外连接。

```
dataStream.coGroup(otherStream)
    .where(0).equalTo(1)
    .window(TumblingEventTimeWindows.of(Time.seconds(3)))
    .apply (new CoGroupFunction () {...});
```

（14）Connect：DataStream，DataStream→ConnectedStreams。将两个数据流合并成一个数据流，保留两个数据流各自的类型，且允许在两个流的处理逻辑之间共享状态。类似于 union 算子，但是 union 可以合并多个同类型的数据流，而 Connect 只能合并两个数据流，且不要求两个数据流类型相同。

```
DataStream<Integer> someStream = //...
DataStream<String> otherStream = //...
ConnectedStreams < Integer, String > connectedStreams = some-
Stream.connect(otherStream);
```

（15）CoMap，CoFlatMap：connectedStream→DataStream。用于在 connectedStream 数据流上进行 map 或者 flatMap 计算。此时，需要定义我们自己的 CoMapFunction 或者 CoFlatMapFunction 接口，其中 map1/flatMap1 处理第一个流的数据，map2/flatMap2 处理第二个流的数据。

```
connectedStreams.map(new CoMapFunction<Integer, String, Boolean>() {
    @Override
    public Boolean map1(Integer value) {  return true;  }
    @Override
    public Boolean map2(String value) {  return false;  }
});
connectedStreams.flatMap(new CoFlatMapFunction< Integer, String,
String>() {
    @Override
    public void flatMap1(Integer value, Collector<String> out) {
        out.collect(value.toString());
    }
    @Override
    public void flatMap2(String value, Collector<String> out) {
        for (String word: value.split(" ")) {
            out.collect(word);
        }
    }
});
```

（16）Iterate：DataStream→IterativeStream→ConnectedStream。将一个算子的输出重定向到之前的某个算子，在流中创建反馈循环，适用于持续更新模型的算法。下面的代码从一个流开始，并不断地应用迭代自身。大于 0 的元素被发送回反馈通道，继续迭代，其余元素被转发到下游。

```
IterativeStream<Long> iteration = initialStream.iterate();
DataStream < Long > iterationBody = iteration. map (/* do
something */);
DataStream<Long> feedback = iterationBody.filter(new FilterFunc-
tion<Long>(){
    @Override
    public boolean filter(Long value) throws Exception { return val-
    ue > 0;  }
});
iteration.closeWith(feedback);
DataStream<Long> output = iterationBody.filter(new FilterFunc-
tion<Long>(){
    @Override
    public boolean filter(Long value) throws Exception {  return
    value < = 0;  }
});
```

5. 数据流重分区操作

Flink 提供了一些数据流重分区方法,让用户根据需要在转换完成后对数据分区进行更精细粒度的配置。包括:随机分区、重均衡分区、重缩放分区以及广播分区。

(1) 随机分区(Shuffle Partitioner):将数据随机分发给下游算子的某个子任务处理,使得下游算子的副本能够均匀地获得数据。

```
dataStream. shuffle()
```

(2) 重均衡策略(Rebalance Partitioner):以循环方式将数据发送到下游算子的子任务,确保下游算子的子任务可以均匀地获得数据,避免数据倾斜。

```
dataStream. rebalance ()
```

(3) 重缩放策略(Rescale Partitioner):将数据以轮询方式发送到下游算子的子任务。上游算子副本将元素发往哪些下游算子副本取决于上下游算子的并行度。

假设上游算子并行度为 2,下游算子的并行度为 6,则上游算子的每一个算子副本会将数据分发到下游算子的 3 个算子副本。假如上游算子并行度为 6,下游算子的并行度为 2,则上游算子中的 3 个算子副本会将数据分发到下游算子的 1 个副本。

```
dataStream.rescale();
```

（4）广播策略（Broadcast Partitioner）：将数据发送到下游算子所有的子任务上。

```
dataStream.broadcast();
```

（5）自定义分区：需要自己实现 Partitioner 接口，定义自己的分区逻辑。

```
sourceStream.partitionCustom(new Partitioner<String>() {
    @Override
    public int partition(String key, int numPartitions) {
        return key.length() % numPartitions;
    }
}, 0);
```

6. 设置算子并行度

在 Flink 程序中，不同的算子可以有不同的并行度，在多个地方可以设置。例如，可以在 Flink 配置文件中或者在提交 Flink 程序时设置。此外，还可以代码设置：

```
env.setParallelism(3);      //设置 env 全局并行度
sum(1).setParallelism(3)     //在算子后设置并行度
```

不同地方设置的并行度的优先级不同，高优先级的会覆盖低优先级的。算子的优先级最高，然后是全局设置，再是提交时设置，最后是配置文件。

7. 设置时间和水位线

（1）设置时间特性：Flink 程序通常需要设置使用的时间特性，设置数据采用什么时间，时间窗口处理中使用什么时间，是采用处理时间、事件时间还是摄入时间。

```
StreamExecutionEnvironment env = StreamExecutionEnvironment.ge-
tExecutionEnvironment();
env.setStreamTimeCharacteristic(TimeCharacteristic.Processing-
Time);
// env.setStreamTimeCharacteristic(TimeCharacteristic.Ingestion-
Time);
// env.setStreamTimeCharacteristic(TimeCharacteristic.EventTime);
```

（2）Watermark（水位线）：倘若使用事件时间语义，则数据流事件中就包含了事件时间戳的字段，Flink 应用程序需要从该字段访问或者提取事件时间戳，可以使用 TimestampAssigner API。

此外，事件时间还需要配合水位线，而水位线的时间戳与事件时间是齐头并进的，可以通过指定 WatermarkGenerator 来配置水位线的生成方式。WatermarkGenerator 接口代码如下,可以通过接口实现周期性水位线生成或者利用标记生成水位线。

```
@Public
public interface WatermarkGenerator<T> {
    /* *
     * 每到来一条事件数据调用一次,可以检查或者记录事件的时间戳,
     * 或者也可以基于事件数据本身去生成 Watermark。
     */
    void onEvent(T event, long eventTimestamp, WatermarkOutput output);


    /* *
     * 周期性地调用,也许会生成新的 Watermark,也许不会。
     * 调用此方法生成 Watermark 的间隔时间由 getAutoWatermarkInterval
     ()决定。
     */
    void onPeriodicEmit(WatermarkOutput output);
}
```

周期性水位线生成器通过 onEvent 观察传入的事件数据,然后在框架调用 onPeriodicEmit 时发出 Watermark。标记生成器查看 onEvent 中的事件数据,并检查其是否携带 Watermark 的特殊标记事件或标点数据。当获取到这些事件或数据时,立即发出 Watermark。

如下代码是一个周期性 Watermark 生成器的简单示例:

```
/* *
 * 该 Watermark 滞后于处理时间 5 秒,它假定元素会在有限延迟后到达
Flink。
 */
public class TimeLagWatermarkGenerator implements WatermarkGenerator<MyEvent> {
    private final long maxTimeLag = 5000; // 5 秒
    @Override
    public void onEvent(MyEvent event, long eventTimestamp, WatermarkOutput output) {
        // 使用处理时间,在处理时间的场景下无须实现
    }
    @Override
    public void onPeriodicEmit(WatermarkOutput output) {
```

```
                output.emitWatermark(new Watermark(System.currentTimeMil-
                lis() - maxTimeLag));
            }
    }
```

Flink 提供了 WatermarkStrategy 工具类，结合 TimestampAssigner 和 Watermark-Generator，非常便于配置事件时间戳和水位线。同时，WatermarkStrategy 还给出了常用的 Watermark 策略，并且允许用户构建自己的 Watermark 策略。WatermarkStrategy 接口如下：

```
    public interface WatermarkStrategy<T>
        extends TimestampAssignerSupplier<T>, WatermarkGeneratorSup-
        plier<T>{
        /* 根据策略实例化一个可分配时间戳的 {@link TimestampAssign-
        er}。*/
        @Override
        TimestampAssigner<T> createTimestampAssigner(TimestampAs-
        signerSupplier.Context
                                                context);
        /* 根据策略实例化一个 Watermark 生成器。*/
        @Override
        WatermarkGenerator<T> createWatermarkGenerator(Watermark-
        GeneratorSupplier.Context
                                                context);
    }
```

通常情况下无须实现此接口，可以直接使用 WatermarkStrategy 预先提供的 Watermark 策略，或者使用 WatermarkStrategy 工具类将自定义的 TimestampAssigner 与 WatermarkGenerator 组合绑定起来。例如，对于乱序到达的事件，如果预知事件的最大延迟时间（比如延迟不会超过 20 秒），则可以采用一种称为有界无序的水位线生成器（bounded-out-of-orderness）；而时间戳分配器可以使用 Lambda 表达式来指定，实现方式如下：

```
    WatermarkStrategy.<Tuple2<Long, String>>forBoundedOutOfOrder-
    ness(Duration.ofSeconds(20))
        .withTimestampAssigner((event, timestamp) -> event.f0);
```

WatermarkStrategy 可以直接在数据源上使用，也可以在非数据源的操作之后使用。通常直接在数据源上使用更好一些,可以更精准地跟踪 Watermark。仅当无法直接在数据源上设置策略时,才在转换操作之后设置 WatermarkStrategy。例如:

```
// 第一种方式:直接在数据源上使用 WatermarkStrategy
dataStream.assignTimestampsAndWatermarks(
    WatermarkStrategy.forBoundedOutOfOrderness(Duration.ofSeconds
    (20)));

// 第二种方式:在转换操作后设置 WatermarkStrategy
final StreamExecutionEnvironment env = StreamExecutionEnviron-
ment.getExecutionEnvironment();
DataStream<MyEvent> stream = env.readFile(
        myFormat, myFilePath, FileProcessingMode.PROCESS_CONTINU-
        OUSLY, 100,
        FilePathFilter.createDefaultFilter(), typeInfo);
DataStream<MyEvent> withTimestampsAndWatermarks = stream
        .filter( event -> event.severity() = = WARNING )
         //转换操作
        .assignTimestampsAndWatermarks(<watermark strategy>);
withTimestampsAndWatermarks
        .keyBy( (event) -> event.getGroup() )
        .window(TumblingEventTimeWindows.of(Time.seconds(10)))
        .reduce( (a, b) -> a.add(b) )
        .addSink(...);
```

8. 设置状态检查点

为了实现状态容错,Flink 需要为状态添加 Checkpoint(检查点)。检查点使得 Flink 能够恢复状态以及数据流当时的偏移位置,为应用提供状态容错机制。

Flink 的检查点机制能够与持久化存储进行交互,读写数据流和状态。因此需要:

(1) 一个能够回放一段时间内数据流的持久化数据源,如持久化消息队列(Kafka、RabbitMQ 等)或文件系统(如 HDFS、S3、GFS、NFS、Ceph 等)。

(2) 一个存放状态的持久化存储,通常是分布式文件系统,如 HDFS、S3 等。

默认情况下 Flink 的检查点机制是禁用的。通过调用 StreamExecutionEnvironment 的 enableCheckpointing(n) 可以启用检查点,n 是检查点时间间隔,单位毫秒。

此外,Flink 检查点还包括其他属性:精确一次语义、Checkpoint 超时、Checkpoint 之间的最小时间、Checkpoint 可容忍的连续失败次数和并发数量等。

```
StreamExecutionEnvironment env = StreamExecutionEnvironment.ge-
tExecutionEnvironment();
// 每 1000ms 开始一次 Checkpoint
env.enableCheckpointing(1000);


// 高级选项：
// 1. 设置模式为精确一次（默认值）
env.getCheckpointConfig().setCheckpointingMode(CheckpointingMode.
EXACTLY_ONCE);


// 2. 确认 Checkpoints 之间的时间至少要 500 ms
env.getCheckpointConfig().setMinPauseBetweenCheckpoints(500);


// 3. Checkpoint 必须在一分钟内完成，否则就会被抛弃
env.getCheckpointConfig().setCheckpointTimeout(60000);


// 4. 允许两个连续的 Checkpoint 错误
env.getCheckpointConfig().setTolerableCheckpointFailureNumber(2);


// 5. 同一时间只允许一个 Checkpoint 进行
env.getCheckpointConfig().setMaxConcurrentCheckpoints(1);


// 6. 使用 externalized checkpoints，使 Checkpoint 在作业取消后仍旧
会被保留
env.getCheckpointConfig().setExternalizedCheckpointCleanup(
        ExternalizedCheckpointCleanup.RETAIN_ON_CANCELLATION);
```

7.7.5　Flink Table 和 SQL 程序

Flink 提供了一套高抽象层次的 Table API 和 SQL 接口，类似于关系数据模型上的操作接口。其中，Table API 是用于 Java 语言或者 Scala 语言的查询 API，通过一种非常直观的方式在表上使用选择、过滤和连接等关系型算子；SQL 在语法和表达能力上与 Table API 类似，只是以 SQL 查询表达式的形式提供，易于程序员学习和掌握。

Table API 和 SQL 是流批统一的。使用这两种 API 的查询，对于批（DataSet）和流（DataStream）的输入具有相同的语义，也会产生同样的计算结果。

1. Table API 和 SQL 程序基本结构

Table API 和 SQL 集成在同一套 API 中，核心数据模型是 Table，用作查询输入和输

出。基本的程序结构包括：创建 TableEnvironment、创建/查询和输出表。例如：

```
import org.apache.flink.table.api.*;
import org.apache.flink.connector.datagen.table.DataGenOptions;

// 为批处理或者流计算创建一个 TableEnvironment
TableEnvironment tableEnv = TableEnvironment.create(/*…*/);

// 创建一个临时表 SourceTable
tableEnv.createTemporaryTable("SourceTable",  TableDescriptor.
forConnector("datagen")
    .schema(Schema.newBuilder().column("f0", DataTypes.STRING()).
    build())
    .option(DataGenOptions.ROWS_PER_SECOND, 100)
  .build());

// 创建一个 Sink 表(使用 SQL DDL)
tableEnv.executeSql("CREATE TEMPORARY TABLE SinkTable WITH ('connec-
tor' = 'blackhole')
                  LIKE SourceTable");

// 通过 Table API 创建一个表对象 table2
Table table2 = tableEnv.from("SourceTable");

// 通过 SQL 查询/创建一个表对象 table3
Table table3 = tableEnv.sqlQuery("SELECT * FROM SourceTable");

// 使用 Table API 将结果表写入 SinkTable,也可以使用 SQL。
TableResult tableResult = table2.insertInto("SinkTable").execute
();
```

2. 创建 TableEnvironment

TableEnvironment 是 Table API 和 SQL 操作的入口。通过 TableEnvironment 可以在内部 catalog 中注册 Table,注册外部的 catalog,加载可插拔模块,执行 SQL 查询,注册自定义的函数(scalar、table 或 aggregation),在 DataStream 和 Table 之间转换。

Table 总是与特定的 TableEnvironment 绑定。同一条查询语句中,只能使用同一个 TableEnvironment 中的 Table。TableEnvironment 通过静态方法 create()创建。

```
import org.apache.flink.table.api.EnvironmentSettings;
import org.apache.flink.table.api.TableEnvironment;

EnvironmentSettings settings = EnvironmentSettings     //环境设置
    .newInstance()
    .inStreamingMode()
    //.inBatchMode()                                    //可以指定流模式
或者批处理模式
    .build();

TableEnvironment tEnv = TableEnvironment.create(settings);
```

可以在已有 StreamExecutionEnvironment 基础上创建新的 StreamTableEnvironment。

```
StreamExecutionEnvironment env = StreamExecutionEnvironment.ge-
tExecutionEnvironment();
StreamTableEnvironment tEnv = StreamTableEnvironment.create(env);
```

3. 使用 TableEnvironment 创建 Table

TableEnvironment 环境对象在其内部 catalog 中维护着所有表的目录。每个表都有一个三元标识符,即标识符由三个部分组成:catalog 名、数据库名以及表对象名。在使用过程中,如果没有明确指出 catalog 名或者数据库名,则使用当前默认值。

TableEnvironment 创建的表,可以是虚拟的视图(View)或者常规的表(Table)。视图可以从已经存在的 Table 中创建,通常是 Table API 或者 SQL 查询的结果;表对应的是外部数据,例如文件、数据库中的表,或者消息队列等。

(1) 创建虚拟表(Virtual Table):从传统关系数据库的角度理解,Table API 创建的表对象其实是虚拟的视图,其中封装了一个逻辑查询计划。可以通过如下方法在 catalog 中创建虚拟表:

```
// 获得一个 TableEnvironment
TableEnvironment tableEnv = ...;

// 通过一个投影查询得到 projTable 表
Table projTable = tableEnv.from("X").select(...);

// 将 projTable 表注册为临时的虚拟视图"projectedTable"
tableEnv.createTemporaryView("projectedTable", projTable);
```

(2) 永久表和临时表:可以创建与单个 Flink 会话生命周期相关的临时表(Temporary

Table)，也可以创建在多个 Flink 会话和群集范围内中可见的永久表(Permanent Table)。

其中，永久表需要一个 catalog 目录来维护表的元数据。永久表一旦创建，将对任何连接到 catalog 的 Flink 会话可见且持续存在，直至被明确删除。而临时表通常保存于内存中，仅在创建它的 Flink 会话持续期间存在，对于其他会话不可见。

可以通过连接器(Connector)声明在外部系统中创建表。这里，Connector 描述了表数据所在的外部存储系统，如文件系统、数据库系统、Apache Kafka 等。具体创建表，可以通过 Table API 直接创建，也可以使用 SQL DDL 语言创建。

```
// 使用表描述器(table descriptor)指定连接器
final TableDescriptor sourceDescriptor = TableDescriptor. forConnector("datagen")
        .schema(Schema.newBuilder().column("f0", DataTypes.STRING().build())
        .option(DataGenOptions.ROWS_PER_SECOND, 100)
        .build();
// 通过表描述器创建永久表或临时表
tableEnv.createTable("SourceTableA", sourceDescriptor);
tableEnv.createTemporaryTable("SourceTableB", sourceDescriptor);

// 使用 SQL DDL 创建表
tableEnv. executeSql ( " CREATE [TEMPORARY] TABLE MyTable (...)
WITH (...)");
```

(3) 设置表标识符：表和视图可以通过三元标识符注册，包括 catalog 名、数据库名和表名。用户可以指定当前的 catalog 和当前的数据库，此时表的三元标识符可以省略前面两个部分。

```
TableEnvironment tEnv = ...;     // 获得一个 TableEnvironment

tEnv.useCatalog("custom_catalog");     //设置当前 catalog 名为 custom_catalog
tEnv.useDatabase("custom_database");     //设置当前数据库名为 custom_database

Table table = ...;

// 注册视图"custom_catalog.custom_database.exampleView"，使用默认
catalog 和数据库
```

```
    tableEnv.createTemporaryView("exampleView", table);

    // 注册视图"custom_catalog.other_database.exampleView",使用默
认 catalog
    tableEnv.createTemporaryView("other_database.exampleView", ta-
ble);

    // 注册视图"custom_catalog.custom_database.example.View"
    tableEnv.createTemporaryView("example.View", table);
    // example.View 作为视图标识符,使用时用反引号(`)转义

    // 注册视图"other_catalog.other_database.exampleView"
    tableEnv.createTemporaryView("other_catalog.other_database.exam-
pleView", table);
```

4. Table API 查询表

Table API 是基于 Table 类的一系列接口。Table 类表示一个表(流或批处理),在表上进行一系列关系操作,返回一个新的 Table 对象。一个关系操作通常由多个方法调用组成,例如 table.groupBy(...).select(),表示对 table 进行分组,然后进行投影操作。

以下示例展示了一个简单的 Table API 聚合查询:

```
    // 获得一个 TableEnvironment
    TableEnvironment tableEnv = ...;

    // 注册 Orders 订单表(代码略去)

    // 从注册的 Orders 表中扫描数据
    Table orders = tableEnv.from("Orders");    //假设表模式为:(a, b,
c, rowtime)
    // 使用了分组、投影、计数、重命名等方法
    Table counts = orders.groupBy($("a")).select($("a"), $("b").
count().as("cnt"));
    counts.execute().print();    //输出
```

Table API 提供了一系列的方法,支持在流或者批处理上执行各种关系操作。主要有:生成操作(from、fromValues、insert)、基本关系操作(select、as、where/filter)、连接操作(Inner Join / Outer Join / Interval Join)、集合操作(union、intersect、minus、in)、排序获取操作(orderBy、offset、fetch)、聚合计算操作(groupBy、group window 聚合、over window 聚合、

distinct 聚合)、窗口操作(group / over window)、基于行的操作(map、flatMap)等。

(1) 生成操作:from、fromValues、insert。from,与 SQL 的 FROM 子句类似,扫描一个注册过的表。fromValues,与 SQL 查询中的 VALUES 子句类似,基于提供的行生成一个内联表。批流均适用。

```
Table orders = tableEnv.from("Orders");

//根据输入表达式自动获取列的数据类型
Table table = tEnv.fromValues(
    row(1, "ABC"),
    row(2L, "ABCDE")
);

//也可以明确指定列的数据类型
Table table = tEnv.fromValues(
    DataTypes.ROW(
        DataTypes.FIELD("id", DataTypes.DECIMAL(10, 2)),
        DataTypes.FIELD("name", DataTypes.STRING())
    ),
    row(1, "ABC"),
    row(2L, "ABCDE")
);
```

insert,与 SQL 的 INSERT INTO 子句类似,执行对已注册的输出表的插入操作。要求输出表必须在 TableEnvironment 中已经注册,且模式与查询的模式必须匹配。

```
Table orders = tableEnv.from("Orders");
orders.insertInto("OutOrders").execute();
```

(2) 基本关系操作:select、as、where/filter、distinct。select,与 SQL 的 SELECT 子句类似,执行一个投影操作,流批均适用。

```
Table orders = tableEnv.from("Orders");
Table result = orders.select($("a"), $("c").as("d"));
//可以选择星号(*)通配符,select 表的所有列。
Table result = orders.select($("*"));
```

as,与 SQL 的 AS 类似,用于重命名字段,流批均适用。

```
Table orders = tableEnv.from("Orders");
Table result = orders.as("x, y, z, t");
```

where/filter，与 SQL 的 WHERE 子句类似，过滤掉不满足过滤谓词的行，流批均适用。

```
Table orders = tableEnv.from("Orders");
Table result = orders.where( $ ("b").isEqual("red"));
//或者
Table orders = tableEnv.from("Orders");
Table result = orders.filter( $ ("b").isEqual("red"));
```

distinct，与 SQL DISTINCT 子句类似，用于返回消除重复的记录，流批均适用。

```
Table orders = tableEnv.from("Orders");
Table result = orders.distinct();
```

（3）连接操作：Inner Join、Outer Join、Interval Join。Inner Join（内连接），与 SQL 的 JOIN 子句类似，连接的两张表，必须有不同的字段名，且至少有一个相等的连接谓词。流批均适用。

```
Table left = tableEnv.from("MyTable1").select( $ ("a"), $ ("b"),
    $ ("c"));
Table right = tableEnv.from("MyTable2").select( $ ("d"), $ ("e"),
    $ ("f"));
Table result = left.join(right)
    .where( $ ("a").isEqual( $ ("d")))
    .select( $ ("a"), $ ("b"), $ ("e"));
```

Outer Join（外连接），包括左外/右外和全外连接（leftOuterJoin、rightOuterJoin、fullOuterJoin），与 SQL LEFT/RIGHT/FULL OUTER JOIN 子句类似，连接的两张表，必须有不同的字段名，且至少有一个相等的连接谓词。流批均适用。

```
Table left = tableEnv.from("MyTable1").select( $ ("a"), $ ("b"),
    $ ("c"));
Table right = tableEnv.from("MyTable2").select( $ ("d"), $ ("e"),
    $ ("f"));
```

```
Table leftOuterResult = left.leftOuterJoin(right, $("a").isEqual
($("d")))
                         .select($("a"), $("b"), $("e"));
Table rightOuterResult = left.rightOuterJoin(right, $("a").
isEqual($("d")))
                         .select($("a"), $("b"), $("e"));
Table fullOuterResult = left.fullOuterJoin(right, $("a").isEqual
($("d")))
                         .select($("a"), $("b"), $("e"));
```

Interval Join(区间连接)，通过流模式处理的 join。Interval join 至少需要一个 equi-join 谓词和一个限制双方时间界限的 join 条件。条件可以由两个合适的范围谓词(<、<=、>=、>)或一个比较两个输入表相同时间属性(处理时间或事件时间)的等值谓词来定义。

```
Table left = tableEnv.from("MyTable1").select($("a"), $("b"),
$("c"), $("ltime"));
Table right = tableEnv.from("MyTable2").select($("d"), $("e"),
$("f"), $("rtime"));

Table result = left.join(right)
  .where(
    and(
        $("a").isEqual($("d")),
        $("ltime").isGreaterOrEqual($("rtime").minus(lit(5).
        minutes())),
        $("ltime").isLess($("rtime").plus(lit(10).minutes()))
    ))
  .select($("a"), $("b"), $("e"), $("ltime"));
```

(4) 集合操作：union/unionAll、intersect/intersectAll、minus/minusAll、in。union/unionAll，与 SQL UNION/ UNION ALL 子句类似。union 两张表会删除重复记录，unionAll 不去除重复。两张表必须具有相同的字段类型。

intersect/intersectAll，与 SQL INTERSECT/INTERSECT ALL 子句类似，返回两个表中都存在的记录。intersect 无重复，intersectAll 保留重复。两张表必须具有相同的字段类型。

minus/minusAll，与 SQL EXCEPT/EXCEPT ALL 子句类似，minus 重复记录只返回一次，minusAll 返回结果保留重复记录。两张表必须具有相同的字段类型。

　　in 与 SQL IN 子句类似。如果表达式的值存在于给定表的子查询中,那么 in 子句返回 true。子查询表必须由一列组成。这个列必须与表达式具有相同的数据类型。

```
Table left = tableEnv.from("Orders1");
Table right = tableEnv.from("Orders2");

left.union(right);
left.unionAll(right);

left.intersect(right);
left.intersectAll(right);

left.minus(right);
left.minusAll(right);

Table result = left.select( $ ("a"), $ ("b"), $ ("c")).where( $ ("
a").in(right));
```

　　(5) 排序获取操作:orderBy、offset、fetch。orderBy,与 SQL ORDER BY 子句类似。返回跨所有并行分区的全局有序记录。对于无界表,需要对时间属性进行排序或进行后续的 fetch 操作。

```
Table result = tab.orderBy( $ ("a").asc());
```

　　offset、fetch,与 SQL 的 OFFSET 和 FETCH 子句类似。offset 操作根据偏移位置来限定(可能是已排序的)结果集。fetch 操作将(可能已排序的)结果集限制为前 n 行。通常,这两个操作前面都有一个排序操作。对于无界表,offset 操作需要 fetch 操作。

```
// 从已排序的结果集中返回前 5 条记录
Table result1 = in.orderBy( $ ("a").asc()).fetch(5);

// 从已排序的结果集中返回跳过 3 条记录之后的所有记录
Table result2 = in.orderBy( $ ("a").asc()).offset(3);

// 从已排序的结果集中返回跳过 10 条记录之后的前 5 条记录
Table result3 = in.orderBy( $ ("a").asc()).offset(10).fetch(5);
```

　　(6) 聚合计算操作:groupBy、group window 聚合、over window 聚合、distinct 聚合。groupBy 聚合,与 SQL 的 GROUP BY 子句类似,使用指定键对行进行分组,使用伴随

的聚合算子(sum、min、max)按照分组做行聚合计算。流批均适用。

```
Table orders = tableEnv.from("Orders");
Table result = orders.groupBy( $ ("a")).select( $ ("a"), $ ("b").
sum().as("d"));
```

group window 聚合,使用时间或者行计数间隔定义窗口,同时结合单个或者多个分组键对表进行分组,并为每个分组执行聚合计算。流批均适用。

```
Table orders = tableEnv.from("Orders");
Table result = orders
    .window(Tumble.over(lit(5).minutes()).on( $ ("rowtime")).as("
    w")) //定义窗口
    .groupBy( $ ("a"), $ ("w")) //按窗口和键分组
    .select(   // 访问窗口属性并聚合
        $ ("a"),
        $ ("w").start(),
        $ ("w").end(),
        $ ("w").rowtime(),
        $ ("b").sum().as("d")
    );
```

over window 聚合,类似于 SQL OVER 子句,对于输入的每一行,以该行的前后邻近范围为界定义一个窗口,并对其进行聚合计算。

```
Table orders = tableEnv.from("Orders");
Table result = orders
    .window(Over     //定义窗口,包括当前行及其之前的所有行
        .partitionBy( $ ("a"))
        .orderBy( $ ("rowtime"))
        .preceding(UNBOUNDED_RANGE)
        .following(CURRENT_RANGE)
        .as("w"))
    .select(     // 滑动聚合计算
        $ ("a"),
        $ ("b").avg().over( $ ("w")),
        $ ("b").max().over( $ ("w")),
        $ ("b").min().over( $ ("w"))
    );
```

distinct 聚合，与 SQL DISTINCT 聚合子句类似，例如 COUNT(DISTINCT a)，流批均适用。distinct 聚合可应用于 groupBy、group window、over window 等聚合。

```
Table orders = tableEnv.from("Orders");

// 按属性分组后的互异(互不相同、去重)聚合
Table groupByDistinctResult = orders.groupBy( $ ("a"))
    .select( $ ("a"), $ ("b").sum().distinct().as("d"));

// 按属性、时间窗口分组后的互异(互不相同、去重)聚合
Table groupByWindowDistinctResult = orders
    .window(Tumble
            .over(lit(5).minutes())
            .on( $ ("rowtime"))
            .as("w")
    )
    .groupBy( $ ("a"), $ ("w"))
    .select( $ ("a"), $ ("b").sum().distinct().as("d"));

// over window 上的互异(互不相同、去重)聚合
Table result = orders
    .window(Over
        .partitionBy( $ ("a"))
        .orderBy( $ ("rowtime"))
        .preceding(UNBOUNDED_RANGE)
        .as("w"))
    .select(
        $ ("a"), $ ("b").avg().distinct().over( $ ("w")),
        $ ("b").max().over( $ ("w")),
        $ ("b").min().over( $ ("w"))
    );
```

（7）窗口操作：group window 分组窗口，使用 window([GroupWindow w].as("w")) 子句定义，并且必须使用 as 子句指定窗口别名。同时，为了按窗口对表进行分组，窗口别名必须作为分组属性出现在 groupBy(...)子句中。注意，这里[GroupWindow w]是定义窗口的伪代码。

```
Table table = input
  .window([GroupWindow w].as("w"))  // 定义窗口并指定别名为 w
  .groupBy( $ ("w"))  // 以窗口 w 对表进行分组
  .select( $ ("b").sum());  // 聚合
```

对于时间窗口,则窗口的开始时间戳、结束时间戳和行时间戳等窗口属性,都可以作为窗口别名的属性添加到 select 子句中,如("w"). start()、("w"). end()、("w"). rowtime()。窗口开始和行时间戳是窗口所包含的上下边界时间戳,而窗口结束时间戳是刚超出窗口的上边界时间戳。例如,从下午 2 点开始的 30 分钟滚动窗口,会将"14:00:00.000"作为开始时间戳,"14:29:59.999"作为行时间戳,"14:30:00.000"作为结束时间戳。

```
Table table = input
  .window([GroupWindow w].as("w"))  // 定义窗口并指定别名为 w
  .groupBy( $ ("w"), $ ("a"))  // 以属性 a 和窗口 w 对表进行分组
  .select( $ ("a"), $ ("w"). start(), $ ("w"). end(), $ ("w"). row-
  time(), $ ("b"). count());
  // 聚合并添加窗口开始、结束和 rowtime 时间戳
```

[GroupWindow w]是定义窗口的参数,需要描述如何将行映射到窗口。Table API 预定义了一组 GroupWindow 类,包括了 Tumble、Slide 和 Session。

① Tumble(Tumbling Window):Tumble 滚动窗口将行分配给固定长度的非重叠连续窗口。例如,一个 10 分钟的滚动窗口以 10 分钟的间隔对行进行分组。滚动窗口可以定义在事件时间、处理时间或行数上。

```
// 滚动 + 事件时间 + 窗口
.window(Tumble.over(lit(10).minutes()).on( $ ("rowtime")).as("w"));

// 滚动 + 处理时间 + 窗口(假设存在属性"proctime"作为处理时间)
.window(Tumble.over(lit(10).minutes()).on( $ ("proctime")).as("w"));

// 滚动 + 行数 + 窗口(假设存在属性"proctime"作为处理时间)
.window(Tumble.over(rowInterval(10)).on( $ ("proctime")).as("w"));

//over：定义窗口长度,可以是时间间隔或行数间隔
//on：用于对数据进行窗口分组的时间属性
//as：指定窗口的别名,用于在 groupBy() 子句中引用窗口,并可以在 se-
lect()子句中
```

> //   选择窗口开始、结束或行时间戳等窗口属性

② Slide(Sliding Window)：Slide 滑动窗口具有固定大小，并按指定的滑动间隔滑动。如果滑动间隔小于窗口大小，则滑动窗口重叠。滑动窗口可以定义在事件时间、处理时间或行数上。

```
// 滑动 + 事件时间 + 窗口
.window(Slide.over(lit(10).minutes())      //窗口大小
            .every(lit(5).minutes())       //滑动步长
            .on( $ ("rowtime"))            //分组的时间属性
            .as("w"));

//滑动 + 处理时间 + 窗口(假设存在属性"proctime"作为处理时间)
.window(Slide.over(lit(10).minutes())
            .every(lit(5).minutes())
            .on( $ ("proctime"))
            .as("w"));

//滑动 + 行数 + 窗口(假设存在属性"proctime"作为处理时间)
.window(Slide.over(rowInterval(10)).every(rowInterval(5)).on
( $ ("proctime")).as("w"));

//over：定义窗口大小，可以是时间间隔或行数间隔
//every：定义滑动步长，可以是时间间隔或行数间隔
//on：用于对数据进行窗口分组的时间属性
//as：指定窗口的别名
```

③ Session(Session Window)：Session 会话窗口没有固定大小，其边界由不活动的间隔定义。如果在定义的间隔期内没有事件出现，则会话窗口将关闭。会话窗口支持事件时间和处理时间。

```
// 会话 + 事件时间 + 窗口
.window(Session.withGap(lit(10).minutes()).on( $ ("rowtime")).as
("w"));

// 会话 + 处理时间 + 窗口(假设存在属性"proctime"作为处理时间)
.window(Session.withGap(lit(10).minutes()).on( $ ("proctime")).as
("w"));
```

```
//withGap：将两个窗口之间的间隙定义为会话间隔。
//on：用于对数据进行窗口分组的时间属性。
//as：指定窗口的别名。
```

　　（8）定义 OverWindow：与 GroupWindow 不同，OverWindow 是针对每一行数据建立一个邻近窗口进行聚合计算。因此，over 窗口的数量与数据行数是相等的。OverWindow 使用 window（[OverWindow w].as("w"))子句定义，并且必须使用 as 子句指定窗口别名，窗口别名可以在 select()方法中被引用。注意，这里的[OverWindow w]是定义窗口的伪代码。

```
Table table = input
  .window([OverWindow w].as("w"))     // 定义 OverWindow 及其别名 w
  .select($("a"), $("b").sum().over($("w")), $("c").min().o-
ver($("w")));     // 在 w 上聚合计算
```

　　[OverWindow w]定义窗口参数，描述如何界定当前行的邻近窗口，可以作用在事件时间、处理时间或行数上。Table API 提供了 Over 类用于配置 OverWindow 的属性。

```
// Unbounded OverWindows(无界 OverWindow)
//1. 无界 OverWindow + 事件时间(假设事件时间属性"rowtime")
.window(Over.partitionBy("a").orderBy("rowtime").preceding("un-
bounded_range").as("w"));
//2. 无界 over window + 处理时间(假设处理时间属性"proctime")
.window(Over.partitionBy("a").orderBy("proctime").preceding("un-
bounded_range").as("w"));
//3. 无界 over window + 事件时间 + 行数(假设事件时间属性"row-
time")
.window(Over.partitionBy("a").orderBy("rowtime").preceding("un-
bounded_row").as("w"));
//4. 无界 OverWindow + 处理时间 + 行数(假设处理时间属性"proc-
time")
.window(Over.partitionBy("a").orderBy("proctime").preceding("un-
bounded_row").as("w"));

// Bounded Over Windows(有界 OverWindow)
//1. 有界 OverWindow + 事件时间 + 之前 1 分钟(假设事件时间属性"
rowtime")
```

```
.window(Over.partitionBy("a").orderBy("rowtime").preceding("1.mi-
nutes").as("w"))
//2. 有界 OverWindow + 处理时间 + 之前 1 分钟(假设处理时间属性"
proctime")
.window(Over.partitionBy("a").orderBy("proctime").preceding("1.
minutes").as("w"))
//3. 有界 OverWindow + 事件时间 + 行数 + 之前 10 行(假设事件时间属
性"rowtime")
.window(Over.partitionBy("a").orderBy("rowtime").preceding("10.
rows").as("w"))
//4. 有界 OverWindow + 处理时间 + 行数 + 之前 10 行(假设处理时间属
性"proctime")
.window(Over.partitionBy("a").orderBy("proctime").preceding("10.
rows").as("w"))
```

(9) 基于行的操作：map、flatMap。基于行(row-based)的操作,针对每一行数据进行定制运算产生输出。其中,基于行的 map 操作,可以使用用户定义的标量函数或内置标量函数执行 map 操作;基于行的 flatMap 操作,可以使用用户自定义的函数执行 flatMap 操作。

```
public class MyMapFunction extends ScalarFunction {
    public Row eval(String a) {
        return Row.of(a, "pre-" + a);
    }
    @Override
    public TypeInformation<?> getResultType(Class<?>[] sig-
nature) {
        return Types.ROW(Types.STRING(), Types.STRING());
    }
}


ScalarFunction func = new MyMapFunction();
tableEnv.registerFunction("func", func);
Table table = input.map(call("func", $("c")).as("a", "b"));
```

```
public class MyFlatMapFunction extends TableFunction<Row> {
    public void eval(String str) {
        if (str.contains("#")) {
            String[] array = str.split("#");
            for (int i = 0; i < array.length; ++i) {
                collect(Row.of(array[i], array[i].length()));
            }
        }
    }
    @Override
    public TypeInformation<Row> getResultType() {
        return Types.ROW(Types.STRING(), Types.INT());
    }
}

TableFunction func = new MyFlatMapFunction();
tableEnv.registerFunction("func", func);
Table table = input.flatMap(call("func", $("c")).as("a", "b"));
```

　　基于行的操作还包括：基于行的 aggregate、基于行的 group window aggregate、基于行的 flatAggregate 以及基于行的 group window flatAggregate 操作，使用方法类似。

　　5. SQL 查询表

　　Flink SQL 在语法和表达能力上与 Table API 类似，只是以 SQL 查询表达式的形式提供。下面的示例演示了如何指定查询并将结果作为 Table 对象返回。

```
TableEnvironment tableEnv = ...;

// 注册 Orders 表

// 对来自法国的顾客计算税金
Table revenue = tableEnv.sqlQuery(
    "SELECT cID, cName, SUM(revenue) AS revSum " +
    "FROM Orders " +
    "WHERE cCountry = 'FRANCE' " +
    "GROUP BY cID, cName"
);
```

```
// 输出或者转换 Table
// 执行查询
```

再例如,下面的示例展示了如何指定一个更新查询,将查询结果插入到已注册的表中。

```
TableEnvironment tableEnv = ...;
// 注册"Orders"表
// 注册"RevenueFrance"输出表

// 对来自法国的顾客计算税金,结果插入"RevenueFrance"
tableEnv.executeSql(
    "INSERT INTO RevenueFrance " +
    "SELECT cID, cName, SUM(revenue) AS revSum " +
    "FROM Orders " +
    "WHERE cCountry = 'FRANCE' " +
    "GROUP BY cID, cName"
);
```

SQL 与 Table API 查询可以混合使用,它们都返回 Table 对象。可以在 SQL 查询返回的 Table 对象上定义 Table API 查询。在 TableEnvironment 中注册的结果表可以在 SQL 查询的 FROM 子句中引用,可以在 Table API 查询的结果上定义 SQL 查询。

6. 输出表

Table 可以通过写入 TableSink 输出。TableSink 是一个通用接口,用于支持多种文件格式(如 CSV、Apache Parquet、Apache Avro)、存储系统(如 JDBC、Apache HBase、Apache Cassandra、Elasticsearch)或消息队列系统(如 Apache Kafka、RabbitMQ)。

批处理 Table 只能写入 BatchTableSink,流处理 Table 需写入 AppendStreamTable-Sink,RetractStreamTableSink 或者 UpsertStreamTableSink。

Table.insertInto(String tableName)方法定义了一个完整的端到端管道,将源表中的数据传输到一个被注册的输出表中。下面的示例演示如何输出 Table:

```
// 获得一个 TableEnvironment 对象
TableEnvironment tableEnv = ...;

// 创建一个输出表 CsvSinkTable
final Schema schema = Schema.newBuilder()
    .column("a", DataTypes.INT())
    .column("b", DataTypes.STRING())
```

```
            .column("c", DataTypes.BIGINT())
            .build();

    tableEnv. createTemporaryTable ( " CsvSinkTable ", TableDescriptor.
forConnector("filesystem")
            .schema(schema)
            .option("path", "/path/to/file")
            .format(FormatDescriptor.forFormat("csv")
                .option("field-delimiter", "|")
                .build())
            .build());

    // 使用 Table API 或者 SQL 查询计算得到一个结果表
    Table result = ...;

    // 准备从结果到输出表 CsvSinkTable 的数据流管道
    TablePipeline pipeline = result.insertInto("CsvSinkTable");

    // 输出数据流管道执行计划
    pipeline.printExplain();

    // 执行数据流管道,将结果插入输出表
    pipeline.execute();
```

7.8　章节小结

持续生产的流数据,需要引入随到随算的流计算处理模式。典型的流计算框架包括:

(1) Spark Streaming:建立在批处理 Spark 核心引擎上,采用 mini-batch 处理方式,能够达到近实时的秒级响应,无法实现毫秒级响应。

(2) 开源的流计算框架:Storm、Flink。其中,Apache Flink 是业界主推的流处理引擎。

① Flink 流计算特性:一切皆流、丰富的时间语义(事件时间、处理时间、摄入时间)、流上的窗口操作(时间窗口、计数窗口、滚动/滑动/会话/全局窗口)、数据流的状态、流计算的一致性语义(At-most-once、At-least-once、Exactly-once)。

② Flink 流计算模型:数据流抽象 DataStream、操作算子、标准 Flink 程序结构。

③ Flink 数据流图:程序 → StreamGraph → JobGraph → ExecutionGraph → Physical-

Graph。

　　④ Flink 集群结构：角色(JobManager、TaskManager)、运行流程、容错机制。

　　⑤ Flink 安装部署：集群部署模式、客户端操作模式、Flink on YARN。

　　⑥ Flink 编程基础：编程接口和程序结构、Flink Shell 编程、独立应用程序开发(开发环境、项目构建、批处理程序、流处理程序、Table 和 SQL 程序)。

习　　题

　　(1) 简述流数据的特征,说明流计算的基本概念、处理流程和典型的流计算框架。Flink 框架对于流计算提供了哪些支持特性?

　　(2) Flink 编程模型如何抽象流计算过程,基本的 Flink 程序具有什么样的结构? Flink 如何将程序代码转换为在集群上调度执行的一组任务?

　　(3) Flink 集群有哪些角色,分别承担哪些职责,如何相互配合实现分布式流计算? Flink 提供了哪些机制用于实现容错与恢复? Flink 集群有哪些安装部署模式,客户端有哪些操作模式,详细说明 Flink on YARN 的多种集群部署模式?

　　(4) 利用程序动态模拟大量的文本数据,编写 Flink 程序 WordCount 进行实时的单词频次统计分析,尝试在不同的集群部署模式下运行 WordCount 程序。

　　(5) 从基础概念和需求出发,使用思维导图或其他结构化方式总结本章的知识结构。综述 Flink 是如何运用分片或者副本等技术的,又是如何实现容错的?

第8章 交互式查询框架

在商业智能分析中,用户经常需要自由灵活地定制查询条件,要求系统能够在可容忍的交互时间内返回查询结果(数秒到数分钟),兼具灵活性和时效性,即交互式查询。

8.1 交互式查询概述

在大数据分析中,尤其是商业智能分析领域,用户往往需要通过一种类似于对话的交互形式自由灵活地进行多轮次、多角度的数据探索与分析。用户在交互过程中不断递进地提出问题和假设,通过查询分析对问题和假设做出结论或验证,逐步获得科学全面的分析结果,称为交互式查询(Interactive Query),又称即席查询(Ad Hoc Query)。整个交互式查询过程,非常自然地体现了人类认识事物的思维发展和迭代深入过程。

交互式查询,不同于批处理的先存后算,也不同于流计算的随到随算,它是一种按需计算的模式,不强调计算的实时性,但是非常关注响应的实时性,要求用户发出请求尽快能够得到结果。在交互式查询模式下,计算任务往往不是固定的,可以由用户根据需求自由选择计算的维度、聚合指标以及查询条件。在传统的关系数据库和数据仓库的语境下,将提供快速响应的交互式查询任务,也称为联机分析处理(OnLine Analytical Processing,OLAP)。因此,大数据的交互式查询,在很多时候也叫作大数据 OLAP。

交互式查询,需要兼顾数据规模、响应实时性和查询灵活性三个方面的指标。一般情况下,交互式查询需要响应低时延(数秒到数分钟),支持复杂多变的查询条件,查询涉及的数据范围很大(往往需要全表扫描,记录可能达到几十亿行级别)。此外,交互式查询往往需要支持 SQL 或者某种用户比较容易使用的访问接口。

如同 CAP 理论中一致性、可用性和分区容错性无法同时兼顾一样,交互式查询要同时满足海量数据、实时响应和灵活查询是非常困难的。目前,还没有一种解决方案可以全面处理好这三方面的处理需求,实践中需要根据业务做出权衡取舍。

8.2 交互式查询解决方案

交互式查询的主要解决思路有在线并行计算和预先计算。前者是堆叠大量资源进行即时的并行计算;后者则是把数据预先计算组织成多维立方体或倒排索引。

8.2.1 MPP 计算架构

大规模并行处理(Massively Parallel Processing,MPP),将任务并行地分散到多个节点上,每个节点上完成部分计算任务,最后将结果汇总在一起。MPP 计算架构,通过堆叠大量资源进行强力的并行计算,从而获得大数据即时查询的实时响应能力。当用户查询来到时,查询引擎会解析查询并生成执行计划,然后将执行计划中的操作任务复制并调度到大规模计算集群上并行地运行,最后汇总结果返回用户。

MPP计算架构中查询的执行过程是在线即时计算,没有预先聚合的结果数据供查询优化,响应性能依赖于资源和算力是否充沛,计算资源消耗巨大。因此,MPP计算架构的响应时间是没有保证的,随着数据量和查询复杂度的增加,其查询性能无法像预计算架构那样高效和稳定,响应时间会变慢,从秒级会降低到分钟级,甚至更慢。

MPP计算架构兼顾了海量数据和查询灵活性,一定程度地牺牲了响应实时性,适用于查询模式不固定,灵活性要求很高的探索分析场景。典型的MPP类查询引擎有Hive on Hadoop、Spark SQL、Impala、Presto、Greeplum、ClickHouse。

8.2.2　MOLAP 预计算架构

多维联机分析处理(Multi-dimensional OLAP,MOLAP)根据用户定义的数据维度和度量指标,在数据写入时进行预先的聚合计算,以多维立方体(如图8-1所示)的方式来组织和保存聚合结果;当用户查询到来的时候,实际上查询的是聚合结果数据而非原始数据。

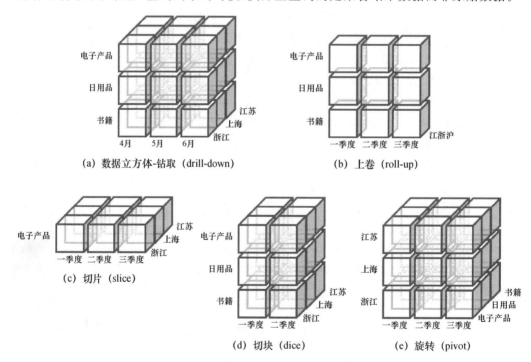

(a) 数据立方体-钻取 (drill-down)　　　　(b) 上卷 (roll-up)

(c) 切片 (slice)

(d) 切块 (dice)　　　　(e) 旋转 (pivot)

图 8-1　多维数据立方体及其分析操作

MOLAP预计算架构,将原始数据按照指定的计算规则预先做好聚合计算,避免了用户查询到来时才进行大量的即时计算,提升了查询性能,响应实时性很高。但是,MOLAP预计算架构,需要预先指定查询的维度和路径,限制了后期数据查询的灵活性;如果查询工作涉及新的维度或者指标,则需重新进行预计算处理,损失了灵活性,存储成本很高。

　　MOLAP 预计算方案考虑了海量数据和实时响应性能,但是牺牲了查询的灵活性,适用于查询场景相对固定且对查询性能要求很高的场景,如设备运行报表分析等。在开源社区,典型的 MOLAP 预计算引擎有 Druid 和 Kylin。

　　此外,预计算方案还可以考虑使用搜索引擎常用的倒排索引技术,进行预计算处理。在数据到达时将其转换为倒排索引,针对搜索类查询可以做到亚秒级响应,但是对于扫描聚合为主的查询,随着处理数据量的增加,响应时间会退化到分钟级。

　　采用倒排索引的预计算方案,兼顾了响应实时性和查询灵活性,但是对于海量数据规模却没有优势,系统水平扩展能力不足。典型的开源引擎是 Elasticsearch。

8.3　MPP 类查询引擎

　　典型的 MPP 类查询引擎有 Hive on Hadoop、Spark SQL、Impala、Presto、Greeplum、ClickHouse。

8.3.1　Hive on Hadoop

　　Hive on Hadoop 是在 Hadoop 大数据计算框架之上建立的数据仓库工具。具体思路是将结构化数据映射为一张数据库表,并提供类似于 SQL 的查询语言(Hive SQL,HSQL),执行的时候将 HSQL 语句转换为 MapReduce 任务在 Hadoop 集群上运行。

　　Hive 数据仓库使用类似 SQL 的方式来操作 HDFS 数据,学习和使用都比较容易,很大程度避免了编写专门的 MapReduce 程序,适用于快速灵活的数据仓库建模和分析。但是,由于 MapReduce 在运行过程中需要反复地在磁盘读写数据,受限于磁盘(I/O)效率,Hive数据仓库的运行效率也比较低,只用于处理大规模的离线数据分析。

8.3.2　Spark SQL

　　Spark 在 2014 年发布了 Spark SQL 组件,在 Spark Core 基础上提供了高级的查询引擎,类似于建立在 Hadoop 之上的 Hive,而且兼容 Hive 查询引擎。利用 Spark SQL,用户可以使用 SQL 脚本或者使用 Scala、Java、Python、R 语言编写程序,调用 RDD、DataFrame 或者 Dataset API 实现自己的数据处理逻辑。这些数据处理逻辑,最终都会直接或间接地转化为对 RDD 的具体操作,提交到 Spark 集群运行,因此执行效率很高。

　　Spark SQL 允许使用标准 SQL 或者 DataFrame/Dataset API 查询结构化数据,像关系数据库那样对大规模的数据进行快速计算和分析。Spark SQL 提供了统一的数据访问方式,用于连接和访问不同的数据源,包括 JSON 文件、CSV 文件、HDFS 等。

8.3.3　Presto

　　Presto 是一种 MPP 计算架构下的分布式的交互式查询引擎,本身并不存储数据,但是可以接入多种数据源,支持跨数据源的级联查询,由 Facebook 于 2013 年开源。

　　Presto 实际上是一个低延迟、高并发的内存计算引擎,相比于 Hive,执行效率要高很多。在并行计算架构下,Presto 可以处理 PB 级数据。Presto 支持标准的 SQL,包括复杂查询、聚合（aggregation）、连接（join）和窗口函数（window）等。

8.3.4　Impala

受 Google 的 Dremel 的启发，Cloudera 公司开发了在 HDFS 上的 MPP 实时交互式 SQL 查询引擎 Impala，并于 2012 年 10 月开源。通过 Impala，用户可以使用 SQL 操作 Hadoop 集群中的海量数据，进行交互式数据分析，具有较高的响应速度和吞吐量。

Impala 没有使用 Hive 和 MapReduce 批处理的组合，而是使用了类似于并行关系数据库的分布式查询引擎（包括 Query Planner、Query Coordinator、Query Exec Engine），通过分布式并行计算的方式直接从 HDFS 中查询数据，大大降低了延迟。

8.3.5　GreenPlum

GreenPlum 是一种分布式并行的关系型数据库，借助于 MPP 计算架构的增强，在大型数据集上执行复杂 SQL 分析的速度比很多解决方案都快。GreenPlum 支持标准 SQL 2008 和 SQL OLAP 2003 扩展，支持开放数据库互连（Open DataBase Connectivity，ODBC）和 Java 数据库互接（Jara DataBase Connectivity，JDBC），系统开发和使用都很方便。

GreenPlum 查询速度快，数据装载速度快，批量 DML 处理快，支持分布式事务和 ACID 强一致性。而且性能可以随着硬件的添加，呈线性增加，拥有良好的可扩展性。主要适用于面向分析的应用，比如构建企业级操作型数据存储（Operational Data Store，ODS）/数据仓库（Data Warehouse，DW）或者数据集市等。

8.3.6　ClickHouse

Clickhouse 是由俄罗斯 Yandex 搜索引擎公司开发的大数据在线分析系统，实际上是一个列式存储数据库，号称是目前所有开源 MPP 查询框架中速度最快的引擎。目前，国内外很多企业都在跟进使用，例如今日头条通过 ClickHouse 做用户行为分析，Yandex 公司内部使用数百节点的 ClickHouse 集群做用户点击行为分析。

ClickHouse 非常适于商业智能分析，此外还广泛用于广告/Web/App 流量、电信、金融、电子商务、信息安全、网络游戏、物联网等众多领域。ClickHouse 采用了列式存储和数据压缩技术，支持完备的 SQL 操作，通过并行处理和数据分片提供了极高的性能。当然，ClickHouse 不支持事务，不擅长 Key-Value 查询，缺少高频率、低延迟的修改或删除已存在数据的能力，仅用于批量删除或修改数据，在选择时需要仔细权衡。

8.4　MOLAP 类查询引擎

目前，比较典型的开源 MOLAP 类引擎有 Apache Druid、Apache Kylin。

8.4.1　Druid

Apache Druid 是 Metamarkets 推出的一个分布式内存实时大数据分析引擎和 OLAP 系统，用于解决如何在大规模数据集下进行快速的、交互式的查询和分析。

在设计之初,Durid 采用列式存储,主要面向的是时间序列数据,因此数据按照时间分割成不同的数据段(Segment),除了时间戳之外,每个数据段还有维度(Dimension)和度量(Metric)两种类型的列。在列式存储之上,Durid 通过预计算可以快速对数据进行过滤和聚合,能够支持每秒钟插入数十亿条事件并提供上千次的查询。

在 Druid 的应用场景下,通常数据插入频率比较高,但数据更新很少;大多数查询场景为聚合查询和分组查询(GroupBy),同时还有一定的检索与扫描查询;数据查询的响应时延通常要求在 100 毫秒到几秒之间。具体的使用场景有:点击流分析(Web 端和移动端)、网络监测分析(网络性能监控)、服务指标存储、供应链分析(制造类指标)、应用性能指标分析、数字广告分析、商务智能 / OLAP 等。

Druid 集群架构由流批处理两条线构成,本质上是对 Lamaba 架构的一种实现。如图 8-2 所示。集群节点有:Broker 节点、历史节点、实时节点和协调节点。

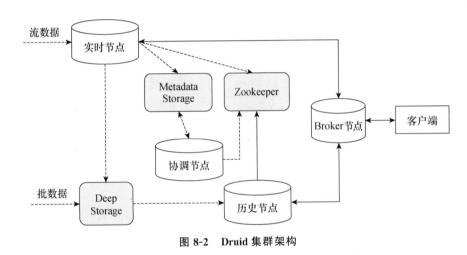

图 8-2　Druid 集群架构

其中,Broker 节点负责响应外部的查询请求,可能会根据具体情况将请求分别转发给历史节点和实时节点,最终合并查询结果返回给外部。

历史节点(Historical Node)是存储和查询历史数据的工作区,它从 Deep Storage 中加载数据段(Segments),响应 Broker 节点的查询请求并返回结果。

实时节点(Realtime Node)是存储和查询实时数据的工作区,响应 Broker 节点的查询请求并返回结果。实时节点会定期地将数据转成数据段移到历史节点中。

协调节点(Coordinator Node)是 Druid 集群的 Master 节点,通过 Zookeeper 管理历史节点和实时节点,且通过 Metadata Storage 管理数据段。

此外,Druid 系统还有三个外部依赖:用于分布式协调服务的 Zookeeper、存储集群数据信息和相关规则的 Metadata Storage、存放备份数据的 Deep Storage。

8.4.2　Kylin

Apache Kylin 是 Hadoop 大数据平台上的一个开源分布式分析引擎,在 Hadoop 或者 Spark 之上提供 SQL 查询接口及 OLAP 能力以支持超大规模数据。它采用 Cube 预计算技术,可以将某些场景下的大数据 SQL 查询速度提升到亚秒级别。

Kylin 项目始创于 eBay 公司,用于支持 TB 到 PB 级别数据量的分布式 OLAP 分析,于 2014 年开源,2015 年成为 Apache 顶级项目。其核心思想是通过预计算以空间换时间,利用 MapReduce 框架对 Hive 数据进行 Cube 预计算,预计算的 Cube 缓存到 HBase 数据库中;具体查询时将 SQL 查询转换为 Cube 操作,尽量利用预计算结果得出查询结果。

Kylin 引擎的实现借鉴和复用了大量的开源系统,如图 8-3 所示。在 Kylin 系统架构中,包括了 REST Server、Query 引擎、Routing、Metadata 和 Cube 构建引擎。

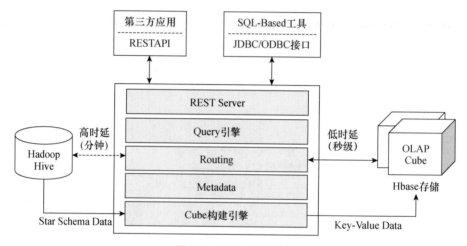

图 8-3　Kylin 系统架构

其中,REST Server 提供了交互式查询访问的 RESTful 接口。通过接口可以进行创建 Cube、刷新 Cube、合并 Cube 等 Cube 操作,进行元数据管理、用户权限管理等。

Query 引擎,使用一个开源 Apache Calcite 框架实现 SQL 解析,生成执行计划。

Routing,负责将 SQL 执行计划转换成针对 Cube 缓存的查询。其中,OLAP Cube 预计算缓存在 HBase 中,查询可能从 HBase 直接获取结果返回,在秒级或毫秒级时延内完成。此外,还有一些操作会查询 Hadoop 上的 Hive 原始数据,时延较高。

Metadata,是 Kylin 的元数据,包括 Cube 定义、星形模型定义、作业信息、维度目录信息等,这些元数据和 Cube 一起保存在 HBase 数据库中。

Cube 构建引擎,负责以预计算方式构建 Cube,实际是利用 MapReduce 或者 Spark 计算框架进行预计算,生成 HTable 然后加载到 HBase 中保存起来。

RESTAPI 和 JDBC/ODBC 接口,是 Kylin 提供的对外访问接口,使得 Kyin 能够兼容各种基于 SQL 的可视化工具,如 Tableau 和 Mondrian 等。

8.4.3　特性比较

Apache Druid 和 Apache Kylin 都是 MOLAP 类型的交互式查询引擎,都是将数据按照多维度数据方式预先计算和存储,并通过索引方式加速计算,具体特性对比如表 8-1 所示。

表 8-1　**Druid 与 Kylin 的特性比较**

	Apache Druid	Apache Kylin
数据模型	时间列＋维度列＋度量列	维度列＋度量列
开发语言	Java	Java
查询语言	JSON	SQL
是否依赖其他框架	否	Hadoop/Spark、HBase、Calcite
是否支持实时导入	是	是
设计架构	Lambda 架构	批处理架构
支持 join	是,限于大表与小表	是,限于预定义的表
查询特性	适合聚合查询 命中则查询速度极快 未命中则查询有波动	适合聚合查询 查询速度快 查询效率无波动

8.5　章 节 小 结

交互式查询需要兼顾数据规模、响应实时性和查询灵活性,解决方案有两种架构:

(1) MPP 计算架构:通过堆叠大量资源进行即时的并行计算,兼顾海量数据和查询灵活性,牺牲响应实时性,适用于查询模式不固定,灵活性要求高的探索性分析场景。典型计算引擎 Hive on Hadoop、Spark SQL、Impala、Presto、Greeplum、ClickHouse。

(2) 预计算架构:把数据组织成 MOLAP 多维立方体或倒排索引进行预先计算。

① MOLAP 预计算架构,避免了大量的即时计算,提升了查询性能,响应实时性很高。开源社区典型的 MOLAP 引擎有 Apache Druid 和 Apache Kylin。

② 倒排索引预计算架构,兼顾响应实时性和查询灵活性,但是对于海量数据规模却没有优势,系统水平扩展性能不足。典型的开源引擎 Elasticsearch。

习　　题

(1) 什么是交互式查询,主要的交互式查询解决方案有哪些架构,各自有何特点?

(2) 选择典型的 MPP 和 MOLAP 查询引擎,通过网络调研总结说明产品的功能和技术特征、优缺点和适用场景,说明产品达成性能和容错的技术原理。

(3) 从基础概念和需求出发,使用思维导图或其他结构化方式总结本章的知识结构。

第9章　大数据系统架构典型案例

手握大数据架构之道、术、器，此后就是在具体的架构实践过程当中不断地训练和培养我们架构大数据系统的能力和素养。实际上，架构大数据系统，不是单纯的技术问题，更多的是理解、设计、权衡和取舍的技艺。很多企业都会根据自身的业务特点和需求，在批处理、流式、Lambda 或者 Kappa 等大数据系统架构的基础上裁剪和定制，扩展演化出符合企业特性的大数据架构方案，如电商大数据平台、煤矿安全生产大数据平台等。

9.1　电子商务大数据平台

在电子商务领域，数据已经发展成为电子商务企业运转的基础能源和核心驱动力。电子商务企业利用大数据平台持续不断地采集数据、处理和分析数据，建立更准确的用户画像，预测用户购买意愿，精准推送相关的商品或者服务。同时，这些分析、推送和交易数据又被纳入新一轮的数据分析闭环中，源源不断地驱动业务模型的更新和发展。

9.1.1　电商大数据处理需求

数据是核心资产，数据驱动业务运转，是电子商务企业的基本共识。电商企业在运营过程中，将企业产品、消费者（基本信息、浏览行为信息、社交信息、评论反馈、定位信息）、购物行为（交易订单、购物历史、购物偏好）等信息采集和存储起来；然后，通过大数据计算和分析，总结概括企业业务运营的历史和现实状况；建立消费者的用户画像，预测用户的购物决策过程和偏好，为用户提供个性化的商品推荐和展示，积极主动地帮助用户完成购物活动。电子商务企业对于大数据的这些分析和计算需求，与大数据计算的多种典型场景是相对应的，即离线计算、实时计算、交互式查询以及更深入的机器学习。

（1）离线计算：典型的工作负载是 $T+1$ 的离线计算，类似于传统的离线数据仓库，计算以每年、每月、每天或者每小时为单位周期性地进行。所谓 $T+1$，指的是数据会延迟一个周期单位，假设 T 是每天，则 $T+1$ 表示当天产生的数据，第二天才可以看到并计算，例如每天生成的销售报表；如果 T 是每月，则 $T+1$ 表示月度进行的统计计算，通常数据量很大。

（2）实时计算：随着电商业务的深入发展，$T+0$ 的计算需求逐渐显露，要求当下的数据当下就能看见并分析计算，实时性要求越来越高，例如电商大规模促销活动中的实时数据大屏。再例如，结合历史用户画像、用户短期的浏览行为和关注目标，进行更为精准的实时用户画像，实施更为精准的个性化推荐，提高销售的成单率和转化率，增强用户购物体验。

（3）交互式分析：在电商运营过程中，业务人员和管理者随时都可能需要观察某些统计指标,并根据这些统计结果做出报告或者商业决策;或者发现某种异常现象,需要在大数据中反复地深入交互和探索,找出现象发生的原因,从而对业务做出有针对性的调整。

架构电子商务大数据平台,就需要针对电子商务的业务目标、数据源类型和特点、性能要求、计算场景需求,选择合理的技术和软件工具,搭建满足业务功能需求和性能需求(高性能、可伸缩、高可用、高容错)的电子商务大数据系统骨架。

9.1.2　电商大数据架构演化

在电子商务刚刚起步之初,企业关注的核心目标是如何满足日益增长的交易业务,此时分析需求简单且规模很小,在传统的关系数据库上开发报表即可满足需求。分析功能和业务系统紧密耦合在一起。随着业务和数据规模的增加,分析和业务性能难以两全。因此,更进一步地演化,是将分析功能和业务系统隔离开来,建立专门的数据仓库。

电子商务早期的商务智能(Businesses Intelligence,BI)架构,就反映了这一演化结果。BI 架构由数据源、ETL 组件与数据仓库(数据集市)、分析与报表等组件构成,如图 9-1 所示。其中,数据仓库,把各类业务系统运行中产生的明细数据集成到一起,按不同的主题和维度进行分类、汇总、统计等,反映业务历史变化,为决策系统提供在线分析服务。

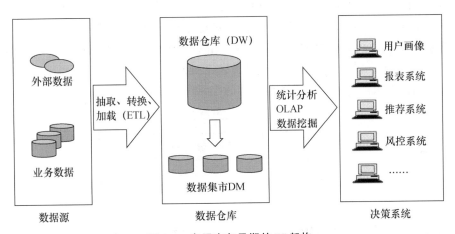

图 9-1　电子商务早期的 BI 架构

最初,BI 架构中的数据仓库采用关系数据库技术,严格要求事务的 ACID 特性。这对分析计算的性能造成很大影响,无法应对大规模数据的离线处理需求。

随着大数据时代的来临,人们开始倾向于使用大数据处理技术和工具,替代或者实现 BI 架构中的数据仓库,称为离线批处理架构,如图 9-2 所示。典型地,数据源(业务数据库和前后端访问日志等)以离线的方式导入到数据仓库(HDFS 或者 Hive)中,通过离线 ETL(MapReduce 或者 Hive SQL 脚本)对原始的操作层数据进行主题分类、汇总统计等。下游应用可以直接从数据仓库中读取数据或者访问相应的数据服务。

批处理架构简单易用,仍以 BI 场景为主,适于大规模历史数据的离线分析。但是,失去了传统数据仓库对业务支撑的灵活性,对大量报表和复杂钻取场景,需要手工定制开发。此外,架构以批处理场景为主,缺乏实时计算支持,响应时延高。

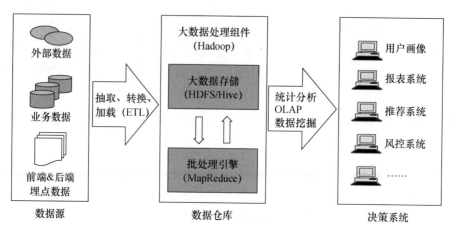

图9-2　电子商务的大数据离线批处理架构

无论是电商业务数据(订单、用户、商品、支付等),还是用户与电商客户端应用交互的埋点日志数据(页面浏览、点击、停留、评论、点赞、收藏等行为数据),在日益激烈的市场竞争环境下,都需要 $T+0$ 甚至实时地处理和分析,例如实时排名、实时热点、实时推荐等,以便及时响应市场变化,获得竞争优势。在离线批处理架构基础上,叠加实时计算链路,就演化形成电子商务的 Lambda 架构,如图 9-3 所示。Lambda 架构,利用消息队列对数据源做流式改造,以追加的方式同时进入批处理和流计算两个处理系统,分别进行批和流式两条处理路径的计算;最后,由数据服务层完成离线与实时结果的整合。

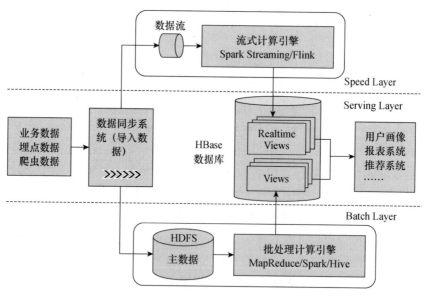

图9-3　电子商务的 Lambda 架构

Lambda 架构分为三层。批处理层(Batch Layer),将所有传入数据追加到主数据集(Master Dataset),对数据进行批处理预计算,结果称为批处理视图(Batch View),时延高,计算结果更准确；加速层（Speed Layer），进行增量的实时计算，结果称为实时视图（Realtime View），加速层会降低延迟，但是计算结果的准确性要降低一些；服务层（Serving Layer），合并批流两套计算视图，生成完整的查询结果，兼顾时延和准确性。

电子商务采用 Lambda 架构，可以同时兼顾实时和离线需求，支持实时和离线分析场景。缺点是需要维护批处理层和速度层两套系统，同一个业务计算逻辑需要在批流两层分别进行开发和运维，系统开发和运维工作复杂。

如果电子商务的核心业务以实时计算为主，离线分析为辅，则可以剔除掉 Lambda 架构中的批处理链路，形成更灵活和精简的 Kappa 流批一体架构，如图 9-4 所示。在 Kappa 架构下，一切数据都视为流，所有数据都走实时路径，通过流处理系统全程处理实时和历史数据。实时流数据作为事件流，进入速度层做流式处理，产生实时视图。事件流同时在长期存储中保存，必要的时候重播事件流，通过流计算引擎对历史数据重新计算。

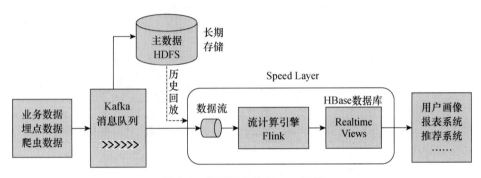

图 9-4　电子商务的 Kappa 架构

Kappa 架构通过数据重播简化了架构，解决了 Lambda 架构的冗余，适用于同时存在实时和离线需求的情况。但是 Kappa 架构实施难度比较高。

9.1.3　电商大数据平台案例

众多电子商务企业，如阿里、京东、小米等，基本都经历了从传统数据仓库到统一的批流一体（Lambda 架构）或者流批一体（Kappa 架构）大数据平台的演化过程，平台聚焦的核心任务从单纯地扩展集群规模发展到了大数据资产治理的层面和高度。

1. 阿里飞天大数据平台

阿里飞天大数据平台是在开源 Hadoop 的基础上自研的一套大数据体系，它将离线计算、实时计算、机器学习、搜索、图计算等引擎协同起来对云上客户提供服务，是一个具备 AI 辅助开发能力的全域数据平台，如图 9-5 所示。到 2019 年为止，飞天大数据平台的集群规模已经达到 10 万台服务器，单日处理数据量超过 600PB，经过阿里的世界级规模的电商业务和"双十一"大促试炼场，飞天平台已经获得业界的认可。

飞天大数据平台架构的最底层是存储和计算引擎。其中，存储引擎支持 HDFS 存储，还支持其他开放的对象存储服务（Object Storage Service，OSS），以及物联网 IOT 端采集和数据库的数据。计算引擎，综合集成了离线计算（MaxCompute、E-MapReduce）、实时计算

（RealtimeCompute）、图计算（GraphCompute）、交互式分析（InteractiveAnalytic）等多种协同计算引擎。

来自不同存储和计算引擎的数据，通过批量/增量/实时同步、数据转换等组件进行全域数据集成，构建逻辑上统一的数据湖（Data Lake），在逻辑数据湖上进行统一的元数据管理和统一的混合任务调度（联邦计算）。更进一步，在上层提供给数据开发者一个智能的云上开放平台 Xstudio，让用户能够直接产生数据或者定制数据分析应用。

平台最终提供 DataWorks 云原生全域智能大数据治理平台，通过智能数据建模、全域数据集成、高效数据生产、主动数据治理、全面数据安全、数据分析服务等全链路数据治理能力，帮助企业治理内部不断上涨的"数据悬河"，释放企业的数据生产力。

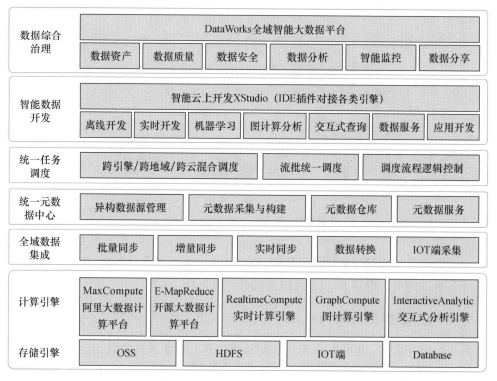

图 9-5　阿里飞天大数据平台架构

2. 京东大数据平台

京东集团早在 2010 年就深刻认识到大数据对于企业的价值，组建了京东大数据部，开始了企业大数据平台建设实践。随着京东业务的发展，数据分析由传统的数据仓库模式，逐渐演变为建立基于 Hadoop 生态的分布式架构，融合离线计算、实时计算和交互式分析多种计算场景，覆盖了 Hadoop、Spark、Hive、Kubernetes、Presto、HBase、Storm、Flink、Kafka 等大数据处理技术和工具，支撑了京东电商、金融、物流等诸多业务场景。

经过数十年的发展演化，京东大数据平台已拥有数万服务器的集群规模，数据总量达到 EB 级，日增数据几十个 PB，日运行作业数达几百万级别，实时计算每秒数十亿条消息记录，秒级处理延时。平台基于 Hadoop 大数据体系,整体架构如图 9-6 所示。

图 9-6　京东大数据平台架构

　　京东大数据平台,是建立在 Hadoop 技术生态上的优化和应用,目前演化的结果是采用 Lambda 混合架构,同时支持离线计算、实时计算和多维分析等计算场景。

　　数据采集和预处理,利用京东自研的数据直通车组件进行离线和实时数据采集。由传输层的 Kafka、Scribe、DataX、Flume 组件负责数据传输和交换。数据存储,则采用 JDHDFS 文件系统(HDFS 改进版)和 JDHBase 数据库(HBase 改进版),对冷热数据实施分离管理,增强了数据存储的容灾、元数据管理和多租户方面的能力。

　　离线计算采用改进优化的 Hive、Spark 和 MapReduce 计算引擎;实时计算,采用改进的 Flink、Spark Streaming、Storm;多维分析则封装了 ClickHouse、Doris、Elasticsearch 等。计算底层统一使用 YARN 集群作为资源调度工具,使用 Alluxio 做缓存加速数据查询。

　　离线、实时和多维分析的计算能力,通过平台层形成具备生产力的业务功能(ETL、数据集成、数据仓库、算法平台),通过服务层(即席查询、实时分析、数据服务、元数据服务)暴露给业务系统(搜索、广告、推荐、供应链等)调用。

　　3. 小米大数据平台

　　小米大数据平台始于 2014 年,在拥抱开源技术的基础上,经历了离线架构和 Lambda 混合架构的演化之后,最终形成 Kappa 架构,如图 9-7 所示。

图 9-7　小米大数据平台架构

小米内部各个业务系统每天生成大量的业务数据,通过自研的 Talos 消息队列(Kafka 优化改进)进行数据抽取和同步。使用 HDFS 离线保存维度数据,使用 Redis 内存数据库保存热点数据,Kudu 保存历史数据用于数据仓库计算,Hive 数据仓库用于离线数据仓库的历史数据存储,HBase 主要用于存储即席查询的数据和细粒度数据明细。

数据分析和计算层,主要采用 Flink 流式计算框架订阅消息队列进行实时处理,将实时计算结果保存到 ClickHouse 数据库或者 Doris 数据库中,保证数据时效性。此外,Flink 还会将数据保存到 Hive 离线数据仓库中,用于实时计算结果的对比和补偿。部分业务会使用 Druid on Kafka 对时间序列数据进行实时聚合处理,提供实时数据服务。

数据可视化平台层,又称为数鲸平台,基于统一的 OLAP 服务对数据及计算结果进行一站式可视化,提供了 BI 工具、用户增长分析、移动应用统计等可视化服务。

9.2　煤矿安全生产大数据平台

煤炭行业是传统的支柱性产业,大数据思想和技术的影响与应用稍有滞后。随着信息化和自动化水平的不断提高,煤矿企业普遍建立了生产综合自动化、煤矿物联网、安全监控、人员定位、ERP(企业资源计划)等系统,产生了海量、高速、不同层次和类别的数据资源,亟待探索大数据在煤矿安全生产活动中的应用,助力煤矿企业安全生产和降本增效。

9.2.1　煤矿安全生产大数据处理需求

煤矿企业生产的产品是地球上固有的"煤炭",不同于一般制造业的产品,不能通过大数据技术进行产品的升级改造。因此,在煤炭生产领域,大数据应用主要聚焦于企业的生产和管理方面,如图 9-8 所示。一方面应用大数据技术及时发现煤矿企业生产的安全问题和隐患,提高企业安全生产水平;另一方面,通过大数据技术改进生产和管理方法,提高生产设备的稳定性和可靠性,缩短煤炭商品的产供销链路,降低成本,增加利润。

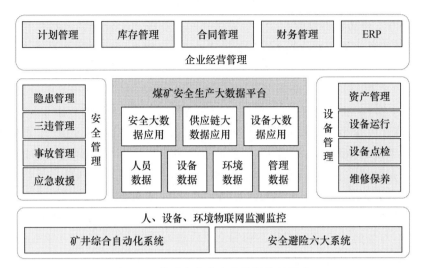

图 9-8　煤矿安全生产大数据处理需求

(1) 煤矿企业安全管理需求:煤矿安全生产是煤矿企业生产最基本的红线。2010 年在国家层面强制要求全国煤矿都必须建立和完善监测监控、人员定位、供水施救、压风自救、通信联络、紧急避险等安全避险六大系统,实现矿井上下的语音通信、人员和设备跟踪定位、井下关键设备(如风机、水泵等)的远程监控、井下关键位置的图像视频监测监控、各种环境参数(如 CH_4、NO_2 等)的监测监控等。并且,通过综合指挥调度系统,集成安全避险六大系统的功能,管理人员无须下井,就可以根据井下反馈到主控室的实时数据,统一进行生产调度指挥。

但是,煤矿安全管理是综合性的系统工程,涉及人员、设备、生产环境、管理四大要素的相互影响和联动,涉及采煤、掘进、机电、运输、通风、地测和防治水、调度等诸多生产环节和专业管理的相互协作,涉及历史生产过程的回顾整理和分析挖掘、现实生产状态的总结概括和推理诊断以及未来安全状况的预判预警和决策响应。这些都是一个个相对独立的安全避险六大系统无法彻底解决的。因此,煤矿企业安全管理有必要跨越部门专业、统一人机环管、考虑历史现势和未来、整合时间和空间维度,建立煤矿安全生产大数据平台,系统性分析要素之间的联动关系,及时发现安全隐患,实现安全预判预警。

(2) 煤矿企业生产管理需求:在安全保障的基础上煤矿企业的核心目标是高效生产,降本增效。高效生产的前提是生产设备能够正常运转,保证设备开机率。为此,就需要大数据平台集成设备的全生命周期信息,包括设备基础信息(型号、生产商、价格等)、运行状态参数(温度、震动)、运行工况参数(转速、负载等)、环境参数(温度、湿度、瓦斯浓度等)、维修保养记录(点检、维保、故障等),寻找设备运行规律,建立设备维修保养策略,保障设备正常运行。

煤矿企业降本增效的关键是企业经营管理,尤其是供应链管理。煤炭从坑口到用户中间环节很多,供应链粗放且效率低下。通过大数据平台可以汇集企业生产计划、库存、合同、

ERP、财务等管理信息系统数据,结合国家和地区的煤炭供需和物流数据,识别和预测客户需求,调度企业的煤炭生产和库存,以需求为生产导向优化产品供应链。

(3) 煤矿安全大数据计算场景需求:对于煤矿安全生产大数据处理而言,无论是服务于生产安全,还是生产设备保障,抑或是企业供应链分析,这些需求都可以梳理为多种类型的大数据计算场景。

首先,与煤矿企业生产、安全管理、设备保障、供应链管理等业务相关的日报/月报/年报分析,需要执行 $T+1$ 的离线计算,实时性要求低,往往采用批处理的方法。

其次,与煤矿安全生产过程相关的监测监控和预测预警,如人员定位、环境监测、设备监测、工业视频、调度通信和应急处置等,需要综合多方数据进行实时计算、实时监测、实时预警。这些实时监测监控信息,需要整合时间和空间维度,在煤矿地理信息系统(Geographic Information System,GIS)一张图上进行实时展示、实时更新、实时报警,实时性要求高。

最后,在安全管理、生产管理、设备保障和供应链业务当中,往往需要综合全量、全过程、全要素的信息,对当前的安全生产状态和安全风险进行研判,对设备状态和维保策略进行评估和调整,对供应链环节进行分析和优化,即大数据交互式分析。

9.2.2　煤矿安全生产大数据架构

架构煤矿安全生产大数据平台,就需要针对煤矿企业的安全生产、设备保障、供应链高效等业务目标,考虑其结构化 & 半结构化(监测监控日志)& 非结构化(视频)数据多源多样的特点,兼顾离线计算、实时计算、交互式查询、机器学习等计算场景需求,选择合理的技术和软件工具进行数据采集、存储、计算和交互式分析等,如图 9-9 所示。

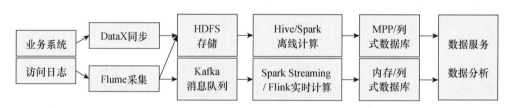

图 9-9　煤矿安全生产大数据技术架构

整体的技术架构采用离线和实时双线结构。其中,来自生产和经营管理业务系统的 $T+1$ 离线数据采用 DataX 组件进行数据同步处理,汇集到 HDFS 分布式文件系统中(称为主数据或者数据湖),通过 Hive 或者 Spark 引擎进行大规模离线分析。而对于来自物联网和实时监测的流式数据,则采用 Flume 组件进行采集,接入 Kafka 消息队列(同时在 HDFS 主数据中备份),通过 Spark Streaming 或者 Flink 组件进行近实时或者实时计算。离线或者实时计算结果都保存到 MPP 或者列式数据库中,用于数据服务和数据分析。

集成上述的技术选择,可以在宏观上设计满足煤矿安全生产业务功能和性能需求(高性能、高可伸缩、高可用、高容错)的大数据系统骨架,如图 9-10 所示。

该系统架构自下而上分四层:数据采集层、存储计算层、服务层和应用层。

(1) 数据采集层:从煤矿企业各类数据源中采集数据,包括生产数据(采煤、掘进、机电、运输、通风、地测排水)、经营数据(计划、库存、合同、财务、ERP 等)、监测监控数据(安全监

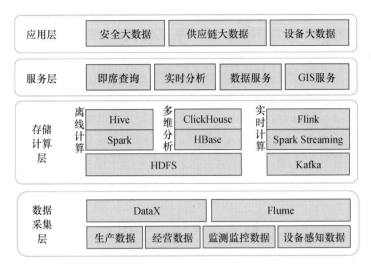

图 9-10　煤矿安全生产大数据系统架构

测、人员定位系统、视频监控）、设备感知数据（综合自动化系统）。通过 DataX 组件对离线数据进行同步处理，通过 Flume 组件采集实时流式日志数据。

（2）存储计算层：提供数据的统一存储和计算功能。其中，从业务系统同步来的离线操作性数据（Operational Data Store，ODS）保存在 HDFS 上，实时流式数据在摄入 Kafka 消息队列的同时，在 HDFS 上建立一个离线备份用于重放或者恢复。

离线计算采用 Hive 或者 Spark 计算引擎，中间计算结果可以保存在 HDFS 中或者 HBase 列式数据库中，供更上层的数据服务或者实时分析访问。

实时计算采用 Spark Streaming 或者 Flink 流式计算组件，中间计算结果可以保存 HBase 列式数据库中，或者交给 ClickHouse 提供更深入的 OLAP 支持。

交互式查询采用 HBase 保存离线计算和实时计算的中间结果，供用户按需定制查询；或者由 ClickHouse 支持更高性能的在线联机分析处理。

（3）服务层：提供各类数据服务，包括数据服务、实时分析、即席查询。此外，还提供 GIS 服务，使得数据能够在地理空间背景上呈现。

（4）应用层：整合各类数据服务构建不同类型的大数据应用业务，包括安全大数据应用、供应链大数据应用、设备大数据应用。其中，每一类的大数据应用，都包括基本的离线报表、实时的监测预警和评估、按需定制的交互式分析三种功能。

其中，安全大数据应用，通过对煤矿企业安全生产数据的分析和处理，实现安全管理的日常业务报表分析、自动化的人机安全状态监测预警和安全评估、安全问题驱动的交互式分析等功能，保障和提高人员、设备、环境方面的安全管理水平。

供应链大数据应用，通过对煤矿企业和行业总体的生产计划、库存、合同、财务、ERP 等经营管理数据的分析和处理，实现煤矿企业内部生产物资供应链和煤炭产业供应链的报表分析、供应链状态监测预警和评估、需求驱动的交互式分析等功能，保障企业安全生产供应链的效率，提高煤炭商品供应链的效益，为企业经营管理提供决策支持。

设备大数据应用，通过对煤矿安全生产设备的资产管理、运行和工况参数、管理维护、生命周期等数据的分析和处理,实现煤矿安全生产设备的报表分析、运行状态在线监测监控、设备隐患的实时预判预警、设备性能的实时评估、设备检修、维保需求和方案的交互式分析等功能,提高生产设备的开机率,保障安全生产的顺利进行。

大数据在煤矿企业安全管理、生产执行和经营管理领域已经逐渐发展起来,目前还没有电子商务领域那样完美的大数据应用案例和架构方案。这里给出的煤矿安全生产大数据平台的四层架构方案,只是我们根据煤矿安全生产大数据处理需求做出的一种权衡和选择,并非是唯一的架构设计方案。架构是理解、选择、权衡和取舍的艺术,充分理解用户的业务目标、数据特点、计算场景和性能需求,遵循大数据架构的基本原理和方法,合理地选择和集成计算框架和技术工具,在不断地迭代和演化中方能形成有效的架构方案。

9.3 章 节 小 结

架构大数据系统,需要根据自身业务特点和需求,在批处理、流式、Lambda 或 Kappa 等架构基础上裁剪、定制和扩展,演化出符合企业特性的大数据架构方案。

(1) 电商大数据平台:处理需求、架构演化、典型案例(阿里飞天、京东、小米)。

(2) 煤矿安全生产大数据平台:处理需求(安全管理需求、生产管理需求、计算场景需求)、技术架构(离线和实时双线结构)、系统架构。

习   题

(1) 选择特定的行业领域,如高校教学、交通监控等,总结阐述其大数据处理和分析的业务和场景需求,尝试设计该行业领域的大数据处理平台架构。

(2) 从基础概念和需求出发,使用思维导图或其他结构化方式概括本章的知识结构。

附　　录

附录部分收集了本书涉及的主要软件工具的安装部署过程。其一是基础环境的准备和使用，如 Linux 操作系统、Java 环境等；其二是云计算平台（Docker、Kubernetes）和大数据处理工具与计算框架（Zookeeper、Kafka、Hadoop、Spark 和 Flink）的安装部署。

1. Linux 操作系统

大数据技术相关的工具和系统大部分是 Linux 操作系统下的开源产品，因此，安装部署和使用大数据处理工具，首先要熟悉和掌握 Linux。本书使用了红帽公司开源的社区版企业操作系统（Community Enterprise Operating System，CentOS），版本 7.2。

CentOS 7.2 的安装部署比较简单，可以参考如下的官网文档或者其他网络资源。

https://docs.centos.org/en-US/centos/install-guide/

启动并登录操作系统，为了简化说明，假设使用 root 用户，密码为 password。注意，在实际的生产环境中不要使用 root 用户，应该创建相应的用户并配置用户组和权限。此后，就可以在 Linux 的 Shell 终端中，通过实践学习 Linux 操作系统的使用方法。

1.1　Linux 操作系统简介

Linux 操作系统，是一种类似于 Unix 的多用户、多任务的开源操作系统，其内核由 Linus Torvalds 开发和维护，此后与 GNU 丰富的系统软件工具相结合，诞生了众多的自由软件操作系统，如附图 1-1 所示，统称 GNU/Linux，如 Fedora、Debian、openSUSE、Slackware、Ubuntu 等。而 CentOS 是从 Red Hat Enterprise Linux（RHEL）开源的 Linux 发行版。

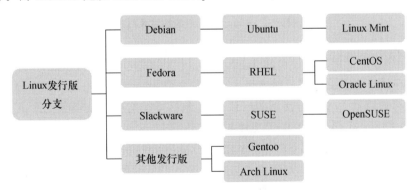

附图 1-1　Linux 发行版分支

Linux 管理计算机的软硬件资源，主要由内核、Shell、文件系统和应用程序组成。内核、Shell 和文件系统是 Linux 的基本结构，支持程序运行、使用系统和管理文件。

（1）Linux 内核（Kernel）：Linux 操作系统的核心，提供 CPU 和进程管理、存储管理、文件系统、设备和驱动管理、网络通信、系统的初始化和系统调用等功能模块。

（2）Linux Shell：Linux 系统的用户操作界面，提供了用户与 Linux 内核交互的接口。通过 Shell 用户可以输入命令，由 Shell 负责对命令进行解释并传递给内核去执行。熟练使用 Linux 操作系统，首要任务是熟练使用 Linux 众多的 Shell 命令和脚本。

（3）Linux 文件系统：是文件在磁盘等存储设备上的组织方式，Linux 操作系统支持丰富的文件系统格式，如 EXT2、EXT3、FAT、FAT32、VFAT 和 ISO9660 等。在 Linux 中，一切皆视为文件，掌握文件操作方法是使用 Linux 操作系统的重中之重。

（4）Linux 应用程序：是安装和运行在 Linux 内核之上的应用程序的总和，包括文本编辑器、编程软件、Window 可视化界面、办公套件、网络工具、数据库工具等。我们的目标，是在 Linux 操作系统下安装部署和使用大数据处理的应用程序。

1.1.1　Linux 系统目录结构

登录 Linux 系统，在 Linux 的 Shell 终端中可以看到命令提示符。普通用户的命令行提示符是 $ ，root 用户的命令行提示符是 ♯，本书不做区分统一使用 $ 符号。

在命令行提示符后面，输入如下的 ls 命令，可以观察到 Linux 整体的文件结构。

```
$ ls /
```

所有的文件和目录都被组织成一个以根节点开始的倒置的树状结构，如附图 1-2 所示，其中，根目录用/表示，不同子目录中存放着不同功能类别的文件。

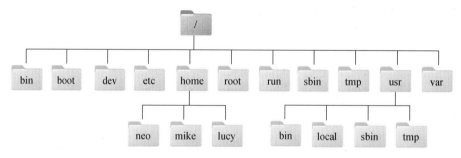

附图 1-2　Linux 操作系统的目录结构

/bin：存放着最常用的程序和命令。

/sbin：存放只有系统管理员能使用的程序和命令。

/boot：存放启动 Linux 时使用的内核文件，包括连接文件以及镜像文件。

/etc：存放系统运行所需的配置文件和子目录。

/lib：存放基本代码库（如 C++库），类似于 Windows 的 DLL 文件。

/dev：存放 Linux 的外部设备，在 Linux 中设备也是一种文件。

/media：其他设备（如 U 盘、光驱等），识别后挂载到该目录下。

/mnt：临时挂载的文件系统，例如可以将光驱挂载在/mnt/上。

/root：系统管理员的用户主目录。

/home：放置所有用户的主目录，用户主目录是以用户账号命名的子目录。

/usr：存放用户的应用程序和文件。

/usr/bin：系统用户使用的应用程序与命令。

/usr/sbin：超级用户使用的管理程序和系统守护程序。

/usr/src：内核源代码默认的放置目录。

/run：存放系统启动以来的临时信息，系统重启时该目录被清空。

/lost+found：一般情况下为空，系统非法关机后放一些临时文件。

/tmp：用于存放一些临时文件。

/var：存放经常修改的数据，如程序运行的日志文件在/var/log 目录下。

/proc：虚拟文件系统，是系统内存的映射，可以访问该目录以获取系统信息。

在根目录下，所有的文件或者目录都对应于一个唯一的路径。例如/usr/bin 表示根目录下的 usr 目录下的 bin 目录，这是一种绝对路径的表示方式。如果我们当前就工作在/usr 目录下，则/usr/bin 目录还可以表示为相对路径 bin，或者./bin，这里. 表示当前目录。此外，还可以通过.. 表示当前目录的父目录，这也是一种相对路径表示。

(1) 绝对路径：/home/myapp/hadoop；

(2) 相对路径：myapp/hadoop、./myapp/hadoop、../myapp/spark。

1.1.2　终端环境与基本命令

打开 Linux Shell 终端，可以通过 man 或者 info 查看所有命令的帮助说明。例如：

```
$ man ls
$ info cd
$ man echo
$ info type
```

其中，ls 命令，含义是 list，用于列出指定目录下的内容(含子目录和文件)，例如，

```
$ ls /bin      ♯列出/bin 目录下的内容
$ ls           ♯列出当前目录下的内容
$ ls ～        ♯列出用户 home 目录下的内容
$ ls － al /bin  ♯列出/bin 目录下的内容，包含以. 开头的隐藏文件，并显示详细
信息
```

cd 命令，含义是 change directory，改变当前工作目录的意思，例如，

```
$ cd /usr/bin    ♯将当前工作目录切换到/usr/bin 目录
$ cd ～          ♯将当前工作目录切换到用户的 home 目录
$ cd ../..        ♯切换到当前目录的父目录的父目录
$ cd abc         ♯切换到当前目录的 abc 子目录下
```

echo 命令，用于在显示器上显示一段文字，例如，

```
$ echo Hello World.         ♯在屏幕显示 HelloWorld.
$ echo "Hello World."       ♯在屏幕显示 HelloWorld.
$ echo "\"Hello World.\""   ♯在屏幕显示"HelloWorld."
$ echo `date`               ♯在屏幕显示 date 命令的执行结果，注意这里的反引号
```

type 命令,用于显示指定命令的类型,可能是 alias(别名)、keyword、function、builtin(内建命令)、file(外部命令)或者 unfound(未找到)。例如,

```
$ type echo          ＃显示 echo 命令的类型
echo is a shell builtin
$ type ls            ＃显示 ls 命令的类型
ls is aliased to `ls − − color = auto
```

1.1.3　文件操作

文件和目录操作是 Linux 最常用的命令,除了最常用的 ls 和 cd 之外,还可以进行创建、删除、移动、拷贝、显示文件或者目录等操作。常用命令如下:

(1) pwd：print working directory,显示当前工作目录的绝对路径。

```
$ pwd                ＃显示当前工作目录
/home
```

(2) mkdir：make directory,创建新的目录。

```
$ mkdir myapp        ＃新建一个目录 myapp
```

(3) touch：创建空文件,或者修改文件或目录的时间属性。

```
$ touch myprogram.c  ＃新建一个文件 myprogram.c,在/home 目录中
```

(4) mv：move,移动文件或目录(包括重命名)。

```
$ mv myprogram.c myapp          ＃将文件 myprogram.c 移动到 myapp 目录下
$ cd myapp
$ mv myprogram.c myfirstcode.c   ＃将文件 myprogram.c 重命名为 myfirstcode.c
```

(5) cp：copy,拷贝文件或文件夹。

```
$ cp myfirstcode.c mycode.cpp    ＃将文件 myfirstcode.c 拷贝为 mycode.cpp
$ cp − r myapp myapps            ＃将 myapp 目录下所有内容复制到 myapps 目录下
＃ − r,表示递归复制目录下的子目录及其文件
```

(6) rmdir：remove directory,删除空目录。

```
$ mkdir test         ＃新建一个目录 emptydir
$ rmdir test         ＃删除一个目录(要求目录下为空)
```

(7) rm：remove,删除目录或文件。

```
$ rm myfirstcode.c   ＃删除文件 myfirstcode.c
$ rm − rf myapp      ＃强制删除 myapp 目录及其内容
$ rm − rf *          ＃强制删除当前目录下所有文件
＃ − r,递归处理, − f,强制处理。
＃ 强制删除是比较危险的操作,尤其是：rm − rf / * 。
```

（8）cat：concatenate，用于连接文件并显示文件内容。

```
$ echo "Hello World." > mycode.cpp    #通过重定向将"Hello World."写入 mycode.
                                       cpp
$ cat mycode.cpp
Hello World.
$ cat - n mycode.cpp > text01         #将按行号显示 mycode.cpp 的内容写到 text01
                                       文件中
$ cat > text02                        #从键盘读入内容，新建并写入 text02 文件
$ cat text01 text02 > text03          #将 text01 和 text02 合并写入 text03 文件中
$ cat /dev/null > text01              #清空 text01 文件的内容
```
\# 在 Linux 系统中，/dev/null 称为空设备文件，它会丢弃一切写入其中的数据。

\# > 表示输出重定向，表示把 text01 重定向为输出设备，后文有详细说明。

（9）tar：tape archive，用于文件归档和解档的备份操作。

```
$ tar - cvf test.tar myapps      #把 myapps 目录打包为归档文件 test.tar
$ tar - zcvf test.tar.gz myapps  #把 myapps 目录打包并压缩为 test.tar.gz
```
\# - z 或 - - gzip 或 - - ungzip，压缩或解压缩".tar.gz"格式文件。

\# - c 或 - - create，建立新的备份文件。

\# - v 或 - - verbose，显示指令执行过程。

\# - f ＜备份文件＞或 - - file ＝＜备份文件＞，指定备份文件。

```
$ tar - tvf test.tar      #查看 tar 包中有哪些文件
```
\# - t 或 - - list，列出备份文件的内容。

```
$ tar - tzvf test.tar.gz  #查看 tar.gz 包中有哪些文件
```

```
# tar - xvf test.tar       #在当前目录下解档还原 test.tar。
# tar - zxvf test.tar.gz   #在/tmp 目录下解档还原 test.tar.gz。
# tar - zxvf test.tar.gz - C /usr/local/。
```
\# - C，指定解包的目录。

1.1.4　用户与组管理

Linux 是多用户操作系统，每个用户都拥有自己唯一的账户名和密码，不同的用户隶属于特定的组（group），对不同的文件具有相应的访问权限。

因此，使用 Linux 的另一个常用任务是用户管理和组管理，主要工作是用户账户和用户组的管理（添加、删除、修改等）。

（1）useradd：创建新用户。

创建新用户，就是在系统中创建一个新账号，可以为新账号分配用户号、用户组、主目录和登录 Shell 等资源。刚添加的账号是被锁定的，无法使用。例如，

$ useradd hadoop   ♯添加普通用户 hadoop

$ useradd － g root hadoop   ♯添加普通用户 hadoop,指定其所属的组

♯ － c,comment,指定一段注释性描述。

♯ － d,目录,指定用户主目录。

♯ － g,用户组,指定用户所属的用户组。

♯ － s,Shell 文件,指定用户的登录 Shell。

♯ － u,用户号,指定用户的用户号,系统内部用来标识用户的一个整数。

♯ － e,设置账户到期时间,格式：YYYY-MM-DD。

♯ 类似地,可以通过 usermod 修改用户的上述参数。

$ usermod － g bigdata － d /home/bigdata hadoop。

♯ 将 hadoop 用户的主目录改为/home/bigdata,用户组改为 bigdata。

（2）userdel：删除用户。

$ userdel hadoop   ♯ 删除用户 hadoop

$ userdel － r hadoop   ♯ 删除用户 hadoop 及其主目录

（3）who：查看系统当前登录的用户。

$ who   ♯显示当前登录系统的用户

root   pts/0   2022-09-07 11:34 (:1)

$ whoami   ♯显示使用者的用户名

root

（4）passwd：设置用户的密码。

如果由非 root 用户执行 passwd 命令,则会询问当前用户的密码,然后为用户设置新密码。root 执行此命令,可以重置任何用户的密码。

$ passwd   ♯设置当前登录用户的密码

$ passwd hadoop   ♯设置 hadoop 用户的密码

$ passwd － e hadoop   ♯使 hadoop 用户的密码立即过期

♯ － d：delete,删除密码,仅有系统管理者才能使用。

♯ － f：force,强迫用户下次登录时修改口令。

♯ － l：lock,锁住账户密码。

♯ － u：unlock,解锁账户密码。

♯ － s：列出密码的相关信息,仅有系统管理者才能使用。

（5）su：切换当前用户。

su,含义是 switch user,切换当前用户的身份。root 用户向普通用户切换不需要密码,普通用户切换到任何其他用户都需要密码验证。

```
$ su                    #默认切换为 root 用户
$ su -                  #默认切换为 root 用户,同时变更工作目录和环境变量等
$ su - l hadoop         #切换成 hadoop 用户,同时变更工作目录和环境变量等
```

(6) cat /etc/passwd:查看所有用户。

```
# Linux 系统中,每个用户都在/etc/passwd 文件中有一个对应的记录行,记录了这个
# 用户的一些基本属性,包括:
#        用户名:口令:用户标识号:组标识号:注释性描述:主目录:登录 Shell。
$ cat /etc/passwd                       #查看用户密码文件
root:x:0:0:root:/root:/bin/bash
bin:x:1:1:bin:/bin:/sbin/nologin
daemon:x:2:2:daemon:/sbin:/sbin/nologin
……
hadoop:x:1000:1000:hadoop:/home/hadoop:/bin/bash
```

每个用户都有一个用户组(group),可以通过用户组对组内所有的用户进行集中管理。在 CentOS 下,创建用户时如果不指定用户组,则会创建一个同名的用户组。用户组的管理包括组的添加、删除和修改,实际上就是对/etc/group 文件的更新。

(7) groupadd:创建用户组。

```
$ groupadd hadoop               #新建用户组 hadoop
$ groupadd - g 1001 hadoop1     #新建用户 hadoop1,并指定组标识为 1001
```

(8) groupdel:删除用户组。

```
$ groupdel hadoop               #删除用户组 hadoop
```

(9) groupmod:修改用户组属性。

```
$ groupmod - g 1002 - n hadoop2 hadoop1
#将用户组 hadoop1 的标识改成 1002,组名修改为 hadoop2。
```

(10) groups:显示用户所属的用户组。

```
$ groups hadoop     #显示 hadoop 用户所属的用户组
```

(11) cat /etc/group:查看所有用户组。

```
# Linux 系统中,每个用户组都在/etc/group 文件中有一个对应的记录行,记录了这个。
# 用户组的一些基本属性,包括:组名:口令:组标识号:组内用户列表。
$ cat /etc/group                #查看用户组文件,
root:x:0:
bin:x:1:
daemon:x:2:
……
```

hadoop:x:1000:

1.1.5 权限管理

为了保护系统安全,Linux 约束了文件或者目录的访问权限。这里,所谓文件或目录的访问权限,包括可读(readable/r)、可写(writeable/w)和执行(executable/x)。

针对每个文件,Linux 系统会为文件的所有者(属主,owner)、文件所有者同组的用户(属组)以及此外的其他用户分别赋予相应的文件访问权限。

(1) 查看文件属性信息。

可以使用 ll 或者 ls - l 命令显示文件属性,包括文件的访问权限。例如,

```
$ ls -l                    ♯查看目录下的文件属性
总用量 28
lrwxrwxrwx   1 root root 7     4月 7   2020 bin -> usr/bin
dr-xr-xr-x      5 root root 4096  4月 7   2020 boot
......
```

这里显示的文件属性,包括文件类型、访问权限、用户和组、修改时间、文件名等信息。例如,上面的目录文件 boot,其文件属性如附图 1-3 所示。

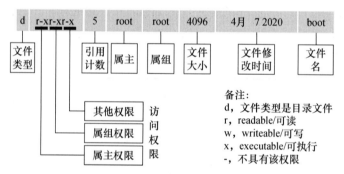

附图 1-3 文件属性各选项信息的含义说明

表示 boot 是一个目录(d),属主和属组均为 root,对属主用户可读可执行,但是不可写;对属组用户可读可执行,不可写;对其他用户可读可执行,不可写。

(2) Linux 的文件类型。

在 Linux 中有一般意义上的常规文件,此外,目录是文件,块存储设备是文件,字符设备是文件,一切皆是文件。Linux 提供了七种类型的文件,如附表 1-1 所示。

附表 1-1 Linux 的七种文件类型

文件类型	文件属性	说明
常规文件	—	如二进制文件、xml 文件、db 文件、文本文件等
目录文件	d	目录
块设备文件	b	block device,支持以 block 为单位的随机访问,如磁盘

续表

文件类型	文件属性	说明
字符设备文件	c	character device,支持以字符为单位的线性访问,如键盘
符号链接文件	l	symbolic link,符号链接文件,又称软链接文件
管道文件	p	pipe,管道文件,用于进程间数据通信
套接字文件	s	socket,用于网络数据通信

（3）更改文件的属主和属组。

可以使用 chown 和 chgrp 命令更改文件的属主和属组。例如,

```
$ chown root mycode.cpp          ＃将 mycode.cpp 的属主改成 root
$ chown root:root mycode.cpp     ＃将 mycode.cpp 的属主和属组改成 root:root
$ chgrp root hadoop              ＃将 hadoop 目录的属组改成 root
$ chgrp － R root hadoop          ＃将 hadoop 目录及其子目录和文件的属组改
成 root
```

（4）修改文件的访问权限。

Linux 文件的访问权限,是针对属主、属组和其他用户的可读、可写和执行的约定。可以采用二进制的 0/1 来标识对某个用户是否具有某种权限,如附表 1-2 所示。

附表 1-2　Linux 文件访问权限的数值标识

属主用户 user			属组用户 group			其他用户 others		
r	w	x	r	w	x	r	w	x
0/1	0/1	0/1	0/1	0/1	0/1	0/1	0/1	0/1
0～7			0～7			0～7		

因此,文件的访问权限可以用 3 个八进制数表示,例如 755,其中：

7(111)：表示文件属主的访问权限,可读/可写/可执行。

5(101)：表示属组用户对文件的权限,可读/不可写/可执行。

5(101)：表示其他用户对文件的权限,可读/不可写/可执行。

```
$ chmod 755 mycode.cpp           ＃将 mycode.cpp 的权限设置成 rwxr － xr － x
＃如果要将权限设成 rwxr － xr － － ,则权限值 111101100 ＝ 754。
$ chmod 754 mycode.cpp
＃修改目录的访问权限(－R,递归修改子目录及其文件)。
$ chmod － R 755 hadoop           ＃将 hadoop 目录及其子目录和文件均设为 755
```

另外还有一种方法,使用字母 u/g/o/a 分别表示 user 属主、group 属组用户、others 其他用户和 all 所有用户,使用字母 r/w/x 分别表示读、写和执行权限,使用符号＋/－/＝分别表示增加、去除和设置,则修改权限可以表示为加、减和赋值运算的形式。例如,

＃将文件 test01 的权限设成 rwxr－xr－－。

$ chmod u＝rwx,g＝rx,o＝r test01

$ chmod o＋x test01　　　　＃给其他用户增加 test01 的执行权限

$ chmod a－x test01　　　　＃将所有用户对 test01 的可执行权限去除

1.1.6　输入/输出重定向

在 Linux 系统中,标准输入设备默认是键盘,标准输出设备默认是显示器。相应地,Linux 命令在运行的时候通常都会打开如下的三个标准设备文件:

① 标准输入文件 stdin:文件描述符 0,Linux 程序默认从 stdin 读取数据。

② 标准输出文件 stdout:文件描述符 1,Linux 程序默认向 stdout 输出数据。

③ 标准错误文件 stderr:文件描述符 2,错误信息默认向 stderr 流写入。

但是,有时候用户希望从键盘之外其他设备读取数据,或者想把数据写入显示器之外的非标准输出(如文件等),此时可以通过输入输出重定向来实现。

(1) 输入重定向。

输入重定向,是用指定设备代替键盘作为新的输入设备,命令格式如附表 1-3 所示。

附表 1-3　输入重定向的命令格式和说明

命令格式	命令说明
command＜文件	指定文件作为命令的输入设备
command＜＜分界符	表示从标准输入设备(键盘)中读入,直到遇到分界符停止(读入的数据不含分界符)
command＜文件 1＞文件 2	将文件 1 作为命令的输入设备,该命令的执行结果输出到文件 2 中

＃ 通过重定向把文件/etc/passwd 指定为输入设备,用于 cat 命令。

$ cat ＜ /etc/passwd

＃ 将输入重定向为 /etc/passwd,输出重定向到 test01.txt。

$ cat ＜ /etc/passwd ＞ test01.txt

＃ 命令执行结果是将 /etc/passwd 文件中的内容复制到 test01.txt 中。

(2) 输出重定向。

输出重定向,是用指定设备代替显示器作为新的输出设备。根据输出设备的不同,输出重定向还可以细分为标准输出重定向和错误输出重定向,如附表 1-4 所示。

附表 1-4　输出重定向的命令格式和说明

命令格式	命令说明
命令＞文件	将命令执行的标准输出重定向输出到指定文件中,如果该文件已包含数据,会清空原有数据,再写入新数据
命令 2＞文件	将命令执行的错误输出重定向到指定的文件中,如果该文件中已包含数据,会清空原有数据,再写入新数据

命令格式	命令说明
命令＞＞文件	将命令执行的标准输出结果重定向输出到指定的文件中,如果该文件已包含数据,新数据将追加到文件后面
命令 2＞＞文件	将命令执行的错误输出结果重定向到指定的文件中,如果该文件中已包含数据,新数据将追加到文件后面
命令＞＞文件 2＞&1 或者, 命令 &＞＞文件	将标准输出和错误输出写入到指定文件,如果该文件中已包含数据,新数据将写入到原有内容的后面。注意,第一种格式中,2＞&1 是一个整体的固定写法

例如,如下是通过重定向指定 test02. txt 为输出设备,将 ls 命令执行结果写入 test02. txt。

```
$ ls －l /usr/bin ＞ test02.txt
$ cat test02.txt                    ♯显示文件内容
$ echo "Hello World." ＞＞ test02.txt    ♯追加命令执行结果
$ echo "Hello World." ＞ test02.txt      ♯清空文件

$ ls /bin/usr ＞ test02.txt                ♯目录不存在,屏幕输出错误信息

$ ls /bin /bin/usr 2＞ test02.txt          ♯重定向错误输出
$ ls /bin /bin/usr ＞＞ test02.txt 2＞&1    ♯标准输出和错误输出均重定向
$ ls /bin /bin/usr &＞＞ test02.txt         ♯效果同上
```

如果用户不需要输出,而是想丢弃输出(如错误输出),可以通过把输出重定向到一个特殊的空设备文件:/dev/null,它会丢弃一切写入其中的数据。

```
$ ls /bin /bin/usr 2＞ /dev/null      ♯错误输出重定向到/dev/null,可以隐藏错误
```
信息

(3) 管道操作。

管道(pipe)是 Linux 常用的一种通信设备文件,用于把一个程序的输出直接连到另一个程序的输入。Linux 提供了两种类型的管道:匿名管道和命名管道。

其中,管道操作符"|"(竖线)使用的就是匿名管道。例如,

```
$ ls /usr/bin | wc －l     ♯显示文件列表并统计行数
$ ls －l /usr/bin | more   ♯分页显示文件列表
$ ls －l /bin /usr/bin | sort | less     ♯对文件列表排序并分页显示
$ ls －l /bin /usr/bin | sort | uniq | grep zip     ♯列出包含 zip 的文件
```

可以使用 mkfifo 或 mknod 命令创建命名管道,与创建文件一样。

```
$ mkfifo pipe
```

```
$ ls - l pipe
prw - r - - r - -  1 root root 0 9 月 19 19:59 pipe
```
＃管道文件，文件类型为 p。
```
$ echo "Hello World." > pipe      ＃向管道写入字符串
```
＃注意，此时管道的写操作会阻塞终端，直到有进程读管道才会解除阻塞。

＃打开另一个终端，在管道文件所在目录下执行如下命令。
```
$ cat pipe      ＃查看管道文件内容，解除阻塞
Hello World.
```

1.1.7　进程管理

进程（process）是正在运行的程序实例，是 Linux 操作系统进行资源分配和调度的基本单位。根据功能和程序，进程包括了系统进程（在内核空间运行）和用户进程（在用户空间运行），而用户进程又可以分成 Shell 交互进程、批处理进程和守护进程等。

一个程序可能运行很多个进程，每一个进程又可以产生很多子进程，进程之间存在父子关系。在 Linux 中，每个进程都具有唯一的标识，称为进程 ID（PID）。init 进程在操作系统启动时首先启动，其 PID＝1，所有其他进程都是 init 进程的子进程。

进程有新建、就绪、运行、阻塞和完成等不同状态，Linux 定义了五种进程状态：

① 可运行（runnable，R），表示进程正在运行或者在运行队列中等待。

② 可中断睡眠（sleeping，S），表示进程处于休眠状态，在等待某种事件发生或者申请到某种资源，如等待 Socket 连接，或者等待信号量等。一旦事件发生，或者资源有效，或者有唤醒信号，则进程立即结束睡眠状态，进入运行状态。

③ 不可中断睡眠（uninterruptible sleeping，D），进程处于睡眠状态，等待特定的资源有效。只有该资源有效时才能唤醒进程，其他中断和信号量不能唤醒进程。

④ 僵死（zombie，Z），进程终止，占有资源被回收，但是进程描述符还没有释放。

⑤ 停止（traced / stopped，T），进程收到 SIGSTOP 信号后暂停运行。之后如果收到 SIGCONT 信号时，进程又会恢复运行状态。常用于程序调试。

Linux 操作系统提供了多种进程监控和管理的命令，如 ps、pstree、top、kill、lsof 等。

（1）ps/pstree：查看进程状态。

```
$ ps - ef      ＃显示所有进程，包括 UID、PID、PPID、TTY、TIME、CMD 路径等
$ ps - ef | grep bash      ＃显示 bash 相关的进程
$ ps - u hadoop      ＃显示 hadoop 用户相关的进程
```
＃ - f：详细显示程序执行的路径。
＃ - e：所有进程。等同于 - A。
＃ - u：有效用户相关的进程。
＃ - - help 显示帮助信息。

```
$ pstree      ＃显示所有进程及其相关子进程，以树形格式查看
```

```
$ pstree - p   ♯显示当前所有进程的进程号和进程 ID
$ pstree - a   ♯显示所有进程的详细信息,相同进程名压缩显示
```

（2）top：持续监控进程状态。

top 命令,显示当前的任务队列信息、进程统计信息(总体/运行数/睡眠/停止/僵尸进程数)、CPU 状态(进程占比、空闲占比、IO 等待占比)、内存状态(物理/使用/空闲)、交换区,并且持续监控显示进程的状态。功能强大,本身会消耗一定的系统资源。

```
$ top
$ top - d 10     ♯设置 top 命令 10 秒刷新一次
$ top - c        ♯显示程序及其完整相关信息
$ top - p 1229   ♯显示指定进程 1229 的信息
```

（3）lsof：list open files,查看文件相关的进程。

```
$ lsof
$ lsof /bin/bash   ♯查看正在使用/bin/bash 文件的进程
♯ - c<进程名> : 列出指定进程打开的文件。
♯ - d<文件号> : 列出占用该文件号的进程。
♯ - p<进程号> : 列出指定进程号打开的文件。
```

（4）kill：杀死进程。

kill 命令并非杀死进程,而是给进程发送指定的整数信号。例如,SIGHUP(1)表示终止终端控制进程的信号;SIGKILL(9)表示立即终止进程的信号,且本信号不可阻塞、处理和忽略;SIGTERM(15)表示正常终止一个进程。

```
$ kill - l         ♯查询系统预设的信号
$ kill 12275       ♯杀死指定的进程
$ kill - 9 12275   ♯强制杀死指定的进程
```

1.1.8 软件安装管理

Linux 操作系统下应用软件的安装方式非常灵活,可以从源代码编译构建安装,也可以直接拷贝解压二进制软件包,还可以使用不同的 Linux 发行版提供的软件包管理工具。

（1）从源代码编译构建安装。

一般情况下,开源代码都可以自己编译安装。首先,下载所需的源代码安装包(＊.tar.gz),使用 tar 命令解压缩生成源代码目录。然后,进入源代码目录,执行如下命令：

```
$ ./configure      ♯检测安装平台的目标特征,生成 Makefile
$ make             ♯根据 Makefile 进行源代码编译
$ make install     ♯根据 Makefile 将编译结果安装到指定位置
```

注意,编译安装源代码包,必须预先准备好源代码编译环境,如 gcc 编译器等。

（2）二进制包解压安装。

如果是编译构建好的二进制包,则安装更为简单。只需从网络下载二进制包,解压缩到

合适的目录,将可执行程序文件的权限设置为可执行。此外,为了方便使用,还可以将包含可执行程序文件的目录添加到 PATH 环境变量中。例如,

```
# 安装 Apache Maven,官网下载 apache-maven-3.6.3-bin.tar.gz。
$ tar -zxvf apache-maven-3.6.3-bin.tar.gz -C /usr/local
$ vim /etc/profile        # 编译配置文件,配置 MAVEN_HOME 和 PATH 环境变量
export MAVEN_HOME = /usr/local/apache-maven-3.6.3
export PATH = $ PATH: $ MAVEN_HOME/bin


$ source /etc/profile     # 刷新启用环境变量
$ mvn - v                 # 安装完成,查看 maven 版本
```

(3) 软件包管理工具。

不同的 Linux 发行版往往会提供高级的软件包管理工具,例如 Debian Linux 提供了 dpkg 包管理工具用于 deb 包的安装管理,Ubuntu Linux 使用 apt-get 工具进行软件包的安装管理,对于 Redhat Linux,则使用 rpm 软件包管理器(Redhat Package Manager)。

rpm 包在安装的时候涉及依赖软件包的安装问题,比较麻烦。因此,CentOS 使用 yum 包管理工具,在 rpm 包管理的基础上,能够从指定服务器自动下载 rpm 包并安装,自动处理依赖关系,下载安装所需的依赖包。yum 提供了查找、安装、删除某一个、一组甚至全部软件包的命令,命令简洁易用。这里重点介绍 yum 的使用。

(1) yum 命令基本格式。

```
$ yum [options] [command] [package ...]
# options:可选项,- h(帮助),- y(安装过程全部选 yes),- q(不显示安装过程)等。
# command:要进行的操作。
# package:要安装或卸载的软件包对象。
```

(2) yum 常用命令。

```
# 列出所有可更新的软件清单命令。
$ yum check-update
# 更新所有软件命令。
$ yum update
# 仅安装指定的软件命令。
$ yum install <package_name>
# 仅更新指定的软件命令。
$ yum update <package_name>
# 列出所有可安装的软件清单命令。
$ yum list
# 删除软件包命令。
$ yum remove <package_name>
```

♯ 查找软件包命令。

$ yum search ＜keyword＞

♯ 清除缓存命令。

$ yum clean packages　　♯清除缓存目录下的软件包

（3）配置快速的 yum 源。

yum 软件包下载的源服务器，默认是国外的，下载速度较慢。可以把 yum 源配置为网易（163）、阿里、搜狐、中国科技大学等国内公共的 yum 源。例如，

① 首先，备份/etc/yum. repos. d/CentOS-Base. repo 文件。

$ mv /etc/yum. repos. d/CentOS-Base. repo /etc/yum. repos. d/CentOS-Base. repo. backup

② 下载对应版本 repo 文件，放在 /etc/yum. repos. d/目录下。

$ wget http：//mirrors. aliyun. com/repo/Centos-7. repo

$ mv Centos-7. repo CentOS-Base. repo

③ 运行以下命令生成缓存。

$ yum clean all

$ yum makecache

1.1.9　文本编辑工具 VIM

VI 和 VIM 是 Unix 和 Linux 下标准的文本编辑工具，功能强大，熟练掌握之后，编辑效率很高。VIM 工作在三种模式下：命令模式（Command Mode）、输入模式（Insert Mode）和末行模式（Last Line Mode）。三种工作模式可以相互切换，如附图 1-4 所示。

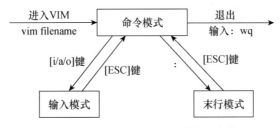

附图 1-4　VIM 的三种工作模式及切换

（1）命令模式。

启动 VIM，首先进入的是命令模式；在任何时候，只要按下[ESC]键，即可从其他任何模式切换进入命令模式。在命令模式下键盘输入会被 VIM 识别为命令，而非输入字符，VIM 会接受键入的命令并完成相应的操作，例如控制屏幕光标移动、字符/字/行的删除、文字的移动和复制、命令的撤销和重复等操作。

♯1. 切换工作模式。

① 在命令模式下，输入[i]或[a]或[o]切换到输入模式，进行文字编辑。其中，

［i］是从光标所在处开始输入。

［a］是从光标所在处的下一个字符开始输入。

［o］是从光标所在处的下面添加新行，开始输入。

② 在命令模式下，输入冒号［:］切换到末行模式，在最末行输入命令。

♯2. 移动光标。

① 上下左右移动光标：键盘方向键，或者［h］—左、［j］—下、［k］—上、［l］—右。

② 光标移动到文件头：［gg］。

③ 光标移动到文件尾：shift＋g。

④ 移动到光标所在行的行首：［^］。

⑤ 移动到光标所在行的行尾：［$］。

♯3. 删除文本。

① 删除光标后面一个或 k 个字符：［x］，［kx］，k 是一个数字。

② 删除光标前面一个或 k 个字符：［X］，［kX］，k 是一个数字。

③ 删除光标所在行：［dd］。

④ 删除光标所在行开始的 k 行：［kdd］，k 是一个数字。

⑤ 删除光标所在行到第一行的所有文本：［d1G］。

⑥ 删除光标所在行到最后一行的所有文本：［dG］。

♯4. 复制粘贴与替换。

① 复制光标所在处的一个或 k 个单词：［yw］，［kyw］。

② 复制光标所在处的一行或 k 行文本：［yy］，［kyy］。

③ 复制光标所在行到第一行的所有文本：［y1G］。

④ 复制光标所在行到最后一行的所有文本：［yG］。

⑤ 将复制的文字粘贴到光标位置：［p］。

⑥ 替换光标所在处的字符：［r］。

⑦ 替换光标所在处的字符，直到按下［ESC］键：［R］。

♯ 5. Undo 和 Redo 操作。

① 撤销之前的操作：［u］。

② 重做之前的操作：［Ctrl＋r］。

♯ 6. 其他常用操作。

① 全部复制：ESC＋ ggyG。

② 全部删除：ESC ＋ dG。

③ 全选：ESC＋ ggvG 或者 ggVG。

④ 运行 shell 命令：sh（使用 exit 或者 Ctrl＋D 返回 VIM 编辑器）。

（2）输入模式。

只有在输入模式中才可以输入字符，进行文字编辑。在输入模式下按 ESC 键，可以从输入模式切换到命令模式。

（3）末行模式。

末行模式，可以完成一些比较复杂的命令操作，例如保存文件、退出 VIM、设置编辑环境、查找或者替换字符等。在命令模式下,键入冒号进入末行模式。

```
: w filename     ＃将文本保存为文件 filename
: wq             ＃保存并退出 VIM
: q!             ＃不保存并强制退出 VIM
: set nu         ＃显示行号
:/hello          ＃查找关键字 hello
:k               ＃跳到文件第 k 行
```

1.1.10　高级操作

（1）文件相关操作。

```
$ tail － n 100 file.txt    ＃查看文件尾部 100 行
$ head － n 100 file.txt    ＃查看文件头部 100 行
$ more file.txt            ＃向下翻页查看文件
$ less file.txt            ＃翻页查看文件(可以向上翻页)
$ grep "hello" file.txt    ＃从文件中过滤出包含"hello"的行
$ cat file.txt | sort      ＃对文件进行排序
$ cat file.txt | sort | uniq    ＃对文件进行排序和去重
$ wc － l file.txt          ＃统计文件内容的行数。统计单词数使用 － w
```

（2）磁盘相关操作。

```
＃ df:查看磁盘大小和使用情况。
＃ du:查看目录大小,默认输出目录下所有子目录的大小。
＃ iostat:查看磁盘的 I/O 状态。
＃ iotop:类似于 top 命令,持续显示各进程的 I/O 状态。
＃ find:查找文件,可以根据文件名、文件日期、文件大小等条件。
$ find /home/hadoop － name file.txt
＃ locate:定位文件位置,多个同名文件会全部显示。
$ locate file.txt    ＃定位所有 file.txt 文件的位置
```

（3）网络相关操作。

```
＃ ifconfig:查看和配置网络接口。
＃ ip:网络配置工具,常用形式: $ ip a 。
＃ netstat:查看网络状态(端口占用、进程、已建立的连接)。
$ netstat － a
$ netstat － ntlp              ＃查看当前所有 tcp 端口
$ netstat － ntulp | grep 80    ＃查看所有 80 端口使用情况
$ netstat － ntulp | grep 3306  ＃查看所有 3306 端口使用情况
＃ ping:检测主机的网络可达性。
$ ping www.cumt.edu.cn
```

\# wget：从指定 URL 获得指定文件。

\$ wget http://mirrors.aliyun.com/repo/Centos-7.repo

\# curl：通过 HTTP 请求从指定 URL 获得文件。

\$ curl http://www.linux.com > linux.html

（4）时间相关操作。

\# cal：显示日历

\# date：以默认格式显示系统当前时间

（5）系统管理操作。

\# hostname：显示和设置临时主机名。

\$ hostname

\$ hostname newname

\# hostnamectl：查询和设置主机名。

\$ hostnamectl

\$ hostnamectl set-hostname linux.for.learning

\# lscpu：查看 CPU 信息。

\# 查看操作系统信息：

\$ cat /etc/redhat-release

\$ uname - a

\# free：显示内存使用情况：总内存、已使用、空闲、共享、内核缓冲内存、页缓存等。

\# lsmod：列出已载入系统的内核模块。

（6）跨服务器拷贝文件。

scp（Secure Copy），用于远程拷贝文件，类似于本地文件拷贝的 cp 命令，scp 采用安全协议传输数据，数据传输是加密的。

\# 将本地文件复制到远程服务器目录下。

\$ scp local_file remote_username@remote_ip:remote_folder

\$ scp local_file remote_username@remote_ip:remote_file

\$ scp local_file remote_ip:remote_folder

\$ scp local_file remote_ip:remote_file

\# 将本地目录到远程服务器（需要参数 - r 进行递归复制）。

\$ scp - r local_folder remote_username@remote_ip:remote_folder

\$ scp - rp local_folder remote_username@remote_ip:remote_folder

\# - p，表示保持原文件的修改时间、访问时间和访问权限。

\# scp 可以从远程复制到本地，将本地和远程文件参数互换顺序。

rsync（Remote Synchronize），用于实现本地和远程文件或目录同步，常用于数据镜像和备份。在同步过程中，rsync 采用增量同步方式，只同步变化的部分，同步效率高。在同步文件的同时,rsync 可以保持原来文件的权限、时间、软硬链接等附加信息。

♯ 同步本地文件：rsync［OPTION］SRC DEST。

$ rsync － avz /mydata /backup

♯ 本地与远程同步：rsync［OPTION］SRC［USER@］host:DEST。

$ rsync － avz /mycode/ * .c hadoop@node01:/project/sources

1.2　配置环境变量

Linux 可以为不同的用户设置不同的运行环境,具体表现为针对不同的用户配置不同的环境变量。Linux 环境变量按照生命周期可以分为永久环境变量和临时环境变量两类：

(1) 永久环境变量：修改相关的配置文件,声明并启用的环境变量,永久生效。

(2) 临时环境变量：使用 export 命令在当前 Shell 终端下声明的环境变量。用户关闭 Shell 终端,则临时环境变量失效。

根据作用域的不同,可以将 Linux 环境变量分为系统环境变量和用户环境变量两类：

(1) 系统环境变量：对系统所有用户均有效的环境变量。

(2) 用户环境变量：只对特定用户有效的环境变量。

1.2.1　常用环境变量

Linux 系 统 常 见 的 环 境 变 量 有　PATH、HOME、HOSTNAME、SHELL、LOGNAME 等。

(1) PATH：用于指定 SHELL 终端命令的搜索路径,是最常用的环境变量。

♯ 声明 PATH 变量的方式：添加指定的路径,用冒号隔开。

$ PATH = $ PAHT:＜PATH 1＞:＜PATH 2＞: … :＜ PATH n ＞

$ export PATH　　♯查看当前的 PATH 路径

(2) HOME：用户的主工作目录(即用户登陆到 Linux 系统的默认目录)。

(3) LOGNAME：当前用户的登录名。

(4) HOSTNAME：主机名。

(5) SHELL：当前用户使用的 Shell 终端。

Linux 提供了一系列命令,用于修改和查看环境变量。例如,

♯ echo：显示某个环境变量值。

$ echo $ PATH

♯ export：设置一个新的环境变量。

$ export HELLO = "hello"

♯ env：显示所有环境变量。

♯ set：显示本地定义的 Shell 变量。

♯ unset：清除环境变量。

$ unset HELLO

♯ readonly：设置只读环境变量。

$ readonly HELLO

1.2.2 配置环境变量

对于临时生效的环境变量,直接使用 export 命令配置环境变量即可。例如,

♯ export 变量名 = 变量值。

$ export MYAPP_HOME = "/usr/local/myapp"

此时定义的环境变量,只有在当前 Shell 下是有效的,Shell 关闭则变量失效。

如果希望环境变量永久生效,则需要在下面四个配置文件中选择其一声明环境变量。

(1) /etc/profile:为所有用户永久启用该文件中的环境配置。

(2) /etc/bashrc:为所有用户打开的 Shell 启用该文件的环境配置。

(3) ~/.bash_profile(或者~/.profile):为当前用户永久启用该文件的环境配置。

(4) ~/.bashrc:为当前用户打开的 Shell 启用该文件的环境配置。

例如,在/etc/profile 文件中添加 CLASSPATH 变量,对所有用户永久生效。

♯ 编辑/etc/profile 文件(其他文件的编辑和启用与此类似)。

$ vim /etc/profile

export JAVA_HOME = /usr/local/jdk1.8.0_77   ♯JDK 安装目录

export PATH = $ JAVA_HOME/bin:$ PATH

export CLASSPATH = .:$ JAVA_HOME/lib/dt.jar:$ JAVA_HOME/lib/tools.jar

$ source /etc/profile

♯ 运行 source 命令可以立即启用配置,否则要等用户重新登录才能生效。

1.3 安装 Java 环境

Java 开发和运行环境是大数据学习和实践必须具备的工具。Java 语言的母公司 SUN 在 2006 年将 Java 开源,此时的 Java 开发环境称为 OpenJDK。其后,Oracle 收购 SUN 并接管了 Java,在 OpenJDK 基础上构建了 Oracle JDK,遵循 Oracle 二进制代码许可协议,源代码不再开放。开源社区则继续支持完全开放源代码的 OpenJDK。

安装部署 Java 开发和运行环境,可以使用 Oracle JDK 或者开源的 OpenJDK。

1.3.1 安装 Oracle JDK

到 Oracle 官网下载 JDK1.8 或者以上版本,假设 jdk-8u77-linux-x64.tar.gz。然后,

♯ 1. 解压到指定的安装目录下,如/usr/local。

$ tar -zxvf jdk-8u77-linux-x64.tar.gz -C /usr/local

♯ 2. 添加环境变量配置。

$ vim /etc/profile

export JAVA_HOME = /usr/local/jdk1.8.0_77

export CLASSPATH = .:$ JAVA_HOME/lib/dt.jar:$ JAVA_HOME/lib/tools.jar

export PATH = $ JAVA_HOME/bin:$ PATH

♯ 3. 启用环境变量并测试。

```
$ source /etc/profile    ♯ 立即启用环境变量
$ java - version         ♯ 测试安装是否成功
```

1.3.2　安装 OpenJDK

OpenJDK 可以通过 yum 工具直接安装部署。例如，

♯ 1. yum 安装 OpenJDK。

```
$ yum install - y java - 1.8.0 - openjdk *        ♯默认安装目录 /usr/lib/jvm/
```

♯ 2. 添加环境变量配置。

```
$ vim /etc/profile
export JAVA_HOME = /usr/lib/jvm/java
export CLASSPATH = . : $ JAVA_HOME/lib/dt.jar : $ JAVA_HOME/lib/tools.jar
export PATH = $ JAVA_HOME/bin : $ PATH
```

♯ 3. 启用环境变量并测试。

```
$ source /etc/profile    ♯ 启用环境变量
$ java -version          ♯ 测试安装是否成功
```

1.3.2　查看 Java 进程

Java 自带一个查看 Java 虚拟机进程的命令：jps。通过 jps 命令，可以查看当前系统所有运行的 Java 进程，包括主类名称、Java 包名、Jar 包名及 JVM 参数等。

```
$ jps - l
69051 sun.tools.jps.Jps
```

1.4　编写 shell 脚本

可以把多个命令放到一个文本文件里一起执行，称为 shell 脚本文件，文件的扩展名通常使用 .sh。例如，把安装 Java 的所有命令放到一个脚本文件中一起执行：

♯ 1. 编辑 install_jdk.sh 脚本文件。

```
$ vim install_jdk.sh
♯! /bin/bash
tar - zxvf /software/ jdk-8u77-linux-x64.tar.gz  - C /usr/local
echo  export JAVA_HOME = /usr/local/jdk1.8.0_77 >> /etc/profile
echo  export CLASSPATH = . : $ JAVA_HOME/lib/dt.jar : $ JAVA_HOME/lib/tools.jar
        >> /etc/profile
echo  export PATH = $ JAVA_HOME/bin : $ PATH >> /etc/profile
source /etc/profile    ♯ 立即启用环境变量
java - version         ♯ 测试安装是否成功
```

♯ 2. 给脚本添加执行权限，然后执行脚本。

```
$ chmod u + x install_jdk.sh
```

```
$ ./install_jdk.sh    ♯观察到Java版本表明安装成功
```

1.5　配置主机名和域名映射

假设我们规划的分布式集群中有3台机器,分别命名为node01、node02和node03。则首先要做的事情就是设置主机名,具体可以采取两种方法:

(1)临时修改主机名。

```
♯查看主机名。
$ hostname
localhost.localdomain
♯临时修改主机名为node01。
$ hostname node01
♯更改的是临时主机名,重启计算机后临时主机名会失效。
```

(2)永久修改主机名。

```
♯使用hostnamectl命令。
$ hostnamectl set-hostname node01

♯或者使用vim手动修改/etc/hostname文件。
$ vim /etc/hostname
node01
$ hostname node01    ♯当前临时修改 & 重启生效
```

(3)配置域名映射。

可以编辑/etc/hosts文件,建立主机名和IP地址之间的映射关系。例如,

```
♯使用ip a命令或者ifconfig命令找到主机IP地址。
♯假设node01/02/03的IP地址分别为:192.168.56.110/111/112。
$ vim /etc/hosts
♯其余部分不动,在最后添加如下内容:
192.168.56.110 node01
192.168.56.111 node02
192.168.56.112 node03

♯修改域名映射后,并没有立即生效,可以重启机器使之启用。
♯此外,还可以重启网络,刷新DNS缓存,启用域名映射。
$ /etc/init.d/network restart    ♯或者
$ systemctl restart network
```

1.6　配置免密访问

对于分布式集群内部的节点,相互之间通过输入账户和密码进行通信比较繁琐,可以采用密钥认证的方式实现免密登录。假设机器A要免密访问机器B,则机器A端生成一对密

钥(公钥＋私钥)，然后将公钥交给机器 B，具体过程如附图 1-5 所示。

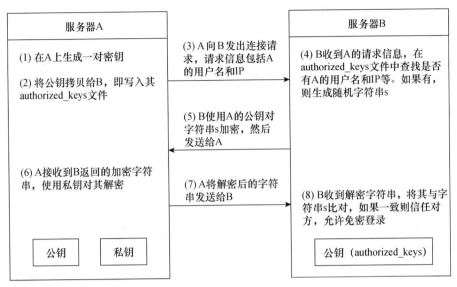

附图 1-5 两个节点通过密钥认证的免密登录过程

注意，A 免密访问 B，需将 A 上生成的公钥交给 B 机器的 authorized_keys；B 要免密访问 A，则需将 B 上生成的公钥交给 A 机器的 authorized_keys。操作过程如下：

＃ 注意安装 ssh 客户端工具（通常已有）。

```
$ yum －y install openssh-clients
```

＃ 1. 在 node01 端生成密钥对。

```
$ cd ～/.ssh
$ ssh-keygen -t rsa
```

＃ 2. 将公钥 id_rsa.pub 拷贝到 node02 的授权 key 文件中。

```
$ ssh-copy-id －i ～/.ssh/id_rsa.pub root@node02
```

＃ 3. 测试免密访问是否生效。

```
$ ssh root@node02      ＃无须输入密码则表示生效
```

2. Docker 安装部署

Docker 的安装部署方式很多，最简洁的方式是使用官方安装脚本自动安装。

```
$ curl －fsSL https://get.docker.com | bash －s docker －－mirror Aliyun
＃ 使用 curl 下载自动安装脚本。
＃ 默认镜像源比较慢，指定使用阿里云的 Docker 镜像源。

＃ 开启 Docker 服务。
$ systemctl enable docker && systemctl start docker
```

＃ 测试 Docker，拉取 hello-world 镜像并运行。

```
$ docker run hello-world
```

此外，还可以使用 yum 安装必要的依赖工具，配置阿里的 Docker 源，安装 Docker-CE 容器引擎，启用 Docker 服务，过程繁琐不予赘述。

安装部署好 Docker，然后就可以使用 Docker 拉取镜像并运行容器了。

```
$ docker pull ubuntu          ＃拉取镜像
$ docker images              ＃查看镜像列表
$ docker run － it ubuntu /bin/bash        ＃ 使用 ubuntu 镜像启动一个容器并运行 bash
$ docker ps － a              ＃查看所有容器
$ docker stop/start/restart ＜容器 ID＞        ＃管理容器状态
```

＃ 进入容器并运行 bash。

```
$ docker exec － it ＜容器 ID＞ /bin/bash
```

＃ Docker 安装部署 Nginx。

```
$ docker pull nginx:latest
$ docker run － － name nginx-test -p 8080:80 － d nginx
```

＃ － － name nginx-test：容器名称。

＃ － p 8080:80：端口进行映射，将本地 8080 端口映射到容器内部的 80 端口。

＃ － d nginx：设置容器在后台一直运行。

＃ 容器运行成功，可以通过浏览器访问 8080 端口的 nginx 服务：http://node01：8080。

3. Kubernetes 安装部署

假设部署一个 3 节点的 K8s 集群，一个 Master 节点和两个 Worker 节点，集群节点的具体规划如附表 3-1 所示，其中 IP 地址需要根据实际情况调整。

附表 3-1　Kubernetes 集群安装部署规划

节点名称	功能	IP 地址	安装组件
node01	Master 节点，负责整个集群的管理和控制	192.168.56.110	docker、kube-apiserver、kube-controller-manager、kube-scheduler etcd、flanneld
node02	Worker 工作负载节点	192.168.56.111	docker、Kubernetes kubelet、kube-proxy、flanneld
node03	Worker 工作负载节点	192.168.56.112	docker、Kubernetes kubelet、kube-proxy、flanneld

安装部署过程主要包括：基础环境准备、Master 节点部署、Worker 节点部署。

3.1　基础环境准备

在所有节点上准备基础环境的工作，包括：① 配置 CentOS 操作系统环境；② 安装 Docker；③ 安装 kubeadm、kubelet、kubectl。

3.1.1　安装部署 CentOS 操作系统

首先在所有节点上安装 CentOS-7 操作系统，然后配置操作系统的环境，包括：关闭防火墙、禁用 SELinux、禁用 swap、设置内核参数、设置主机名和域名映射。

（1）关闭防火墙。

```
$ systemctl stop firewalld
$ systemctl disable firewalld
```

（2）禁用 SELinux。

SELinux(Security-Enhanced Linux)是 Linux 的安全子系统。CentOS 默认不安装，如果安装了则需要按如下步骤禁用。

```
# 关闭 selinux。
$ setenforce 0                   # 0 - permissive,1 - enforcing,临时禁用

# 编辑 selinux 的 config 文件,永久禁用 selinux。
$ vim /etc/selinux/config
SELINUX = disabled
```

（3）禁用 swap。

```
# 禁掉所有的 swap 分区。
$ swapoff - a

# 修改/etc/fstab 文件,永久禁用 swap,避免重启后又启用。
$ vim /etc/fstab
#/dev/mapper/cl-swap      swap      swap      defaults      0 0
```

（4）设置内核参数。

```
# 建立配置文件 k8s.conf,设置内核参数。
$ vim /etc/sysctl.d/k8s.conf
net.bridge.bridge-nf-call-iptables = 1
net.bridge.bridge-nf-call-ip6tables = 1
net.ipv4.ip_forward = 1

# 使得配置文件的修改生效。
$ modprobe br_netfilter
$ sysctl -p /etc/sysctl.d/k8s.conf
```

（5）设置主机名 hostname 和 hosts。

```
$ hostnamectl set-hostname  node01      #分别设置其他节点 node02/node03
$ vim /etc/hosts
192.168.56.110 node01
192.168.56.111 node02
192.168.56.112 node03
```

3.1.2　安装 Docker

在所有节点上安装 Docker，修改 Docker 配置文件 daemon.json 并重新启用。

```
$ vim /etc/docker/daemon.json
{
"exec-opts": ["native.cgroupdriver = systemd"],
"registry-mirrors": ["https://xxxx.mirror.aliyuncs.com"],    #替换为你的私有
镜像
"iptables": false,                       # 设置 Docker 禁用 iptables
"ip-masq": false,                        # 设置 podIP 可路由
"storage-driver": "overlay2",            #设置 Docker 存储驱动
"graph": "/root/docker"                  #修改容器实例存储根路径
}


# 启用 docker 配置。
$ systemctl daemon-reload && systemctl restart docker
```

3.1.3　安装 kubeadm、kubelet、kubectl

在所有节点上执行如下步骤，安装 kubeadm、kubelet、kubectl（假设版本 1.18.0）。

（1）更新 Kubernetes 镜像源。

配置 Kubernetes 源为阿里的 yum 源。

```
$ vim /etc/yum.repos.d/kubernetes.repo
[kubernetes]
name = Kubernetes
baseurl = https://mirrors.aliyun.com/kubernetes/yum/repos/kubernetes-el7-x86_64/
enabled = 1
gpgcheck = 1
repo_gpgcheck = 1
gpgkey = https://mirrors.aliyun.com/kubernetes/yum/doc/yum-key.gpg
        https://mirrors.aliyun.com/kubernetes/yum/doc/rpm-package-key.gpg
```

（2）安装 kubeadm、kubelet 和 kubectl。

```
$ yum install - y kubelet - 1.18.0 kubeadm - 1.18.0 kubectl - 1.18.0
```

♯ 设置开机自启动并运行 kubelet。

```
$ systemctl enable kubelet && systemctl start kubelet
$ kubelet - version
$ journalctl -xeu kubelet        ♯查看 kubelet 运行日志
```

如果日志中有错误提示：kubelet cgroup driver："cgroupfs" is different from docker cgroup driver："systemd"，则需要将 kubelet 节点的 cgroup 驱动修改为 systemd。

```
$ vim /var/lib/kubelet/kubeadm-flags.env        ♯增加 - - cgroup-driver 选项
KUBELET_KUBEADM_ARGS = " - - cgroup-driver = systemd …其余不变…"
```

3.2　Master 节点部署

(1) kubeadm init 初始化集群。

在主节点 node01 上执行 kubeadm init，初始化集群，安装 Kubernetes 控制平面。

```
$ kubeadm init \
    - - apiserver-advertise-address = 192.168.56.110 \
    - - image-repository registry.aliyuncs.com/google_containers \
    - - kubernetes-version v1.18.0 \
    - - service-cidr = 10.1.0.0/16 \
    - - pod-network-cidr = 10.244.0.0/16
```

这里，apiserver-advertise-address 是指定 API 服务器的 IP 地址（默认端口 6443）。image-repository 用于指定控制平面镜像的拉取仓库（阿里云）。kubernetes-version 指定版本。service-cidr 指定服务可用的虚拟 IP 地址段。pod-network-cidr 指定 Pod 网络的 IP 地址段。

如果初始化命令执行成功，会在最后输出如下内容：

```
…
Your Kubernetes control-plane has initialized successfully!

To start using your cluster, you need to run the following as a regular user：

  mkdir - p $ HOME/.kube
  sudo cp - i /etc/kubernetes/admin.conf $ HOME/.kube/config
  sudo chown $ (id - u)：$ (id - g) $ HOME/.kube/config

You should now deploy a pod network to the cluster.
Run "kubectl apply - f [podnetwork].yaml" with one of the options listed at：
  https：//kubernetes.io/docs/concepts/cluster-administration/addons/

Then you can join any number of worker nodes by running the following on each as
root：
```

```
kubeadm join 192.168.56.110:6443 －－token z1mohx.vi3mnghjhwrm8jpn \
     －－ discovery-token-ca-cert-hash  sha256: 2c7dca501f79e12c7 ……
     245df836aaaf3b8dc
```

注意,上面的"kubeadm join 192.168.56.110: 6443 …"命令必须记录保存下来,后续向集群中加入 Worker 节点时需要使用该命令。

（2）创建 kube config 文件。

然后,根据初始化命令的提示,在 node01 上执行如下命令创建 kube config 文件:

```
$ mkdir －p $ HOME/.kube
$ cp －i /etc/kubernetes/admin.conf $ HOME/.kube/config
$ chown $(id －u):$(id －g) $ HOME/.kube/config
```

（3）测试集群状态。

至此,node01 就部署成为 Kubernetes 集群的管理节点,又称为控制平面（Control Plane）,在 node01 上可以使用 kubectl 命令管理集群。例如查看集群所有的节点:

```
$ kubectl get nodes

NAME        STATUS      ROLES     AGE     VERSION
node01      NotReady    master    15m     v1.18.4
```

这里,主节点 node01 状态是 NotReady,原因是没有安装网络插件。另外,如果集群初始化不成功,可以执行如下的清理命令,然后重新进行 kubeadm init 初始化。

```
$ kubeadm reset －f
$ rm －rf $ HOME/.kube/config
```

（4）配置集群 Pod 网络。

Kubernetes 集群的 Pod 网络,可以使用 Flannel、Calico、canal、Weave 等网络插件来实现。这里选择使用 Flannel 网络。以下操作同样是在 node01 节点上。

```
# 下载 Flannel 配置文件。
$ wget https://raw.githubusercontent.com/coreos/flannel/master/Documenta-
tion/kube-
flannel.yml
# 安装部署 Flannel 网络。
$ kubectl apply －f kube-flannel.yml
```

在 Flannel 网络部署完成之后,稍后集群状态就会变成 Ready,正常运行。

```
$ kubectl get nodes
NAME        STATUS      ROLES     AGE     VERSION
node01      Ready       master    44m     v1.18.0
```

此后,就可以向集群中加入 Worker 节点了。

3.3　Worker 节点部署

在集群规划的各个 Worker 节点上,分别执行集群初始化提示的 kubeadm join 命令:

```
$ kubeadm join 192.168.56.110:6443 - - token z1mohx.vi3mnghjhwrm8jpn \
       - -  discovery-token-ca-cert-hash  sha256: 2c7dca501f79e12c7 ……
       245df836aaaf3b8dc
```

注意,kubeadm join 命令中使用的 token,其默认有效期为 24 小时,过期之后该 token 就不可用了。此时,可以重新生成临时或永久的 token:

```
$ kubeadm token create - - print-join-command            # 默认有效期 24 小时
$ kubeadm token create - - print-join-command - - ttl = 0    # 永不过期 token
```

利用 kubeadm join,可以把 node02、node03 两个节点加入 Kubernetes 集群。

```
$ kubectl get nodes
NAME      STATUS      ROLES       AGE      VERSION
node01    Ready       master      54m      v1.18.0
node02    Ready       <none>      14m      v1.18.0
node03    Ready       <none>      12m      v1.18.0
```

至此,我们规划的 Kubernetes 集群部署完成,可以在集群中快速部署应用程序了。

3.4　部署 Nginx 服务

例如,在 K8s 集群中部署 Nginx 服务,可以用作高性能的 HTTP 服务器、反向代理服务器或者邮件服务器。方法非常简单,编写配置文件,然后 kubectl apply 即可。

(1)编写配置文件(nginx-deployment.yaml)。

在集群中部署 Nginx 服务,需要在配置文件 nginx-deployment.yaml 中描述一个 Deployment 部署对象,要求创建并运行 2 个 Pod 副本,每个 Pod 都运行 nginx。

```
$ vim nginx-deployment.yaml
apiVersion: apps/v1
kind: Deployment
metadata:
    name: nginx-deployment
spec:
    selector:
        matchLabels:
            app: nginx
    replicas: 2
    template:
        metadata:
            labels:
```

```
            app：nginx
      spec：
            containers：
            - name：nginx
            image：nginx：1.7.9
            ports：
            - containerPort：80
```

（2）kubectl apply 应用配置文件。

```
4 $  kubectl apply - f nginx-deployment.yaml          ＃创建部署对象


  $  kubectl get deployment                           ＃查看部署对象
  $  kubectl describe deployment nginx-deployment     ＃查看部署详情


  $  kubectl get pods                                 ＃查看集群 Pod
NAME                 READY   STATUS    RESTARTS   AGE
nginx-deployment-kpjqj  1/1      Running      0            8h
nginx-deployment-wbqf9  1/1      Running      0            8h


  $  kubectl describe pod nginx-deployment-kpjqj      ＃查看 Pod 详情
Name：           nginx-deployment-kpjqj
Namespace：      default
Priority：        0
Node：           node01/192.168.98.111
Start Time：      Fri, 03 Apr 2020 09：51：35 + 0800
Labels：         name = nginx
Annotations：    ＜none＞
Status：         Running
IP：             10.244.4.3
……


＃ 测试 Pod 提供的 Web 服务。
$  curl - head http：//10.244.4.3


＃ 测试扩容与缩容。
$  kubectl scale deployment nginx-deployment - - replicas = 3  ＃扩容到 3 个副本
$  kubectl get pods                                          ＃查看集群 Pod
NAME                 READY   STATUS    RESTARTS   AGE
```

nginx-deployment-kpjqj	1/1	Running	0	8h
nginx-deployment-wbqf9	1/1	Running	0	8h
nginx-deployment-mx7pp	1/1	Running	0	10s

```
$ kubectl scale deployment nginx-deployment --replicas=1    ＃缩容成 1 个副本
$ kubectl get pods                                          ＃查看集群 Pod
NAME                    READY   STATUS   RESTARTS   AGE
nginx-deployment-kpjqj  1/1     Running  0          8h
```

4. Zookeeper 安装部署

Zookeeper 集群原则上需要 $2n+1$ 个实例,即集群规模至少 3 个节点。假设三台服务器 node01(192.168.56.110)、node02(192.168.56.111)、node03(192.168.56.112)。

配置主机名和域名映射、安装 Java 环境、关闭网络防火墙并禁用 SELinux,这些前文均有说明。然后从官网下载 Zookeeper,假设 zookeeper-3.4.11.tar.gz。

(1) 在 node01 上安装配置 Zookeeper。

```
＃ 1. 上传并解压 Zookeeper 安装包到指定目录(如/usr/local)。
$ tar -zxvf zookeeper-3.4.11.tar.gz -C /usr/local
$ mv zookeeper-3.4.11 zookeeper
$ cd /usr/local/zookeeper
$ mkdir data


＃ 2. 修改配置文件 zoo.cfg(/usr/local/zookeeper/conf 目录下)。
$ vim zoo.cfg
dataDir=/usr/local/zookeeper/data          ＃保存数据的路径,须提前创建
server.1=node01:2888:3888                  ＃Zookeeper 服务器的自身标识
server.2=node02:2888:3888
server.3=node03:2888:3888
```

可以在此配置 Zookeeper 的其他参数,例如:

```
tickTime=2000       ＃服务器与客户端之间交互的时间单元(ms)
initLimit=10        ＃允许 Follower 连接并同步到 Leader 的初始化时间,以 tickTime
                    ＃的倍数来表示。当超过 10 倍的 tickTime 时间,则连接失败
syncLimit=5         ＃Leader 与 Follower 之间信息同步允许的最大时间间隔,如果超
                    过 5 次 tickTime,默认 Follower 与 Leader 服务器之间断开链接
clientPort=2181     ＃客户端访问 Zookeeper 的服务器端口号
maxClientCnxns=60   ＃限制连接到 Zookeeper 服务器客户端的数量
```

此外,还需要注意,在生产环境中 Zookeeper 必须配置节点之间的时间同步服务。

（2）拷贝 Zookeeper 到其他节点。

```
$ scp － r /usr/local/zookeeper root@node02:/usr/local/
$ scp － r /usr/local/zookeeper root@node03:/usr/local/
```

在所有节点的 zookeeper/data（对应于 zoo.cfg 的 dataDir）目录下，分别创建一个名字为 myid，内容分别为 1/2/3 的文件（对应于 zoo.cfg 的 server.1/server.2/server.3）。

```
$ echo 1 ＞ zookeeper/data/myid        ♯ 在 node01 节点执行
$ echo 2 ＞ zookeeper/data/myid        ♯ 在 node02 节点执行
$ echo 3 ＞ zookeeper/data/myid        ♯ 在 node03 节点执行
```

（3）启动 Zookeeper 集群。

在各个节点上执行如下命令，启动 Zookeeper（QuorumPeerMain 进程）。

```
$ bin/zkServer.sh start
```

```
♯ 在三台机器上分别查看 Zookeeper 节点状态。
$ bin/zkServer.sh status
JMX enabled by default
Using config：/usr/local/zookeeper/bin/../conf/zoo.cfg
Mode：leader
```

```
$ bin/zkServer.sh status
JMX enabled by default
Using config：/usr/local/zookeeper/bin/../conf/zoo.cfg
Mode：follower
```

```
$ bin/zkServer.sh status
JMX enabled by default
Using config：/usr/local/zookeeper/bin/../conf/zoo.cfg
Mode：follower
```

（4）Zookeeper 集群选举。

```
♯ 关停当前 Leader 节点，观察集群状态（重新选举）。
$ bin/zkServer.sh stop
$ bin/zkServer.sh status
```

```
♯ 重启原来的 Leader 节点，观察集群状态（成为 Follower）。
$ bin/zkServer.sh restart
$ bin/zkServer.sh status
```

＃ 关闭一个 Follower 节点,观察集群状态(无影响)。

```
$ bin/zkServer.sh stop
$ bin/zkServer.sh status
```

(5) 使用 Zookeeper 客户端。

```
$ bin/zkCli.sh          ＃ 默认连接 localhost:2181
```

```
[zkshell:0] help
ZooKeeper - server host:port cmd args
config [-c] [-w] [-s]
```

……

＃ ls /,列出根节点/下的所有子节点。

＃ create /zk_test my_data,创建节点/zk_test。

＃ get /zk_test,查看节点/zk_test。

＃ set /zk_test junk,设置节点/zk_test 的数据。

＃ delete /zk_test,删除节点/zk_test。

＃ quit,退出 Zookeeper 客户端。

5. Kafka 安装部署

同样假设规划三台服务器 node01(192.168.56.110)、node02(192.168.56.111)、node03(192.168.56.112)组成的 Kafka 集群。

同样地,先要进行主机名和域名映射、安装 Java 环境、关闭网络防火墙并禁用 SELinux 等规定动作。其次,Kafka 依赖于 Zookeeper,所以要预先部署完成 Zookeeper。未来 Kafka 可能会丢弃 Zookeeper。

(1) 下载安装 Kafka。

从官网下载 Kafka,上传并解压 Kafka 安装包到指定目录(三个节点均进行)。

```
$ tar -xzf kafka_2.13-2.8.0.tgz -C /usr/local
$ mv kafka_2.13-2.8.0 kafka
```

(2) 配置 Kafka 集群。

进入 Kafka 目录修改配置文件,配置 Kafka 集群(三个节点均进行)。

```
$ cd kafka
$ vim config/server.properties
```

＃ 把三个节点的 broker.id 分别改成 0、1、2。

```
broker.id = 0
```

＃ listeners 是监听地址(主机名:端口)。如需提供外网服务,则需设置为节点外网 IP。

```
listeners = PLAINTEXT:// 192.168.56.111:9092
```

＃ 设置 Zookeeper 集群地址。

```
zookeeper.connect = node01:2181,node02:2181,node03:2181
```

（3）启动 Kafka 集群。

在每个 Broker 节点上执行如下脚本，启动 Kafka 集群。

```
$ bin/kafka-server-start.sh － daemon config/server.properties
＃ － daemon 参数会将任务转入后台运行。
＃ 使用 jps 命令，查看是否存在 Kafka 进程。
＃ 如果需要可以使用如下命令停止 Kafka。
$ bin/kafka-server-stop.sh  config/server.properties
```

（4）操作 Kafka 集群。

重新打开一个终端，创建并查看 Topic。

```
$ bin/kafka-topics.sh  － － create  － － bootstrap － server node01:9092,
node02:9092
－ － replication-factor 3  － － partitions 3  － － topic saysomething
＃ bootstrap-server 连接的服务器。
＃ replication-factor 定义副本数，partitions 定义分区数。
```

```
＃ 查看 Kafka 中有哪些 Topic。
$ bin/kafka-topics.sh  － － list  － － bootstrap-server node01:9092
```

开启一个新的终端窗口，生产者发送消息。

```
$ bin/kafka-console-producer.sh  － － broker-list node02:9092  － － topic say-
something
＞hello world
＞sea sea
＃ 在 console 界面上输入消息内容，由 producer 发布到 Kafka 集群。
```

开启一个新的终端窗口，消费者消费消息。

```
$  bin/kafka-console-consumer.sh  － － bootstrap-server node01:9092,
node02:9092
－ － topic  saysomething  － － from-beginning
```

此时，在 kafka-console-producer.sh 命令窗口中，输入几行文字回车。在 consumer 端的命令窗口中，会立刻显示同样的内容。体现了队列的生产与消费关系。

```
＃ 查看特定主题的详情。
＃ bin/kafka-topics.sh － － describe  － － bootstrap-server node01:9092 － －
topic saysomething
＃ 应该能够看到该主题有三个分区，复制因子是 3（三个副本）。
```

＃ 删除主题。

```
$ bin/kafka-topics.sh  - - delete - - bootstrap-server node01:9092 - -
topic saysomething
```

6. Hadoop 安装部署

Hadoop 集群支持单机模式、伪分布模式和 YARN 集群模式。其中,单机模式没有 HDFS 分布式文件系统,直接读写本地文件系统;伪分布模式,在单机节点上运行集群,通过不同进程模拟仿真分布式运行的多个节点。

6.1　单机模式

下载 Hadoop 安装文件,假设 hadoop－2.10.0.tar.gz。

＃ 1. 解压缩安装文件到期望的安装目录,假设/usr/local 目录。

```
$ tar - zxvf hadoop - 2.10.0.tar.gz - C /usr/local
$ cd /usr/local
$ mv hadoop - 2.10.0  hadoop
$ chown - R usrname:usrgroup ./hadoop  ＃若非 root 用户则需要
```

＃ 检查 Hadoop 是否可用。

```
$ cd /usr/local/hadoop
$ ./bin/hadoop version
```

Hadoop 默认就是本地模式,无须进行配置即可运行。

```
$ ./bin/hadoop jar ./share/hadoop/mapreduce/hadoop-mapreduce-examples - 2.10.
0.jar
```

＃ Hadoop 自带的例子程序。

......

> pi:使用伪蒙特卡罗方法计算 PI 值的 map/reduce 程序
> wordcount:对给定的输入文本进行词频统计的 map/reduce 程序
> wordmean:对给定输入文本计算单词平均长度
> wordmedian:对给定输入文本计算单词中值长度
> wordstandarddeviation:对给定输入文本计算单词长度标准差

运行 hadoop jar 的 pi 程序,计算圆周率的值。

```
$ ./bin/hadoop jar ./share/hadoop/mapreduce/hadoop-mapreduce-examples - 2.10.
0.jar
  pi  2  1000
```

6.2　伪分布模式

Hadoop 可以在单节点(一台机器)上以伪分布式的方式运行,同一个节点既作为 Name-Node,也作为 DataNode,读取 HDFS 中的文件。

（1）修改 hadoop-env.sh 文件。

安装完成 JDK1.8 和 Hadoop(假设安装目录/usr/local/hadoop)。修改 hadoop-env.sh

文件,配置其中的 JAVA_HOME,将其修改为实际 Java 安装路径。

（2）修改配置文件。

修改 hadoop/etc/hadoop/目录下的两个配置文件：core-site.xml,hdfs-site.xml。

♯ 配置文件 core-site.xml。

```
<configuration>
<property>
        <name>fs.defaultFS</name>
        <value>hdfs://localhost:9000</value>
    </property>
    <property>
        <name>hadoop.tmp.dir</name>
        <value>file:/usr/local/hadoop/tmp</value>
        <description>临时文件目录,需提前创建.</description>
    </property>
</configuration>
```

hadoop.tmp.dir 用于保存临时文件,默认为 /tmp/hadoo-hadoop,该目录在 Hadoop 重启时可能被清理掉,导致一些意想不到的问题,因此应该配置这个参数。

fs.defaultFS 参数用于指定 HDFS 的访问地址,其中,9000 是端口号。

♯ 配置文件 hdfs-site.xml。

```
<configuration>
    <property>
        <name>dfs.replication</name>
        <value>1</value>
    </property>
    <property>
        <name>dfs.namenode.name.dir</name>
        <value>file:/usr/local/hadoop/tmp/dfs/name</value>
    </property>
    <property>
        <name>dfs.datanode.data.dir</name>
        <value>file:/usr/local/hadoop/tmp/dfs/data</value>
    </property>
</configuration>
```

伪分布式集群,只有一个 DataNode,故 dfs.replication 副本数量为 1。

（3）格式化 NameNode。

```
$ ./bin/hdfs namenode – format      ♯首次启动 HDFS 集群时需要
```

（4）启动 HDFS 集群。

```
$ ./sbin/start-dfs.sh
```

＃ jps 观察是否有如下进程：NameNode、DataNode 和 SecondaryNameNode。

＃ 若有则成功启动 Hadoop。

可以使用 Web 界面查看 HDFS 信息：http://localhost:50070。

（5）集群测试。

伪分布式模式下，可以读写分布式文件系统 HDFS 上的数据，运行 MapReduce 程序。

```
$ ./bin/hdfs dfs - mkdir /input                ＃建立 HDFS 目录 input
$ ./bin/hdfs dfs - put ./etc/hadoop/ * .xml /input    ＃上传本地文件到 HDFS
$ ./bin/hdfs dfs - ls /input                   ＃查看 input 目录下的文件信息


$ ./bin/hadoop jar ./share/hadoop/mapreduce/hadoop-mapreduce-examples - * .jar
    grep /input /output ˊdfs[a-z.]+ˊ
```

＃ 运行 Hadoop 自带的 grep 程序，从所有文件中筛选出符合正则表达式"dfs[a-z.]+"

＃ 的单词，并统计出现次数，最后把统计结果输出到 output 文件夹中。

```
$ ./bin/hdfs dfs - ls /output
Found 2 items
- rw- r - - r - -    1 root supergroup 0 2020-08-21 04:43 /output/_SUCCESS
- rw- r - - r - -    1 root supergroup 77 2020-08-21 04:43 /output/part-r-00000
$ ./bin/hdfs dfs - cat /output/part-r-00000
1       dfsadmin
1       dfs.replication
1       dfs.namenode.name.dir
1       dfs.datanode.data.dir


$ hdfs dfs                ＃HDFS dfs 命令帮助
Usage：hdfs dfs [generic options]
        [- help [cmd ...]]
        [- cat [- ignoreCrc] <src> ...]
        [- chgrp [- R] GROUP PATH...]
        [- chmod [- R] <MODE[,MODE]... | OCTALMODE> PATH...]
        [- chown [- R] [OWNER][:[GROUP]] PATH...]
        [- copyFromLocal [- f] [- p] [- l] [- d] <localsrc> ... <dst>]
        [- copyToLocal [- f] [- p] [- ignoreCrc] [- crc] <src> ... <lo-caldst>]
```

```
[-count [-q] [-h] [-v] [-t [<storage type>]] [-u] [-x] <path
>...]
[-cp [-f] [-p | -p[topax]] [-d] <src> ... <dst>]
[-find <path> ... <expression> ...]
[-get [-f] [-p] [-ignoreCrc] [-crc] <src> ... <localdst>]
[-ls [-C] [-d] [-h] [-q] [-R] [-t] [-S] [-r] [-u] [<path
>...]]
[-mkdir [-p] <path> ...]
[-mv <src> ... <dst>]
[-put [-f] [-p] [-l] [-d] <localsrc> ... <dst>]
[-rm [-f] [-r | -R] [-skipTrash] [-safely] <src> ...]
[-rmdir [--ignore-fail-on-non-empty] <dir> ...]
[-tail [-f] <file>]
```

```
$ ./sbin/stop-dfs.sh          # 关闭 HDFS 集群
```

6.3 分布式集群

假设规划三台服务器 node01(192.168.56.110)、node02(192.168.56.111)、node03(192.168.56.112)组成的 Hadoop 集群。

按例进行主机名和域名映射配置、安装 Java 环境、关闭网络防火墙、禁用 SELinux、配置节点免密互信等规定动作。

(1) 在 node01 上下载安装 Hadoop,具体步骤参考单机模式。首先,修改 hadoop-env.sh 文件,配置其中的 JAVA_HOME,修改为实际 Java 安装路径。

(2) 在 node01 上修改配置文件(hadoop/etc/hadoop 目录)。

```
# 1. 修改 slaves 文件。
$ vim etc/slaves
node02
node03
```

```
# 2. 修改 core-site.xml。
$ vim core-site.xml
<configuration>
    <property>
        <name>fs.defaultFS</name>
        <value>hdfs://node01:9000</value>
    </property>
    <property>
        <name>hadoop.tmp.dir</name>
```

```
            <value>file:/usr/local/hadoop/tmp</value>
            <description>Abase for other temporary directories.</description>
        </property>
</configuration>
```

3. 修改 hdfs-site.xml。
```
$ vim hdfs-site.xml
<configuration>
    <property>
        <name>dfs.namenode.secondary.http-address</name>
        <value>node01:50090</value>
    </property>
    <property>
        <name>dfs.replication</name>
        <value>2/value>
    </property>
    <property>
        <name>dfs.namenode.name.dir</name>
        <value>file:/usr/local/hadoop/tmp/dfs/name</value>
    </property>
    <property>
        <name>dfs.datanode.data.dir</name>
        <value>file:/usr/local/hadoop/tmp/dfs/data</value>
    </property>
</configuration>
```
HDFS 采用冗余存储，冗余因子通常为 3，即一份数据保存三份副本。
这里设置为 2，因为只有两个 DataNode 节点。

4. 修改 mapred-site.xml。
```
$ cp mapred-site.xml.template mapred-site.xml
$ vim mapred-site.xml
<configuration>
        <property>
                <name>mapreduce.framework.name</name>
                <value>yarn</value>
        </property>
        <property>
                <name>mapreduce.jobhistory.address</name>
```

```xml
                    <value>node01:10020</value>
            </property>
            <property>
                    <name>mapreduce.jobhistory.webapp.address</name>
                    <value>node01:19888</value>
            </property>
    </configuration>
```
＃ mapreduce 使用 yarn 做资源调度。

＃ 5. 修改 yarn-site.xml。
$ vim yarn-site.xml
```xml
<configuration>
        <property>
                <name>yarn.resourcemanager.hostname</name>
                <value>node01</value>
        </property>
        <property>
                <name>yarn.nodemanager.aux-services</name>
                <value>mapreduce_shuffle</value>
        </property>
</configuration>
```
＃ yarn.resourcemanager.hostname 指定 Resourcemanager 运行在哪个节点上。

（3）将 node01 上的 Hadoop 分发到其他节点。

＃ 分发 node01 节点上的 Hadoop 系统到其他节点上。
$ cd /usr/local
$ scp － r hadoop node02:/usr/local
$ scp － r hadoop node03:/usr/local

＃ 配置 PATH 路径，在任何目录下都可以执行 Hadoop 命令，无须输入路径。
$ vim /etc/profile
export HADOOP_HOME = "/usr/local/hadoop"
export PATH = $ HADOOP_HOME/bin: $ HADOOP_HOME/sbin: $ PATH
export HADOOP_CONF_DIR = $ HADOOP_HOME/etc/hadoop
$ source /etc/profile

（4）从 node01 上启动 Hadoop 集群。

＃ 删除之前 Hadoop 的遗留临时和日志文件（如果存在）。
rm － rf /usr/local/hadoop/tmp/ *

```
rm － rf /usr/local/hadoop/logs/ *
```

＃首次启动 Hadoop 集群,必须在 Master 节点执行 NameNode 格式化。

```
$ hdfs namenode － format
```

＃ 启动 HDFS 集群、YARN 集群和 historyserver。

```
$ start-dfs.sh
$ start-yarn.sh
$ mr-jobhistory-daemon.sh start historyserver
```

＃ jps 查看进程,观察启动是否成功,缺少任一进程都表示出错。
＃ node01 上:NameNode、SecondaryNameNode、JobHistoryServer、ResourceManager。
＃ node02 和 node03 上:DataNode、NodeManager。

(5) 使用 Web 界面查看 HDFS 和 YARN。

通过地址 http://node01:50070,可以查看 HDFS 集群的信息,包括查看名称节点和数据节点的状态。 如果不成功可以通过启动日志排查原因。

通过地址 http://node01:8088/cluster,可以查看 YARN 集群及其资源调度信息。

(6) 运行 MapReduce 作业。

```
$ hdfs dfs － mkdir /input
$ hdfs dfs － put /usr/local/hadoop/etc/hadoop/ * .xml /input
$ hadoop jar /usr/local/hadoop/share/hadoop/mapreduce/hadoop-mapreduce-exam-
ples － * .jar
  grep /input /output ´dfs[a － z.] + ´
```

```
$ hdfs dfs － ls /output
$ hdfs dfs － cat /output/part － r － 00000
      dfsadmin
      dfs.replication
      dfs.namenode.secondary.http
      dfs.namenode.name.dir
      dfs.datanode.data.dir
```

7. Spark 安装部署

Spark 支持多种不同类型的部署方式,包括:Local(本地模式)、Standalone(以 slot 为资源分配单位)、Spark on YARN(由 YARN 集群管理调度资源)。

7.1　本地模式

本地模式运行 Spark,常用于本地开发测试。Spark 不加配置默认 Local 模式。

Spark 依赖的基础环境有 Java、Hadoop 和 Scala,这里假设 JDK1.8 和 Hadoop 均已具备。

（1）下载安装 Scala（假设 scala—2.11.12）。

```
$ tar - zxvf scala - 2.11.12.tgz        # 假设当前目录 /usr/local
$ mv scala - 2.11.12 scala
$ vim /etc/profile
export SCALA_HOME = /usr/local/scala
export PATH = $ SCALA_HOME/bin：$ PATH
$ source /etc/profile
```

（2）安装 Spark（假设 spark-3.0.0-bin-hadoop2.7.tgz）。

```
$ tar - zxvf spark-3.0.0-bin-hadoop2.7.tgz        # 假设当前目录 /usr/local
$ mv spark-3.0.0-bin-hadoop2.7 spark

$ vim /etc/profile        # 配置环境变量
export SPARK_HOME = /usr/local/spark
export PATH = $ SPARK_HOME/bin：$ PATH
$ source /etc/profile
```

（3）本地启动 Spark shell。

```
$ ./bin/spark-shell
……
scala>
scala> val rdd = sc.textFile("/usr/local/spark/README.md")
rdd：org.apache.spark.rdd.RDD[String] = MapPartitionsRDD[1] at textFile at <
console>：27
scala> rdd.count()
res0：Long = 95
```

（4）本地启动伪分布式集群。

可以在本地启动一个所有服务都在单机节点上运行的伪分布 Spark 集群。假设已安装部署好 Hadoop 伪分布式集群。

```
# 1. 配置 slaves 文件：在 slaves 中，存储了所有 worker 节点的 ip 或主机名。
$ cd /usr/local/spark/conf
$ mv slaves.template slaves
$ vim slaves
127.0.0.1        # 伪分布，只有一个节点

# 2. 配置 spark-env.sh 文件。
$ mv spark-env.sh.template spark-env.sh
$ vim spark-env.sh
```

```
HADOOP_CONF_DIR = /usr/local/hadoop/etc/hadoop        #用于 yarn 模式
JAVA_HOME = /usr/lib/jvm/java
SPARK_MASTER_IP = 127.0.0.1
SPARK_MASTER_PORT = 7077
SPARK_MASTER_WEBUI_PORT = 8080
SPARK_WORKER_CORES = 1
SPARK_WORKER_MEMORY = 1g
SPARK_WORKER_PORT = 7078
SPARK_WORKER_WEBUI_PORT = 8081
SPARK_EXECUTOR_INSTANCES = 1
```

#3. 启动 Hadoop 和 Spark 集群。

```
$ /usr/local/hadoop/sbin/start-dfs.sh
$ /usr/local/spark/sbin/start-all.sh

$ jps    #查看进程
3729 NameNode
3845 DataNode
4005 SecondaryNameNode
5194 Master
5277 Worker
```

4. 在本地伪集群中做一些实验。

创建/myspark 目录,上传数据文件 README.md。

```
$ hdfs dfs - mkdir /myspark
$ hdfs dfs - put /usr/local/spark/README.md /myspark/
```

启动本地伪集群的 Spark - shell ,进行测试。

```
$ cd /apps/spark/bin
$ ./spark-shell - - master   spark://localhost:7077

scala> var mytxt = sc.textFile("hdfs://localhost:9000/myspark/README.md")
scala> mytxt.count()
```

5. 通过 Spark Web 查看集群信息。

```
http://localhost:8080
```

7.2　Standalone 模式

与伪分布式基本相同。区别在于如下几个方面:

（1）编辑 slaves 文件时，需要在其中添加所有的 Worker 节点。

（2）编辑 spark-env. sh，配置环境变量。注意，SPARK_MASTER_IP 要指定实际地址。

（3）编辑 spark-defaults. conf，配置默认模式：spark. master spark://node01:7077。

然后分发 spark 目录到集群的其他节点。即可启动 Spark，运行 Spark-shell。

```
$ ./sbin/start-all.sh
$ ./bin/spark-shell − −master spark://node1:7077
```

7.3　Spark on YARN

在 YARN 集群的其中一个节点上安装 Spark 即可，该节点可作为提交 Spark 应用程序到 YARN 集群的客户端。Spark 的 Master 和 Worker 节点由 YARN 集群动态调度产生。

假设已经建立了三台服务器 node01（192.168.56.110）、node02（192.168.56.111）、node03（192.168.56.112）组成的 Hadoop 分布式集群。则配置 Spark on YARN 非常简单。

（1）配置 YARN 集群（所有节点均要完成）。

修改 Hadoop 的 yarn-site. xml，添加如下内容，避免因内存超出限额而直接杀死任务。

```
<property>
<name>yarn. nodemanager. pmem-check-enabled</name>
<value>false</value>
</property>
<property>
<name>yarn. nodemanager. vmem-check-enabled</name>
<value>false</value>
</property>
```

在 node1 上安装部署 Spark，并修改 spark-env. sh，添加如下配置：

```
export HADOOP_HOME = /usr/local/hadoop
export HADOOP_CONF_DIR = $ HADOOP_HOME/etc/hadoop
```

修改完毕后，启动 HDFS 和 YARN 集群，即可运行 Spark-shell 或者 Spark 应用程序。

```
# 启动 HDFS 和 YARN。
$ start-dfs.sh          # stop-dfs.sh
$ start-yarn.sh         # stop-yarn.sh
# mr-jobhistory-daemon. sh start/stop historyserver


# 运行 Spark-shell。
$ ./bin/spark-shell − −master yarn − −deploy-mode client


# 运行 Spark 应用程序。
$ ./bin/spark-submit \
− −class org. apache. spark. examples. SparkPi \      # 作业的类名
```

```
- - master yarn \                         # spark 模式
- - driver-memory 4g \                    # 每一个 driver 的内存
- - num-executors 2 \                     # executor 的数量
- - executor-memory 2g \                  # 每一个 executor 的内存
- - executor-cores 2 \                    # 每一个 executor 占用的 core 数量
- - queue thequeue \                      # 作业执行的队列
/usr/local/spark/examples/jars/spark-examples - 2.12 - 3.0.0.jar \    # jar 包
100                                       # 传入参数
```

8. Flink 安装部署

与 Spark 非常类似，Flink 集群同样也有三种搭建模式：Local 本地模式（单机模式，学习用）、Standalone 独立模式（Flink 自带的集群，开发测试使用）、Flink on YARN 模式（计算资源统一由 YARN 管理，生产环境使用）。

8.1　本地模式

```
# 1. 下载安装（假设安装目录为 /usr/local）。
$ tar - zxvf flink-1.10.0-bin-scala_2.11.tgz
$ mv flink-1.10.0 flink


# 2. 启动 Shell 交互式窗口。
$ ./bin/start-scala-shell.sh local


# 3. 在 Shell 交互式窗口中直接提交一个任务。
benv.readTextFile("/usr/local/flink/README.txt").flatMap(_.split(" "))
    .map((_,1)).groupBy(0).sum(1).print()


# 4. 可以在单节点上启动 Flink 本地伪集群。
$ ./bin/start-cluster.sh


# 使用 jps 命令可以看到 Flink 集群的两个进程。
TaskManagerRunner                      # 对应 TaskManager
StandaloneSessionClusterEntrypoint     # 对应 JobManager


# 5. 提交一个测试任务，统计 words.txt 文件中各单词的数量。
$ cp /usr/local/flink/README.txt words.txt
$ ./bin/flink run ./examples/batch/WordCount.jar - - input words.txt - - out-
put out.txt


# 6. 可以访问 Flink web 界面查看集群信息：http://node01:8081。
```

＃7. 停止 Flink 集群。

```
$ ./bin/stop-cluster.sh
```

8.2　Standalone 模式

依然假设规划三台服务器 node01(192.168.56.110)、node02(192.168.56.111)、node03(192.168.56.112)组成的 Flink 集群。

按例进行主机名和域名映射配置、安装 Java 环境、关闭网络防火墙、禁用 SELinux、配置节点免密互信等规定动作。

(1) 在 node01 上修改配置文件 flink-conf.yaml。

```
$ vim conf/flink-conf.yaml
jobmanager.rpc.address：node01        ＃ jobManager 的 IP 地址
jobmanager.rpc.port：6123             ＃ jobManager 的端口号
jobmanager.heap.size：1024            ＃ jobManager JVM heap 内存大小
taskmanager.heap.size：1024           ＃ taskManager JVM heap 内存大小
＃ 每个 taskManager 提供的任务槽 slots 数量。
taskmanager.numberOfTaskSlots：2
parallelism.default：1                ＃ 程序默认并行计算的个数
＃是否预分配内存，默认不进行预分配，在不使用 flink 集群时不占集群资源。
taskmanager.memory.preallocate：false
＃jobManager 的 Web 界面的端口(默认：8081，选配)。
＃jobmanager.web.port：8081。
＃配置每个 taskmanager 生成的临时文件目录(选配)。
＃taskmanager.tmp.dirs：flink 所在目录/tmp。
```

(2) 在 node01 上修改 masters 文件。

```
$ vim conf/masters
node01:8081
```

(3) 在 node01 上修改 slaves 文件。

```
$ vim conf/slaves
node01
node02
node03
```

(4) 在 node01 上修改 /etc/profile 设置 Hadoop 配置目录 。

```
$ vim /etc/profile
export HADOOP_CONF_DIR = $ HADOOP_HOME/etc/hadoop
```

(5) 分发 flink 目录及 profile 文件到另外两个节点。

```
$ scp - r /usr/local/flink node02:/usr/local/
```

```
$ scp -r /usr/local/flink  node03:/usr/local/
$ scp  /etc/profile  node02:/etc/
$ scp  /etc/profile  node03:/etc/

# 在 node01/02/03 每个节点上加载环境变量。
$ source /etc/profile
```

（6）启动 Flink 集群。

```
$ ./bin/start-cluster.sh


# 其他相关命令参考。
# 启动 flink 集群：./bin/start-cluster.sh。
# 停止 flink 集群：./bin/stop-cluster.sh。
# 启动/停止 jobmanager 进程：./bin/jobmanager.sh start/stop。
# 启动/停止 taskmanager 进程：./bin/taskmanager.sh start/stop。
```

（7）测试 Flink 集群。

将数据上传到 HDFS 集群，然后提交一个测试任务。

```
# 上传数据（假设当前目录/usr/local/flink）。
$ hdfs dfs -mkdir -p /test/input  # 创建目录
$ hdfs dfs -put README.txt /test/input  # 上传数据


# 提交一个测试任务。
$ ./bin/flink run examples/batch/WordCount.jar
--input hdfs://node01:9000/test/input/README.txt
--output hdfs://node01:9000/test/output/result.txt


# 通过 Flink web 界面：http://node01:8081，可以观察集群状态和运行情况。
```

注意，自版本 1.8 之后 Flink 不再提供 Hadoop 连接器。因此，上述测试任务可能会提示："Could not find a file system implementation for scheme 'hdfs'."。官网下载或者编译一个连接器，如 flink-shaded-hadoop-2-uber-2.6.5-10.0.jar，置于 flink/lib 目录下即可。

8.3　Flink on YARN

Flink on YARN 可以最大化利用集群资源，是企业级生产环境的选择。在 YARN 集群的其中一个节点上安装 Flink 即可，该节点可作为提交 Flink 应用程序到 YARN 集群的客户端。Flink 的 JobManager 和 TaskManager 均由 YARN 动态调度产生。

假设已经建立了三台服务器 node01（192.168.56.110）、node02（192.168.56.111）、node03（192.168.56.112）组成的 Hadoop 分布式集群。则配置 Flink on YARN 非常简单。

(1) 配置 YARN 集群(所有节点均要完成)。

修改 Hadoop 的 yarn-site.xml,添加如下内容,避免因内存超出限额而直接杀死任务。

```
<property>
<name>yarn.nodemanager.pmem-check-enabled</name>
<value>false</value>
</property>
<property>
<name>yarn.nodemanager.vmem-check-enabled</name>
<value>false</value>
</property>
```

(2) 启动 HDFS 和 YARN 集群。

```
$ start-dfs.sh          # stop-dfs.sh
$ start-yarn.sh         # stop-yarn.sh
```

(3) 使用 Flink 直接提交任务给 YARN。

```
$ ./bin/flink run -m yarn-cluster ./examples/batch/WordCount.jar - yn 2
```

可以通过 YARN Web 查看集群及作业运行情况,地址:http://node01:8088/cluster。

参 考 文 献

[1] 托夫勒. 第三次浪潮[M]. 朱志焱,译. 上海：三联书店出版,1983.

[2] 迈尔-舍恩伯格,库克耶. 大数据时代：生活、工作与思维的大变革：A REVOLUTION THAT WILL TRANSFORM HOW WE LIVE, WORK AND THINK[M]. 杭州：浙江人民出版社,2013.

[3] 数据科学与工程专业建设协作组. 数据科学与工程专业人才培养方案与核心课程体系[M]. 北京：高等教育出版社,2020.

[4] 唐伟志. 深入理解分布式系统[M]. 北京：电子工业出版社,2022.

[5] 李昉. 大数据平台架构[M]. 北京：电子工业出版社,2022.

[6] 谢文辉. 分布式应用系统架构设计与实践[M]. 北京：人民邮电出版社,2022.

[7] 蒋杰. 腾讯大数据构建之道[M]. 北京：机械工业出版社,2022.

[8] 华为技术有限公司. 大数据技术[M]. 北京：人民邮电出版社,2021.

[9] 林子雨. 大数据技术原理与应用：概念、存储、处理、分析与应用[M]. 3 版. 北京：人民邮电出版社,2021.

[10] Martin Kleppmann. 数据密集型应用系统设计[M]. 赵军平,等译. 北京：中国电力出版社,2018.

[11] 陈志德,曾燕清,李翔宇. 大数据技术与应用基础[M]. 北京：人民邮电出版社,2017.

[12] 福斯特,甘农. 云计算：科学与工程实践指南[M]. 北京：机械工业出版社,2018.

[13] Thomas Erl, Zaigham Mahmood, Ricardo Puttini. 云计算：概念、技术与架构[M]. 北京：机械工业出版社,2014.

[14] 刘鹏. 云计算[M]. 2 版. 北京：电子工业出版社,2011.

[15] Boris Schol, Trent Swanson, Peter Jausovec. 云原生：运用容器、函数计算和数据构建下一代应用[M]. 季奔牛,译. 北京：机械工业出版社,2020.

[16] FreeWheel 核心业务系统开发团队. 云原生应用架构：微服务开发最佳实战[M]. 北京：电子工业出版社,2021.

[17] 阿里集团阿里云智能事业群云原生应用平台. 阿里云云原生架构实践[M]. 北京：机械工业出版社,2021.

[18] 王宇,张乐,侯皓星. 云原生敏捷运维从入门到精通[M]. 北京：机械工业出版社,2020.

[19] 英特尔亚太研发有限公司. OpenStack 设计与实现[M]. 3 版. 北京：电子工业出版社,2020.

[20] 管增辉,曾凡浪. OpenStack 架构分析与实践[M]. 北京：中国铁道出版社,2018.

［21］张子凡. OpenStack 部署实践［M］. 2 版. 北京：人民邮电出版社，2016.

［22］Jeff Nickoloff. Docker 实战［M］. 2 版. 耿苏宁，译. 北京：清华大学出版社，2021.

［23］程宁，刘桂兰. Docker 容器技术与应用［M］. 北京：人民邮电出版社，2020.

［24］波尔顿. 深入浅出 Docker［M］. 北京：人民邮电出版社，2019.

［25］杨保华，戴王剑，曹亚仑. Docker 技术入门与实战. 第 2 版［M］. 北京：机械工业出版社，2017.

［26］张磊. 深入剖析 Kubernetes［M］. 北京：人民邮电出版社，2021.

［27］John Arundel, Justin Domingus. 基于 Kubernetes 的云原生 DevOps［M］. 马晶慧，译. 北京：中国电力出版社，2021.

［28］吉吉·塞凡. 精通 Kubernetes［M］. 任瑾睿，胡文林，译. 北京：人民邮电出版社，2020.

［29］Brendan Burns, Cruig Tracey. 管理 Kubernetes［M］. 马俊慧，译. 北京：中国电力出版社，2020.

［30］Marko Luksa. Kubernetes in Action 中文版［M］. 七牛容器之团队，译. 北京：电子工业出版社，2019.

［31］陈东明. 分布式系统与一致性［M］. 北京：电子工业出版社，2021.

［32］倪超. 从 Paxos 到 Zookeeper：分布式一致性原理与实践［M］. 北京：电子工业出版社，2015.

［33］赵渝强. Kafka 进阶［M］. 北京：电子工业出版社，2022.

［34］胡夕. Apache Kafka 实战［M］. 北京：电子工业出版社，2018.

［35］Arun Cmurthy, Vinod Kumar Vavilapalli,等. Hadoop YARN 权威指南［M］. 北京：机械工业出版社，2015.

［36］周维. Hadoop 2.0-YARN 核心技术实践［M］. 北京：清华大学出版社，2015.

［37］Tom White. Hadoop 权威指南（影印版）［M］. 南京：东南大学出版社，2015.

［38］斯里达尔·奥拉. Hadoop 大数据分析实战［M］. 李垚，译. 北京：清华大学出版社，2019.

［39］李伟杰. 大数据技术入门到商业实战：Hadoop＋Spark＋Flink 全解析［M］. 北京：机械工业出版社，2021.

［40］Bill Chambers, Matei Zaharia. Spark 权威指南［M］. 张岩峰，王方东，陈晶晶，译. 北京：中国电力出版社，2020.

［41］IIya Ganelin,等. Spark：大数据集群计算的生产实践［M］. 李刚，译. 北京：电子工业出版社，2017.

［42］张伟洋. Flink 大数据分析实战［M］. 北京：清华大学出版社，2022.

［43］尚硅谷教育. 剑指大数据：Flink 学习精要（Java 版）［M］. 北京：电子工业出版社，2022.

［44］罗江宇,等. Flink 技术内幕：架构设计与实现原理［M］. 北京：机械工业出版社，2022.

［45］鲁蔚征. Flink 原理与实践［M］. 北京：人民邮电出版社，2021.

［46］刘洋. 深入理解 Flink 核心设计与实践原理［M］. 北京：电子工业出版社，2020.

［47］王雪迎. Hadoop 构建数据仓库实践［M］. 北京：清华大学出版社，2017.

［48］黑马程序员. Hive 数据仓库应用［M］. 北京：清华大学出版社，2021.

［49］斯科特·肖，等. Hive 实战［M］. 北京：人民邮电出版社，2018.

［50］马特·富勒，等. Presto 实战［M］. 张晨等，译. 北京：人民邮电出版社，2021.

［51］贾传青. 开源大数据分析引擎 Impala 实战［M］. 北京：清华大学出版社，2015.

［52］冯雷. Greenplum：从大数据战略到实现［M］. 北京：机械工业出版社，2019.

［53］朱凯. ClickHouse 原理解析与应用实践［M］. 北京：机械工业出版社，2020.

［54］欧阳辰. Druid 实时大数据分析原理与实践［M］. 北京：电子工业出版社，2017.

［55］Apache Kylin 核心团队. Apache Kylin 权威指南［M］. 2 版. 北京：机械工业出版社，2019.

［56］Jean-Marc Spagqiari，等. Kudu：构建高性能实时数据分析存储系统［M］. 常冰淋，译. 北京：电子工业出版社，2019.

［57］鸟哥. 鸟哥的 Linux 私房菜基础学习篇［M］. 4 版. 北京：人民邮电出版社，2018.

［58］孟庆昌，牛欣源. Linux 教程［M］. 3 版. 北京：电子工业出版社，2011.

［59］TAKADA M. Distributed systems for fun and profit［EB/OL］.［2022］. http://book. mixu. net/distsys.

［60］Apache Software Foundation. Hadoop Documentation［EB/OL］.［2022］. https://hadoop. apache. org/docs.

［61］Apache Software Foundation. Spark Documentation［EB/OL］.［2022］. https://spark. apache. org/docs.

［62］Apache Software Foundation. Flink Documentation［EB/OL］.［2022］. https://nightlies. apache. org/flink/flink-docs-release-1. 10.

［63］Apache Software Foundation. Zookeeper 3. 6 Documentation［EB/OL］.［2022］. https://zookeeper. apache. org/doc/r3. 6. 3/ index. html.

［64］Apache Software Foundation. Kafka Documentation［EB/OL］.［2022］. https://kafka. apache. org/documentation/.